自主论
AUTONOMY
何为自主以及何以自主
WHAT IS AUTONOMY AND HOW TO ACHIEVE IT

倪考梦 著

浙江大学出版社
·杭州·

图书在版编目（CIP）数据

自主论：何为自主以及何以自主 / 倪考梦著. -- 杭州：浙江大学出版社，2024.12.（重印2025.3）-- ISBN 978-7-308-25503-5

Ⅰ．B844.1

中国国家版本馆CIP数据核字第20245XH829号

自主论——何为自主以及何以自主

倪考梦　著

责任编辑	赵　静
责任校对	胡　畔
封面设计	倪考梦　林智广告
出版发行	浙江大学出版社
	（杭州市天目山路148号　邮政编码310007）
	（网址：http://www.zjupress.com）
排　　版	杭州林智广告有限公司
印　　刷	杭州高腾印务有限公司
开　　本	710mm×1000mm　1/16
印　　张	22.25
字　　数	340千
版 印 次	2024年12月第1版　2025年3月第2次印刷
书　　号	ISBN 978-7-308-25503-5
定　　价	98.00元

版权所有　侵权必究　　印装差错　负责调换

浙江大学出版社市场运营中心联系方式．0571-88925591；http://zjdxcbs.tmall.com

FOREWORD1 序一

当今时代，科技进步十分迅猛，它引导社会深刻变革，给人们带来复杂多样的生活环境。人们或者被动地被历史裹挟着随波逐流，或者干脆躺平任历史车轮把自己抛在后面。而那些尚且保持清醒的人们，就不得不愈发迫切地大声问询：人们将如何在纷繁复杂的社会变革中保持自主独立，又如何在各种新的挑战面前坚持主动性和创新性？倪考梦的新作《自主论》正是对自主独立、主动创新这一主题的探讨，并提供了一种可行路径的尝试。倪考梦用了18年时间打磨和完成了这本《自主论》。这本书是他18年来不断进行理论思考的结晶，更是他在实践中反复验证—推翻—再验证的成果。

在该书中，倪考梦尝试将古典哲学、心理科学与前沿技术相结合，搭建起一个跨越时空的理论框架。书中引用了从西方哲人到东方智慧的诸多观点，并将这些思想与现代生活紧密结合，试图为读者提供一种深刻反思的启迪和一种具体实践的指引。倪考梦敏锐地指出，在当今时代，尤其是人工智能已经全面进入社会生活的时代，科学技术的发展虽然给人们带来了便利，但也存在着削弱人们自主性的极大可能性；同时因技术强势介入人们的生活，人们丰富的个性和风格也在不断地标准化、趋同化。人们因此而异化成了科技打造的机器社会的一个被动的零件，人们的主体性、自主性和主动性似乎都在变得多余起来。倪考梦在书中提醒人们，不能丢掉真正的自主，要努力在科技的浪潮中找到自我的力量，要成为主导科学技术发展的主人，要利用科技的力量去塑造为人类福祉服务的社会，而不是做被动的接受者、自我放弃的躺平者。他的这种洞察、思考和呼吁，对于生活在科技主宰生活的时代的所有人、特别是年轻一代，具有十分重要的现实意义。

该书系统地阐述了自主的定义、自主的价值和实现自主的方法。倪考梦在书中强调，自主不仅仅是自由的感受，还是对自己行为的实际掌控。这种掌控不仅表现在个人的选择和行动上，也体现在如何在各种环境中平衡自己的内心状态。书中用了大篇幅深入论述了"自主性"和"自主感"，并通过对意愿、能力和资源三者之间平衡的分析，提出了一个具有创新性的"自主三角形"的理论模型。这个模型不仅直观易懂，还揭示了自主性如何在日常生活中得以实现，并通过不断调整和优化，达到更高层次的自主状态的途径。

很值得一提的是，《自主论》一书不仅仅是理论的阐述，更是对现实的回应。书中所论述的每一个观点和模型都来源于且扎根于生活实践，它尝试回答"什么是自主、为什么要追求自主，以及如何在现实生活中实践自主"的时代之问。书中给出的答案，回应了现代人在追求安全和自由之间的内心挣扎。正如哲学家尼采所言，"成为你自己"是人生最艰难的任务之一。倪考梦对社会发展的敏锐观察和对人类心理的深刻理解，为追求自主的人们如何成为更好的自己提供了具体的路径。

该书适合那些处于人生困惑中的年轻人，也适合那些在事业、家庭中寻找突破的成年人，甚至对于那些在职业生涯中重新思考生命意义的人们也带来了启发。无论是刚进入职场的新人，还是在事业中寻求新方向的管理者，这本书都能为他们提供一个自我审视的镜子和自我提升的梯子，为每一个渴望自我掌控的人提供了一套行之有效的指南。

作为一位见证了倪考梦成长与坚持的老年朋友，我很欣赏他的强大的自主精神，刻苦学习的状态、充沛的创作热情，以及求真务实的态度。他新房的客厅，完全用作读书室了，一排巨型书墙占据了客厅的大半个空间，显现了他的过往，见证了他的现在，并预示着他的未来。他不仅是一位观察者，也是一位思考者，更是一位实践者。

海德格尔曾说："人，诗意地栖居在大地之上。"拥有自主人生的人，才能真正享有这种诗意的栖居，在强迫和压力的外部世界中找到自己独特的存在方式。《自主论》鼓励我们成为自己生活的主人，通过不断的自我审视和实践，在纷繁复杂的世界中保持清醒与自信。愿这本书可以帮助你获得诗意的人生。

当然，任何理论都不可能十全十美。自主论作为一项原创理论，还有待进一步的探讨和完善。期待有更多年轻的"倪考梦"们以及他们的同路人，在本书搭建的基础上，通过理论思考和实践应用，不断进行学术交流，以期更加丰富和优化这一创新理论。

张建新

中国科学与心理研究所

2024 年 9 月 19 日

FOREWORD2 序二

"自主"，是人类社会从未停止思考的主题。无论是个体的自由追求，还是集体的社会理想，"自主"一直是时代的核心议题。在倪考梦的《自主论》中，我们看到了一个扎根于当代现实并与技术进步和文化变迁紧密相关的自主理论。这本书不仅提供了个人如何在复杂环境中追求自主的深刻思考，而且通过对新技术、新文化的分析，揭示了当代青年在社会变革中的心理状态与行为模式。

作为倪考梦的同乡与朋友，我对他的成长和历程有着更多的了解。温州，这片孕育了无数人才的土地，自古以来就以务实、创新、敢于冒险的精神著称。这种精神不仅体现在温州人的商业活动中，更体现在他们看待世界的方式上。倪考梦的《自主论》继承并升华了这种文化精神。书中的自主思想，不仅仅是个人发展的动力，更是一个社会面对不确定性和快速变化时所展现的适应力与创造力的体现。

温州人的文化精神蕴含在《自主论》中。就像我在研究巴黎的温州人社群时所发现的，温州人遍布世界，始终保持着强烈的自主意识与适应能力。这种自主意识不仅体现在经济活动中，也体现在他们的社会适应力和应对变化的能力上。倪考梦的《自主论》正是温州精神在新时代背景下的延续与拓展。他从个体自主出发，系统阐述了意愿、能力和资源三者在实现自主中的平衡关系，并提出了"自主三角形"模型。这一模型为每一个渴望自我主宰的人提供了清晰的思路与方法，既有理论深度，又具有极强的现实指导意义。

从社会学的角度来看，自主不仅是个体与社会互动的结果，也是社会结构、文化氛围与技术变革共同塑造的产物。倪考梦在书中探讨了人工智能、电子游戏等新事物对现代社会，尤其是青年一代的影响。技术进步正在重塑人与社会的关系，特别是在人工智能和数字化浪潮下，青年人对于自主的认知与追求发生了显著变化。对于当代青年而言，自主不再仅仅是摆脱家庭或社会束缚，更是在复杂技术环境中寻找自我定位与存在意义。

这一点与当今社会的变迁密不可分。倪考梦敏锐地指出，技术的发展改变了社会的运作方式，甚至改变了我们的思维模式。正如康德所言："启蒙就是摆脱自我加之于自身的依赖状态。"倪考梦的《自主论》帮助我们在现代社会的变迁中重新定义自主的内涵与外延。他不仅关注技术如何改变个体的生活方式，还探讨了技术对人类心理与行为的深层影响。这种多维度的视角，使《自主论》不仅是一本个人成长指南，也是一部具有深刻社会学意义的作品，既有理论深度，又具现实操作性。

《自主论》是这个时代的产物，反映了我们在技术变革、社会流动性增强及文化转型过程中对自主的渴望与追求。倪考梦以扎实的理论功底与丰富的实践经验，构建了一个系统的自主理论体系。书的前十章深入探讨了个体在日常生活中的自主体验与决策过程，而后面的章节则延伸到了社会自主的层面，揭示了个体在群体中的自主实践。这部分为理解个体与社会的关系提供了框架，也反映了自主理论在不同层次的适用性。

倪考梦也坦诚地指出，书中的社会自主论还处于初步探讨阶段，未来还需更多的实践和理论积累。倪考梦对这一点的自我反思展现了他对学术严谨性的追求，同时也为读者提供了更广阔的思考空间。

我相信，《自主论》不仅会启发读者重新思考何为自主，更会帮助我们更好地探索在新时代背景下如何实现个体与社会的共同进步的方法路径。

王春光
中国社会科学院社会学研究所
2024 年 9 月 25 日

PREFACE 前言

提交书稿这一年，我43岁。根据国家统计局公布的第七次全国人口普查数据，中国人平均年龄为38.8岁，那么我已经比身边多数人年长许多。《2023年我国卫生健康事业发展统计公报》显示，中国的人均预期寿命为78.2岁，如此算来，我也已经走完了多半人生。从我25岁开始写书算起，已经过去了18年。

花18年时间写一本书，是什么感觉？

这是一种难以言喻的感觉，一种说不上来也道不明白的感觉。你一旦体验过了，就会爱上这种感觉。

用18年时间写一本书，看似只有20多万字，背后却有近千万字的笔记和文章，它们共同见证了我从试炼的赫拉克勒斯（Heracles）[1]到解缚的普罗米修斯（Prometheus）的蜕变；见证了我从青春走向成熟，再经历坎坷，最后重

---

[1] 赫拉克勒斯（Heracles），在古希腊神话中被称为海格力斯，是古希腊和古罗马神话中的英雄和神祇。他是宙斯（Zeus）（古罗马神话中的朱庇特）和阿尔克墨涅（Alcmene）的儿子，以非凡的力量和英勇的事迹闻名。赫拉克勒斯的形象在艺术、文学和流行文化中广泛流传，成为力量和勇气的象征。他的故事经常被用来比喻巨大的挑战和英勇的胜利。在古罗马神话中，赫拉克勒斯最终被神化，成为奥林匹斯十二主神之一。赫拉克勒斯是自主论中英雄的象征和代名词。

获新生的历程。[1]

　　18 年足以让种子长成树木，也足以让男孩长成男人。18 年的洗礼让我和这本书一样，犹如一艘忒修斯之船（The Ship of Theseus）[2]，不断重塑自我，更新思想模块。这艘航船出港时叫《精神分析心理学》[3]，后来更名为《自主论》，中途衍生出《茴香辞典》《普罗米修斯的日课》《青年自主论》《GPT时代的自主》等"番外篇"作品。其实它的核心观点、理论框架和主要图示（自主三角形）早在 2008 年就已定好，只是其论点论据持续迭代，更新了一轮又一轮。2014 年以来，主要是文字表述不断更新与完善。我真心觉得，再改下去，本书的创作，这场航行，就要变成一次只有过程没有结果的行为艺术了。于是，我鼓起勇气，将船驶入终点港，终止了这场横跨 18 年、既迷人又磨人的思想"奥德赛"（Odyssey）[4]。

　　回望这 18 年来，《自主论》是梦魇，更是梦想。作为梦魇，它无时无刻不在提醒我，那份厚重的、可以证明我在这个世界存在过的功业——让世人和后人记住我名字的作品——还没完成。作为梦想，它无时无刻不在激励我，我的伟大作品终将实现，我终将为世人和后人留下些什么。

1　普罗米修斯是古希腊神话中的泰坦神之一，以其对人类的爱和帮助而闻名。根据神话，普罗米修斯用泥土塑造了人类，并从智慧女神雅典娜（Athena）那里获得了灵魂的气息，赋予了人类生命。他教会了人类许多技能，包括观察天象、计数、书写、驾驭牲畜、航海等。普罗米修斯最著名的事迹是他偷取火种送给人类，使人类得以拥有火带来的温暖和光明。然而，这一行为触怒了众神之王宙斯，导致普罗米修斯受到了严厉的惩罚。他被锁链束缚在高加索山脉的岩石上，每天遭受风吹日晒和鹫鹰啄食肝脏的痛苦，而他的肝脏又总是重新长出来。最终，赫拉克勒斯在寻找赫斯珀里得斯（Hesperides）的金苹果的途中，遇到了受苦的普罗米修斯，并将其解救出来。普罗米修斯的故事象征着对知识和自由的追求，以及为了人类福祉而不惜与权威对抗的勇气。他的形象在文学、艺术和流行文化中广泛流传，成为反抗压迫、追求进步的象征。被赫拉克勒斯解救的普罗米修斯，即"解缚的普罗米修斯"，是用勇气解放的创造力的象征，也是我的笔名。
2　忒修斯之船是一个古老的思想实验，最早出自古罗马时代的希腊作家、哲学家和历史学家普鲁塔克（Plutarchus）的记载，描述了一艘可以在海上航行几百年的船，由于不断地维修和部件替换，最终所有的部件都不是最初的那些了。这引发了关于身份和本质的哲学问题：如果船上的所有部件被替换了，那么这艘船是否还是原来的忒修斯之船？如果不是，那么从什么时候开始它不再是原来的船了？
3　最初我是精神病医生、心理学家西格蒙德·弗洛伊德（Sigmund Freud）创立的精神分析学派的"信徒"，从他的《梦的解析》开始，我读完了他和他的徒子徒孙们的大多数晦涩的著作，满脑子都是如何继承他们的事业，续写一本适合当代的精神分析学著作。在本书后面的篇章里，我们也会陆续聊到相关的故事。
4　《奥德赛》（Odyssey）是古希腊文学中的史诗，由荷马（Homer）创作，与《伊利亚特》（Iliad）一起构成了西方文学中的两部杰作。《奥德赛》共 12110 行，分为 24 卷，采用叙事诗的形式，讲述了特洛伊战争后，伊萨卡岛（Ithaca）国王奥德修斯（Odysseus）历经十年的艰险旅途，最终返回家园的故事。

前 言

《自主论》不仅是一个亟待完结的传奇，也是一个未解的心结、一个未了的夙愿。2006 年开始写作《自主论》的时候，我的初心是在自己年轻的时候，在 35 岁即 2016 年之前，拿出一本非常厉害的著作，来证明自己非常厉害。但是，到了真正交稿的 2024 年，我已经不再认为自己需要一本所谓的厉害的著作来证明自己的厉害。过去 18 年里，我已经做了许多足以让大家觉得厉害的事情。更重要的是，过去 18 年里，出版行业发生了变化，随着技术的进步，任何一个人都可以通过包括出书在内的各种方式发布（publishing）自己的观点，写了书但我完全看不上的人比比皆是，没出书但让我肃然起敬的人也不在少数。

所以，今天我出书，更多的是为了了却心愿。我对书籍本身没有太多预期，只求它在 2024 年内面世，装帧符合我的个人审美。以后遇到朋友给我送书时，我也可以愉快地回赠一本。当然，我还期待这本书能给大家带来一些启发，引导更多的年轻人勇敢地追求自主，最终成功实现自主，跨越凡人和精英的桎梏，成为受人敬仰的英雄和泰坦（Titan）[1]。

当你翻开这本书时，我就像是一个即将登台、略显紧张的演员。我觉得，写书就像把自己曝光在舞台聚光灯下，把自己毫无保留地展现给台下看不清数量和表情的观众。写一本关于思考的书，就是把自己的思想剥光了给人看。花 18 年写一本关于思考的书，就像是剥光了自己站在舞台边尴尬地等了 18 年的演员终于要上台了。上台后，就要面对大家的指点和评价。

忆当初，我们都想展示自己最青春靓丽的身姿。为此，我们总想再努力一点，让自己变得更好一点。怎奈时光之箭如此残忍，让水灵的容颜和身材变成干瘪的废柴和枯木。如今，我们只想在年老色衰前，登上舞台，闪亮一会，哪怕一瞬也好，然后欣然谢幕，离开舞台，到台下安详坐好，安心地观看其他演员的演出，任由时间的魔法在黑暗中把我们的皮肤完全皱在一起，直至没人能看清我们的样子。

当然，现实没有那么糟糕和龌龊，甚至有时还很好玩和无厘头。

---

[1] 泰坦是古希腊神话中曾统治世界的古老神族，他们是天穹之神乌拉诺斯（Uranus）和大地女神盖亚（Gaia）的子女。后文会提到，泰坦、英雄、精英、凡人都被作为追求自主的不同阶段。

许多人给自己设置了远大的目标，最后这个目标没有达成，反而在其他方面不经意间做成了一些事情。中国古人称之为"取乎其上，得乎其中""有意栽花花不发，无心插柳柳成荫"，哲学家约翰·佩里（John Perry）叫它结构性拖延（structured procrastination），那个特别难的超级任务，让其他难题看起来没那么难了。导演詹姆斯·卡梅隆（James Cameron）也有类似的话：如果你定下的目标高得离谱，那么即便你失败了，你的失败也将高于别人的成功。创作《自主论》这个永远在路上的"头号大事"，置顶于我的任务清单，经常出现在反思日记的开端，反复出现在自我量表的前方，却始终没有完结。相反，许多号称"第二难事""第三难事"的任务，一个又一个被完成了。

说起来也挺吓人的，在《自主论》和我斗智斗勇的日子里，我的分内工作取得了显著成效，工作之余我也折腾了很多事情。我阅读了一千多本哲学、心理学、社会学、政治学、经济学、管理学以及人文历史领域的严肃著作，发表了几百篇文章，开通了个人公众号和视频号，写成了《普罗米修斯的日课》，还在大学开设自主主题的系列讲座，上线自主主题的公益课程。我建立并维护了庞大的专家社群网络，还为我的家乡温州策划了四场TEDx演讲，自己也受邀到上海讲过一次，视频被推荐上了TED官网。

我还成了一个志愿者。我发起和组织的"高温青年"（Blazing Youth）公益行动，在海外援助、食育科普方面都拿到了国家级大奖，相关报道被牛津大学官网刊载。尤其是在2020年新冠疫情初期，我们以温州一地之力，给海外37个国家捐助了1000多万件防疫物资，把不可能变成了可能。我们还积极推动在中美两国肯恩大学校园内设计建造象征两国和平与友谊的双子廊桥，并推出致力于改善两国关系的系列公共外交活动。

2022年8月新一轮人工智能（AI）革命爆发后，我搭建并运行地方和全国的人工智能生成内容（AIGC）产业联盟，积极推广生成式人工智能技术（GenAI），策划组织的赛事和共创，在AI绘图、音乐、视频等多个领域拿下了近十个中国第一。我还顺道创作了10张AI音乐专辑，制作了多个AI视频短片，开发了2个电脑游戏，牵头和参与编写了AI音乐视频、AI摄影等行业标准，参与了多所大学AI教材的编写，并担任了全球AI大赛的决赛评委。凡此种种，不胜枚举。

AI时代的强势降临与崛起，是我想尽快完结并提交《自主论》书稿的另一个重要原因。我强烈地感觉到，留给我辈作者和读者的时间不多了，留给《自主论》的时间不多了。

AI必将成为自主的双刃剑。一方面，强化我们的自主能力和资源；另一方面，对我们的自主意愿提出巨大的挑战，进而打破我们内心原有的安全和自由的平衡，迫使我们进入一种全新的自主感和自主性状态。

AI推动世界进入加速进化的快车道。AI在2022年是可有可无的"好玩"，2023年是锦上添花的"好看"，2024年是爱不释手的"好用"。我不知道2025年AI会带来什么，但我知道，如果《自主论》再不定稿出版，将会错失时机，丧失意义。因为未来的世界会跟我们过去所理解的完全不同，所有东西都要用AI重新认识、重新构建，以人类意志为核心的自主意愿，将是提示未来、构建未来的关键。

为此，我决定快速完结并出版《自主论》，将我自己对自主的探索，对何为自主、为何自主以及如何自主的全部观点和建议分享给大家。我希望能为大家在AI时代感到绝望、迷茫、焦躁、亢奋、超越的时候，提供一些安抚和鼓励、一些指南和方案。我真心希望AI能成为我们这代人追求自主路上的助力而非阻力，真心祝愿更多人能在AI的加持下，从凡人成长为精英，再超越成为英雄乃至泰坦，在更大的时间和空间，无限延展自己的存在，获取无上的荣耀和传奇。

不过，我也时常用启蒙思想家孟德斯鸠（Montesquieu）在《波斯人信札》里的话提醒自己：

> 写书要小心！把自己的愚蠢讲出来，那只是一时的愚蠢，而如果写成书，那就是永远的愚蠢了。不光对不起自己，还对不起别人。

我承认，这本书中的观点未必都对，但是其中肯定有一些观点和建议是有用的，甚至非常有用。我是一个唯物主义者，深信真理源于实践，实践是检验真理的唯一标准。由于缺乏做相关实验的条件和兴趣，我主要依靠时间和实践来总结理论、检验理论与更新理论。我借鉴的是《黑天鹅》作者纳西姆·尼古拉斯·塔勒布（Nassim Nicholas Taleb）[1]的写作原则：

> 我对我所说的全部负责。本书的每一句话都是用我自己的职业知识写就的，我只写了我做过的事情，我建议他人承担或规避的风险也是我一直承担或规避的风险。如果我错了，那么首先受到伤害的便是我自己。

写作之初，我曾为自己定下完善自主论、传播自主论、实践自主论三步走的计划。如今逻辑颠倒，我不再需要自主论来证明自己，自主论反而需要我来证明它。于是我把"老三步"改为"新三步"，即践行自主论、完善自主论、传播自主论。

今天我很高兴地宣布，这些年的实践表明，自主论是成立的，是有效的。它让我变得更好，相信也会让你变得更好。

带着这份喜悦和憧憬，2024年年中，我在书友、读者和编辑的共同帮助下，完成并提交了最终版书稿。

大家看到的这版《自主论》，主体部分来自前AI时代，局部融入了AI元素。不管是前AI时代、AI时代，还是将来可能的任何时代，追求自主都是人类亘古不变、矢志不移的初心和使命。为了帮助大家认识自主、实现自主，本书将分为上、下两部，分别介绍自主的基本观点和操作建议。其中，上部是自主论纲要，主要介绍自主的定义、意义和原则，相对形而上；下部是自主人攻略，主要介绍自主的方法、工具、路径，相对形而下。

我建议大家先认真读完上部，对自主有一个总体认识，特别是第一章"何为自主"，应该反复研读。这一章是自主论主要观点的高度浓缩，是我18年思考的精华所在，也是全书最重要的一章。下部的最后一章也要认真阅读，

---

[1] 塔勒布是一位著名的黎巴嫩裔美国作家、统计学家、学者、交易员和风险分析师。他以研究随机性、概率和不确定性问题而闻名，特别是他在金融市场的黑天鹅理论，即不可预测的重大稀有事件，这些事件在意料之外却又改变一切。塔勒布的著作有《随机漫步的傻瓜》（*Fooled by Randomness*）、《黑天鹅》（*The Black Swan*）、《反脆弱》（*Antifragile*）、《非对称风险》（*Skin in the Game*）和《肥尾效应》（*The Fat Tail*）。这些作品已被翻译成多种语言，对投资界和风险管理领域产生了深远影响。

这是下部的总结，是所有内容融会贯通后的精简提炼，是全书第二重要的一章。其他章，每个人可以根据所处的不同情境和面临的不同问题做出选择。

当然，如果有时间的话，我还是建议你通读全书，因为目前收录的每一章，都有其现实意义和价值，与其他章相辅相成，共同构筑自主论的完整理论和实践体系。

其实也有一些遗憾，受制于时间和实力的局限，我没能把《自主论》写出心目中最好的样子。许多理论构建、观点论证、建议梳理甚至文字表达，都远没有达到我的理想预期。我期待着各位读者在阅读首版《自主论》之后，给我反馈，或许未来的某一天，我会再次鼓起勇气、扬帆起航，重新开启属于我的"奥德赛"。

好了，这就是一个花了 18 年去写一本书、怀揣着英雄梦的老男人的碎碎念。我祝你在时代的巨浪前勇往直前，披荆斩棘，在通往自主的英雄之旅中收获成长与幸福。

进击吧，自主人！ Your journey has begun!

倪考梦

2024 年 6 月 23 日

目录 CONTENTS

上部 PART 1

自主论纲要：
自主论的主要观点

第一章　何为自主

1.1　定义与内涵　　　　　　　　　　　　　　　　003
1.2　要素与关系　　　　　　　　　　　　　　　　009
1.3　自主三角形　　　　　　　　　　　　　　　　013
1.4　本章小结　　　　　　　　　　　　　　　　　019

第二章　为何自主

2.1　时空拓展：既是表象，也是本质　　　　　　　022
2.2　问题解决：既是目的，也是手段　　　　　　　024
2.3　幸福成长：既是结果，也是过程　　　　　　　026
2.4　英雄不朽：既是终点，也是起点　　　　　　　035
2.5　本章小结　　　　　　　　　　　　　　　　　041

第三章　如何自主

3.1　资源　　　　　　　　　　　　　　　　　　　043
3.2　能力　　　　　　　　　　　　　　　　　　　054
3.3　意愿　　　　　　　　　　　　　　　　　　　076
3.4　本章小结　　　　　　　　　　　　　　　　　100

i

下　部　PART 2

自主人攻略：
自主论的主要建议

第四章　风险管理

4.1　保守策略：安全优先，无为而治	106
4.2　激进策略：自由至上，积极创新	111
4.3　均衡策略：大小结合，以小搏大	118
4.4　本章小结	125

第五章　时空管理

5.1　方法升级：用时间管理解决更多问题	128
5.2　视角转变：以空间思维替代时间思维	131
5.3　格局打开：用无限游戏替代有限游戏	135
5.4　本章小结	137

第六章　任务管理

6.1　清单主义：做计划，抓执行	140
6.2　精要主义：做减法，抓重点	149
6.3　轻松主义：降成本，提收益	157
6.4　本章小结	161

第七章　精力管理

7.1　行为层面的四种直接干预	165
7.2　心理层面的三种间接调节	173
7.3　本章小结	178

第八章　情绪管理

8.1　精神分析学范式	181

目 录

8.2 积极心理学范式 …………………………………… 184
8.3 情绪建构论范式 …………………………………… 187
8.4 自主论观点 ………………………………………… 189
8.5 本章小结 …………………………………………… 192

第九章 社交管理

9.1 初级阶段的边缘人策略：
结交朋友，建立和强化一对一的关系 …………… 195
9.2 高级阶段的中间人策略：
组建社群，建立和强化多对多的关系 …………… 201
9.3 本章小结 …………………………………………… 210

第十章 游戏管理

10.1 精选并玩好电子游戏 ……………………………… 213
10.2 设计并玩好生活游戏 ……………………………… 229
10.3 本章小结 …………………………………………… 235

第十一章 家庭管理

11.1 改造家庭的基本思路 ……………………………… 238
11.2 处理好家庭中的三组关系 ………………………… 242
11.3 作为不同家庭成员的不同任务 …………………… 249
11.4 本章小结 …………………………………………… 253

第十二章 职业管理

12.1 职业机会比较 ……………………………………… 256

iii

12.2　职业状态评估	258
12.3　职业环境分析	260
12.4　职业角色定位	261
12.5　职业生涯规划	262
12.6　其他的职业相关问题	263
12.7　本章小结	265

第十三章　城市管理

13.1　谈过去：如何认识城市	267
13.2　讲当下：如何选择城市	269
13.3　创未来：如何改变城市	277
13.4　本章小结	281

第十四章　智能管理

14.1　怎么看：留给人类的时间不多了	284
14.2　怎么办：开启人机协同之路	295
14.3　本章小结	309

第十五章　自主发展

15.1　自主发展的一根准绳：自主增幅大于年龄增幅	311
15.2　自主发展的双向奔赴：向内探索与向外拓展	313
15.3　自主发展的三位一体：自我提升、社会加持与技术赋能	314
15.4　自主发展的四项全能：学习、讨论、思考、实践	317
15.5　自主发展的终极抉择：自主与控制，选择哪一个	322
15.7　本章小结	327

后　记	329

PART 1
上部

自主论纲要：自主论的主要观点

> 没有任何一个观点是没有限定条件的。谨慎的作者用所谓的模糊限制的修饰词或修饰语句来承认研究的限定条件。
>
> ——韦恩·布斯（Wayne C. Booth）等
> 《研究是一门艺术》（*The Craft of Research*）

AUTONOMY

自主论：何为自主以及何以自主

本书上部主要介绍自主论的基本假设、主要推论以及理论模型，重点讨论何为自主、为何自主以及如何自主的问题。这里我会使用许多概念，但并不仅仅局限于传统某个学科的定义范畴。术语只是思想的容器、渡河的舟船。

第一章 何为自主

> 即使是来自天空的声音，也不能妨碍人类理智的自主。
> ——弗洛伊德《精神分析与宗教》(*Psychoanalysis and Religion*)

我喜欢卡尔·波普尔（Karl Popper）的理念，倾向于大胆地假设，小心地验证。在展开全面讨论之前，我要先亮明自主论的基本假设，包括它的定义与内涵、要素与关系，并最终将关于自主的所有思考凝缩为自主三角形（Triangle of Autonomy）图示。我将避免使用绝对化的表述，然后在后续论述中逐步探明各种假设的合理边缘。

1.1 定义与内涵

1.1.1 自我主宰，即是自主

我基本接受心理学家爱德华·德西（Edward Deci）和理查德·瑞安（Richard Ryan）提出的自我决定论（Self-determination Theory）[1]。他们认为，人有追求自主、实现自主的倾向。如果给予支持自主的环境，人会释放出内驱力，支撑自主行动，促成人的自我发展和整合，最终成为真实的自我。真正的自主，意味着人们的行为源于自我的真实选择，意味着人们在行动中被真正的自我所掌控。自主的反面是控制，即人们的行为为他人掌控。

---

[1] 爱德华·德西和理查德·瑞安是自我决定论的主要创始人。自我决定论是一种动机理论，它在 20 世纪 80 年代被提出，认为个体具有自我实现和自我成长的需要，是积极向上的，并且追求自主性（autonomy）、胜任（competence）和关联性（relatedness）三种基本心理需要的满足。当这些基本心理需要得到满足时，个体将展现出更高的内在动机，更有可能进行自我决定的行为，从而促进个人的成长、健康和幸福。相反，如果这些需要受到阻碍，个体可能会体验到压力和不满，导致动机和幸福感的降低。

但是，德西和瑞安主要从心理角度讨论自主，关注点主要是人的"自主感"，即人们是否"觉得"自己拥有掌控权，而非人们是否"真的"拥有掌控权，也就是我所谓的"自主性"。

亚里士多德（Aristotle）认为："不自制的人好比一座城邦，它订立了完整和良好的法规，但不能执行。"哲学家皇帝马可·奥勒留（Marcus Aurelius）曾在《沉思录》（*Meditations*）中写道："不论地位如何，我的存在，不过是一具肉体、一阵呼吸、一份能支配自己的能力。"一个人要做他人的君王，首先必须是自己的君王。

我认为，自主是自我主宰和自我掌控。理想的自主，应该兼顾自主性和自主感。而且，自主性先于自主感。我的自主论更关注人的自主性，因为拥有自主性的人，必然会有自主感。但拥有自主感的人，未必真有自主性。

1.1.2　行为自主，即是自主性

自主论认为，自主性是客观的、外在的、行为的自主。拥有自主性意味着拥有行为自主，可以主动采取行动，解决问题并达成预期目标，从而掌控自己的命运。

自主性是真自主的体现，可以解决特定主体、时间和空间的现实问题。自主性是一种结果导向的自主。没有行为的主动性，没有问题解决，没有目标达成，没有命运掌控，就没有行为自主，就没有自主性。

一个拥有自主性、追求自主性、实现自主性的人，我称之为"自主人"。引用哲学家托马斯·霍布斯（Thomas Hobbes）[1]在《利维坦》（*Leviathan*）里的描述，"自主人"是"在其力量和智慧所能办到的事务中，可以不受阻碍地做他所愿意做的事情的人"。

行为自主导向的自主性，是意愿、能力和资源的综合结果。

一个人必须同时拥有意愿、能力和资源，才能有效诉诸行动，解决问题，

---

[1] 托马斯·霍布斯，是英国著名政治哲学家，西方政治思想史上具有重要影响力的人物之一。霍布斯在他的著作《利维坦》中指出，在没有政治权力或政府的自然状态下，人类生活在"万人之战"中，即"人人相互为敌"的状态。在这样的状态下，人们为了生存和安全而不断争斗，生活是"孤独、贫穷、卑鄙、野蛮和短暂的"。为了逃离这种状态，人们通过社会契约将自己的一部分权利让渡给一个统治者或政府，以换取生命和财产的安全保障。

实现目标。意愿、能力和资源，三者缺一不可。上述观点可简写为：

$$自主_1 = 自主性 = f（意愿，能力，资源）$$

不管是采摘赫斯帕里德斯女神（Hesperides）花园中百头巨龙拉冬（Ladon）守护的金苹果（golden apples）[1]，还是伊甸园里长着翅膀的诡计之蛇（serpent）怂恿摘取的智慧果实（fruit of knowledge），抑或是邻居院里树上初长成的可爱果实，你都必须做到"三有"，有心才能发心和启动，有眼才能选择和锚定，有手脚才能攀爬和采摘。心即意愿，眼即能力，手脚即资源。有心无眼的瞎子，能力不行，盲目行动，采摘失败。空有心眼，手脚不济，也是白搭。唯有心静、眼明、手脚麻利，甚至有梯子助力之人，才能成功采摘和享用美味的果实。

按照常识和常理推断，不难得出一个观点：一个人的意愿越强、能力越大、资源越多，自主性也就越高，解决问题也就越快。问题是目标和现状之间的差距。当意愿、能力和资源抱团一体，向我们许诺自主性的时候，我们就拥有了消除差距、从现状出发、实现目标的力量。

做个比喻，如果问题是火，那么自主性就是水。一个人的自主性好比一个水池，意愿、能力和资源就是它的长、宽、深，共同决定自主性之水的多少。自主之水充沛，则问题之火转瞬即逝；自主之水匮乏，则问题之火久久不灭，甚至蔓延扩大，最终令人葬身火海，灰飞烟灭。

我们还可以进一步推断：当问题难度确定时，人的自主性高低决定其解题速度的快慢。人的自主性越高，解题速度越快。同样难度的问题，自主性

---

[1] 赫斯帕里德斯女神是古希腊神话中的三位仙女，也被称为西方的宁芙，她们居住在世界的最西端，是赫斯珀洛斯（Hesperus，即金星）的女儿们，有时也被认为是夜晚的化身。她们守护一片神圣的花园，其中最著名的是金苹果树，这些金苹果是大地女神盖亚作为结婚礼物赠给宙斯和赫拉的。关于金苹果的神话，最著名的故事出现在古希腊神话中的赫拉克勒斯的十二项试炼。其中，第十一项试炼要求赫拉克勒斯取得赫斯帕里德斯的金苹果。这些苹果并不是普通的苹果，而是由拉冬守护的神果，拉冬是百头巨龙，从不睡觉。赫拉克勒斯为了完成这项任务，不得不经过一系列的冒险，包括与巨人的战斗和与女神雅典娜和海神波塞冬（Poseidon）的交流。最终，赫拉克勒斯通过智谋而不是武力获取了金苹果，他答应与阿特拉斯（Atlas）交换任务，让阿特拉斯去取苹果，而赫拉克勒斯则暂时承担起支撑天空的重任。阿特拉斯成功取回金苹果后，却不愿意再承担支撑天空的重任，于是赫拉克勒斯设计让他再次接受了这个任务。

高的人解题快，自主性低的人解题慢。随着人的自主性提升，其解决相同问题所需的时间会不断缩短。

自主性的提升、解题能力的提升，以及解题时间的缩短，都是成长的体现。自主论认为，人的自主性提升，就是成长；自主性降低，就是退步。

一个拥有自主性的人，可以在意愿、能力和资源的支持下，解决问题，达成目标，体验到自主感。当你有极强的自主性，在脑海里突然冒出一个举家全球旅行的想法后，能马上跟进那些天马行空的想法并制定有效、切实可行的操作方案，且在支付全部费用后还有足够的财力、时间和热情去实现更多其他梦想的时候，你心中当然会是满满的自主感。

1.1.3　心理自主，即是自主感

如果说自主性是客观的、外在的、行为上的自主，那么自主感就是主观的、内在的、心理（psychological）上的自主。

自主论认为，自主感是一种自己决定和掌控自身命运的感觉，一种安全（safe）和自由（free）兼顾的状态，或者说情绪的安全需求（need）和自由追求（desire）同时被满足的状态。

安全需求偏爱熟悉、有序和确定性，与人脑中负责预警的杏仁核（amygdala）[1]系统有关。自由追求渴望新异、无序和不确定性，与人脑中负责预期的多巴胺（dopamine）[2]系统相关。

我最早想到要把安全与自由连接在一起，是受人本主义心理学家罗杰斯（Carl Rogers）在其专著《个人形成论》中提到的非指导性教学实验的启发。该书指出，培养建设性创造力的条件是"心理安全感"与"心理的自由"。

---

[1] 杏仁核系统是大脑边缘系统的一部分，它在情绪处理，特别是恐惧和焦虑反应中扮演着关键角色。杏仁核通常被认为是大脑中的安全中枢和预警中枢。

[2] 多巴胺是一种重要的神经递质，在大脑中发挥着多种功能，在调节情绪、动机、奖励感知、运动控制等方面起着关键作用。多巴胺在人脑中有极其复杂和漫长的回路分布，总体上是在中脑边缘系统分泌，在前额叶等大脑皮层被接收，从而发挥情绪驱动认知的作用。积极心理学核心人物、好奇心研究第一人托德·卡什丹（Todd Kashdan）在《好奇心》（Curious）一书中写道："当我们发现某事新奇、不确定而且充满挑战性时，会努力探索未知领域，此时多巴胺产生和释放的速度就会加快。此外，当新奇事物对于我们个人来说很有意义或很重要时（想象一个5岁的孩子坐立不安地想打开圣诞礼物的情景），大脑也会产生出大量多巴胺。"

我认为，自主人想要的是一种安全的自由（safe free），一种熟悉的新异、有序的无序（disciplined pluralism）、确定的不确定。在安全、熟悉、有序和确定的边界之内，享受自由、新异、无序和不确定的可能。

在封闭的系统里、特定的时空场景下，新异和熟悉、无序和有序、不确定和确定都是此消彼长的关系，安全和自由也是如此。人的安全需求多一分，自由机会就少一点。相反，安全需求少一分，自由可能就多一些。不同的安全与自由的组合，构成不同的自主感体验、上述观点可简写为：

$$自主_2 = 自主感 = f（安全，自由）$$

安全如同氧气，是有它的时候没有感觉，没它的时候感到窒息。我们有多缺乏安全感，闭上眼睛走几步就知道了。安全优先原则，是亿万年来演化的产物，铭刻在人类基因代码的深处，是多数人原生系统的默认程序。先安全后自由、先生存后发展的个体，更可能保存自己，养育后代。

自由好似氢气，一种向上的力量。我们对自由的态度暧昧。自主论严格区分安全的自由和不安全的自由。在万米高空，一个带着降落伞、会跳伞的人从飞机里跳出来，是安全的自由；一个不带降落伞或不会跳伞的人从飞机里跳出来，是不安全的自由。

伟大的诗人泰戈尔（Rabindranath Tagore）在《流萤集》（Stray Birds）中写道："挣脱了泥土的束缚，树却没有自由。"有的时候，不安全的自由是毒品，短期令人兴奋，长期摧残身心。更多时候，不安全的自由是废品，没有价值和意义。弗洛伊德在《文明及其不满》（Civilization and Its Discontents）中强调："在任何文明产生以前，自由程度最高，尽管那时事实上自由没有多大价值，因为个体几乎不能保护这种自由。"所以，先哲们在《乌托邦》（Vtopia）、《太阳城》（The City of the Sun）中构想的"理想国"，往往都有强大的力量来捍卫安全防线，保障自由空间。当代科技思想家们幻想的理想未来，也都拥有先进的技术解决安全问题，释放自由可能。AI时代，是过去所有时代的延续，也是未来所有时代的起点，只要这些时代的主体仍是人类，那么安全和自由的关系逻辑就不会改变。

自主感跟自主性一样，也是水。它是安全之氧气和自由之氢气结合后产生的水，是生命之源。上善若水，水利万物而不争。

氢氧水的类比，可以帮助我们较好地理解封闭系统中自主感、安全和自由之间的关系。切换到开放系统后，我们需要引入更为通俗的西瓜比喻来帮助理解它们之间流变的关系。

假设自主是一个西瓜，那么安全就是西瓜皮，自由就是西瓜肉。个头不变时，皮多就会肉少，肉多就会皮少，此消彼长。西瓜逐渐长大的过程中，最初是只有皮没有肉，然后是多皮少肉，再往后是半皮半肉，最后是少皮多肉。

人的自主发展也会经历同样的过程。婴儿阶段，只有安全没有自由，全靠家长抚养。儿童阶段，身体发育了，开始狂野，此时安全的自由不多，不安全的自由却很多，全靠家长盯护。青少年时，身心都得到成长，安全的自由多了，此时安全需求多，自由也有一些，还需家长引导。成年后，身心健全，安全需求相对稳定，自由不断生长，进入一种高自主状态，并开始养育下一代。新的循环开始。

对西瓜而言，皮是一种保护，隔开两个世界，皮内是安全的自由，皮外是不安全的自由。一个西瓜不想被砸烂，最好不要去撞击地面，也不要去撞击另一个西瓜或一堆西瓜。哲学家伦纳德·霍布豪斯（Leonard Hobhouse）在《自由主义》（Liberalism）中指出："以牺牲他人为代价获得的自由不是好的自由，所有生活在一起的人都能享受的自由才是好的自由。""任何时代的社会自由都以限制为基础。"为了保护自由，我们需要安全边界，充分考虑个人安全、他人安全、群体安全乃至社会安全等因素。

在开放的系统里，我们可以提升自主的总量，实现安全和自由的同时增长。自主论并不希望它的读者在安全和自由之间做抉择，牺牲安全来换取自由，或者放弃自由来保障安全。自主论希望它的读者能兼顾两头，并且自主论更加推崇自主性，渴望自主性与自主感的统一。

1.2 要素与关系

1.2.1 真正的自主是自主性与自主感的统一

理想的自主,是行为自主和心理自主兼顾的状态,是自主性与自主感的统一。

自主性是因,自主感是果,因果关系不可颠倒。自主性必然带来自主感,但自主感无法保障自主性。现实中,一个人行为上很自主,却在心理上感觉很焦虑,是偶发的情况。相反,一个人心理上感觉很安全很自由,但在行为上不能自我决定,是极其普遍的现象。大多数人关起门来,在游戏里都是龙;走出去后,在生活中多半是条虫。

一个有自主感的人,认为自己能决定自身的命运,这种感觉可能是真实自主的结果,也可能是错觉或幻觉的产物。睡梦中人、缸中之脑(brain-in-a-vat)以及黑客帝国(Matrix)里插管的生物电池们,都有栩栩如生、以假乱真的自主感,却从未曾拥有过自主性。一个清心寡欲、高度自律的僧人,或许在精神世界里拥有极强的自主感,甚至绝对安全的极限自由,但在现实世界的变故面前,可能束手无策。当寺庙失火时,当同族蒙难时,他可以用自主感熄灭心中之火,却无法用自主性来扑灭现世之焰。

相反,一个拥有自主性的人,可以实实在在地改变和影响现实世界。他可以综合调动意愿、能力和资源,真实地解决问题,达成目标,切实满足自身的安全需求和自由渴望。他随时可以用自主之水扑灭问题之火,重建甚至强化其自主感。因此,自主性越强的人,安全和自由也越多。自主性持续增长时,自主感就会随之增强。反之未必。

自主论认为,自主性是实相,自主感是镜像。实相决定镜像,而非镜像决定实相。自主性是自主的实体,自主感是自主的影子。实体决定影子,而非影子决定实体。阿登屋养老院里的老人,可以决定花瓶摆在哪里,他们拥有所谓的自主感,但绝没有我所说的自主性,因为他们不再拥有亲身到花海里奔跑徜徉的可能。梦中、游戏里、崇信者的世界里,到处都是镜花水月般的自主感，但是醒来后走进现实世界，就会四处碰壁，经常被毒打。

所以，我们追求自主性与自主感的统一，是自主性作为内核和自主感作为外延的统一。我们追求自主和实现自主，首先是追求自主性，实现客观的、外在的、行为上的自主，其次才是追求自主感，实现主观的、内在的、心理上的自主。自主性第一，自主感第二。本书后面章节谈及自主时，都默认指向自主性，除非特别说明是讨论自主感。

1.2.2　安全和自由受资源的影响

基于经验和逻辑，我们不难发现：自主的行为组件（资源、能力和意愿）与心理组件（安全、自由）之间存在一些奇妙的关系，首先是安全、自由与资源的关系。

人的资源总量越多，掌握的信息、物质和能量越多，可用于满足自身安全需求和自由渴望的资本也就越多。

当资源总量增加时，安全和自由才有机会同步被满足，同时增长。起初，资源被优先用于满足安全需求。待到安全需求满足后，大量资源被用于满足自由追求。接着，随着资源的进一步增加，神奇的一幕发生了——许多昔日的自由追求，逐渐被适应并转化，成了今天的安全需求。同样是炎热的夏天，几万年前的人们满足于洞穴里的阴凉，几千年前的人们满足于树荫下的清风，几百年前的人们满足于手扇的爽快，几十年前的人们满足于电扇的吹拂，今天的人们却会因为没有空调的制冷而感到不适。技术的进步和生产力的提高，带动全人类安全需求的持续爬升。过去，有火、有电、有网络、有手机、有AI都是自由的奢侈，如今却是安全的必备。正是基于类似的考量，马克·吐温（Mark Twain）写道："一个世纪的激进主义者是下一个世纪的保守主义者。"

当资源总量恒定时，安全增加则自由减少，自由增加则安全减少，人必须在安全和自由之间做出抉择和取舍。比如，手中有 100 元钱，若拿出 80 元用于吃饭，就只剩 20 元可以买书。若只花 20 元吃饭，则有 80 元可以买书。又如，一个人透支未来购买房屋，代价可能是很长一段时间内失去外出旅行的资本。相反，"月光族"或许当下很风光，但是迟早要为人生的大问题灼心。

当资源总量减少时，安全和自由必须二选一。耶稣安慰奴隶说，人不仅仅是靠面包生存，还要靠阳光和真理生存。哲学家列夫·舍斯托夫（Lev Shestov）补充道："一个饥肠辘辘的人得到一块面包和几句温存体贴的话，他会感到温存的话比面包更贵重。可是，假使人们仅仅用温存的话语抚慰他，却不给他食物，那他也许就会憎恨温存的话语了。"的确，当你歌唱时，饥饿的人用他的胃来听。通常，人会优先保障安全需求的满足，舍弃自由，换取安全。精神分析社会学家艾瑞克·弗洛姆（Erich Fromm）[1]称之为逃避自由（escape from freedom）。只有在安全的环境里，人才会想念自由，尝试改造，做出创新。一旦遭遇变乱、身处险境或承受压力时，我们又会无意识地做出妥协，自由往往是第一个被屠宰献祭的对象。但是正如美国国父本杰明·富兰克林（Benjamin Franklin）所言："那些为了追逐暂时的安全而放弃基本自由的人，既得不到自由也得不到安全。"过去时代如此，AI时代亦如此，往后的其他时代也将如此。安全、自由与资源的逻辑，决定它会如此。

1.2.3 安全和自由受能力的影响

除了资源，能力也对安全和自由造成影响。

人的能力水平越高，掌握的知识、技能和工具越多，对安全的认识理解更深，对资源的使用效率更高，可以更好地把握安全的底线，用更少的资源满足安全需求，腾出更多资源实现自由追求。

从个体来看，人的安全需求有很多水分、许多优化空间。只需微调安全的底线，就有释放自由的可能。在这里，人的能力水平发挥关键作用。我们甚至可以断言：资源确定时，能力更强的人，安全需求更少，自由机会更多；同理，资源确定时，能力更弱的人，安全需求更多，自由可能更少。

还是手中有100元钱的比方，一个懂营养学、善于砍价的人，更懂得饮

---

[1] 艾瑞克·弗洛姆是德裔美籍精神分析学家和哲学家，人本主义心理学的重要代表人物，也是法兰克福学派的成员之一。他的工作主要集中在修改弗洛伊德的精神分析学说，以适应两次世界大战后西方人的精神状况，并且尝试将精神分析学说与马克思主义思想结合，以探索人的本性和社会发展的关系。弗洛姆的著作丰富，有《逃避自由》、《爱的艺术》（*The Art of Loving*）等。

食的安全底线在哪里，知道如何用更好的组合达成这些目标，因此可用更少的钱吃到更好的东西，并留出更多的钱用来买书。反之，一个不懂营养学、不善议价的人，可能花费更多钱吃饭，余下更少的钱买书。另外，同样的20元钱，在2024年很难买到一本像样的纸质新书，却足以购买一个月的微信读书会员服务，进入由数以百万计电子书组成的知识海洋并尽情遨游。

不过，能力不是越强越好。能力过强，会导致过分重视自由而轻视安全，其结果犹如哲学家伯特兰·罗素（Bertrand Russell）在《权威与个人》（*Authority and the Individual*）中的叙述："自由过少带来停滞，过多则导致混乱。"后面我们会反复讨论这个反常识的观点。

1.2.4　安全和自由受意愿的影响

意愿由意志和情绪构成，意志通过反思功能调控情绪、塑造认知、干预行为，从而改变人的能力和资源，进而影响安全和自由。法国思想家让·雅克·卢梭（Jean-Jacques Rousseau）在《社会契约论》（*The Social Contract*）中写道："一个瘫痪病人想奔跑，一个健康人不想奔跑，其结果是他们二者都留在了原地。"

当资源确定时，意愿可以直接改变资源配置方式，改变安全和自由的内部比重。还是100元钱，一个能够反思的人，会在做出决断后，重新思考并修正自己吃饭和买书的预算组合。当能力确定时，意愿可以改变资源配置的格局，改变安全和自由的外部环境。比如，下决心把100元预算增加到500元，从而彻底改变原有格局。

再举一个现实生活的例子。我们去医院看病甚至住院的时候，往往要与其他病人及其亲友共享空间。医生来查房时经常会当众报出我们的名字，并询问我们的症状和情况，甚至要求我们当众接受检查，导致我们的隐私无法得到保障。意愿决定我们下一步的选择：一是改变认知，通过反思把"隐私"二字从安全需求列表里抹掉，彻底接受中式医院文化，即放弃自由（隐私）以换取安全（救治）。二是改变环境，拿出更多钱，换到单人病房或接受单独治疗，通过资源总体水平，来试着兼顾安全（救治）和自由（隐私）。

总之，意愿、能力和资源带来自主性，自主性创造安全和自由，安全和自由合成自主感。意愿、能力、资源和安全、自由之间有千丝万缕的关系。上述观点可缩写为：

$$自主 = f(自主性，自主感) = f(意愿，能力，资源，安全，自由)$$

1.3 自主三角形

上述观点，是我 2005 年到 2007 年思考的主要结果。经过脑海里的反复演绎和推导，以及无数次手绘图表的尝试，终于在 2008 年的一天，我被灵感的流星雨击中，瞬间顿悟，发现自主论基本概念及其主要逻辑与直角三角形及其各要素之间的关系完美配对。直角三角形的边、角和面积及其相互关系，可以完美指代、映射、呈现和图示自主及其行为和心理组件之间的复杂关系。于是自主三角形可视化模型诞生了（图 1-1）。

统计学大师乔治·博克斯（George Box）曾说过："没有正确的模型，但有实用的模型。"自主三角形作为模型未必完全正确，但是非常实用。它不仅可以帮助我们更好地理解自主论，还可以启发我们更好地发展自主论。

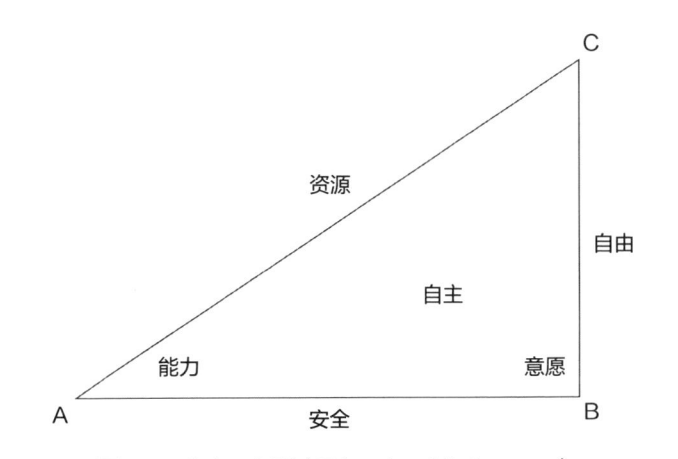

图 1-1 自主三角形（Triangle of Autonomy）

注：自主（感）= f_1（安全，自由）；自主（性）= f_2（意愿，能力，资源）

1.3.1 底边（AB）即安全，底边长短对应安全多少

底边越长，安全越多；底边越短，安全越少。

安全是人的基本需求，是氧气，放在底部，凸显安全优先原则、安全底线概念。

1.3.2 竖边（BC）即自由，竖边长短对应自由多少

竖边越长，自由越多；竖边越短，自由越少。

自由是人的进阶追求，是氢气，放在竖边，隐喻自由至上、自由在高处。

1.3.3 三角形即自主，面积大小即自主性强弱

面积越大，自主性越强；面积越小，自主性越弱。

三角形面积大小与构成直角的底边和竖边长短成正比，对应自主与安全、自由正相关。

底边确定时，三角形面积大小与竖边长短成正比，对应安全确定时，自主性越强则自由越多。

竖边确定时，三角形面积大小与底边长短成正比，对应自由确定时，自主性越强则安全越多。

之前我们讨论过的所有逻辑，都在这里得到完美体现。

1.3.4 斜边（AC）即资源，斜边长短对应资源多少

斜边越长，资源越多；斜边越短，资源越少。

资源分配往往不均衡，作为斜边，暗喻资源的分配往往不平等。

在直角三角形中，斜边长度的平方等于底边长度的平方和竖边长度的平方之和，即 $AC^2 = AB^2 + BC^2$。因此，斜边确定时，底边和竖边的关系为此消彼长——底边长则竖边短，底边短则竖边长——对应资源确定时，增加安全必须以减少自由为代价，增加自由必须以减少安全为代价。

1.3.5　锐角（A）即能力，锐角大小对应能力强弱

锐角越大，能力越强；锐角越小，能力越弱。

能力主要由认知和行为决定，其中认知的角度往往影响行为的方向，决定能力的强弱。视野开阔的人通常能力更强，视野狭窄的人往往能力较弱。用锐角来比喻呈现人的能力，非常贴切。

在直角三角形中，锐角大小由边长决定。斜边确定时，锐角越大，则底边越短，竖边越长，对应资源确定时，能力越强，则安全越少，自由越多；锐角越小，则底边越长，竖边越短，对应能力越弱，则安全越多，自由越少。

底边确定时，锐角越大，则竖边和斜边越长，面积越大；锐角越小，竖边和斜边越短，面积越小。也就是说，安全确定时，能力的提升会伴随着自由、资源和自主的整体提升；反之，能力下降会带来自由、资源和自主的整体下降。同理，竖边确定时，锐角变化也会带来类似的一荣俱荣、一损俱损的效果。由此生成两个符合逻辑和经验的推论：一是安全确定时，能力与自由、资源、自主性同步增减。二是自由确定时，能力与安全、资源、自主性同步增减。

在直角三角形中，锐角确定时，底边、竖边、斜边长度和三角形面积同步增减，由此生成一个符合逻辑和经验的新推论：当人的能力停滞不前时，若想进一步提升自主性，必须增加资源投入。在这个过程中，人的安全和自由同步得到提升。反之，如果能力不变，资源减少，那么自主以及安全、自由成分都会同步减少。总而言之，能力确定时，安全、自由、资源和自主性同步增减。

1.3.6　直角（B）即意愿，决定自主三角形是否存在

意愿是自主的基本条件，由意志和情绪（愿望）构成。它是创世的"光"、老子的"道"，一切存在的根本。

没有意愿，直角消失，自主三角形坍平为直线，处于没有能力（锐角）、自由（竖边）和自主（面积）的原始状态。此时，底边（安全）和斜边（资

源）完全重合，所有资源用于满足安全需求。当我们丧失自主意愿时，就会失去直角，变成直线，退化为动物和机器。

有了意愿，直角出现，直线逐渐生成直角三角形，生命进入有能力（锐角）、自由（竖边）和自主（面积）的演化状态。此时，底边（安全）和斜边（资源）开始分流，有更多资源被用于实现自由、自主。当我们拥有自主意愿时，就能恢复自主三角形，重新成为人。

由此得出符合逻辑和经验的推论：没有意愿，就没有能力、自由和自主。

同时，在直角三角形中，斜边确定时，直角的位置将决定底边和竖边的长短，也决定锐角的大小，即意愿影响安全和自由的配比，改变人的能力。

当直角向左平移时，底边变短，竖边变长，锐角变大，即左倾意愿会让人更为激进，牺牲安全以博取自由，人的能力随之提升。这些左倾激进的人是"搏命者"，为了实现更多发展的自由追求，他们愿意牺牲许多生存的安全需求。这是一个"搏命三角形"，是许多冒险家、年轻人策略的写照。

当直角向右平移时，底边变长，竖边变短，锐角变小，即右倾意愿会让人更为保守，放弃自由以换取安全，人的能力随之下降。这些右倾保守的人是"保命者"，为了保障更多生存的安全需求，他们可以放弃许多发展的自由追求。这是一个"保命三角形"，是许多保守者、老年人策略的写照。

另外，男性与女性之间的自主策略也有可能有些许差别，比如女性会更倾向于安全和保守，男性则相对喜欢自由和激进。

1.3.7 等腰自主三角形是最佳的自主状态

在直角三角形中，直角有一个黄金位置，底边和竖边长度相同，此时锐角为45度，自主三角形变成等腰直角三角形。在斜边确定时，等腰直角三角形的面积最大，这提醒我们：

意愿找到安全和自由的均衡状态时，人的自主水平最高。

这是一种过犹不及的状态，稍向左偏离，就是轻安全重自由的"搏命者"的激进主义；稍向右偏离，就是重安全轻自由的"保命者"的保守主义。偏离越多，则离自主的最优状态越远。这个均衡状态，古代中国人称之为中庸，古希腊人称之为适度（σφροσύνη，sophrosyne）[1]，近代社会学家称之为帕累托最优（pareto optimality）[2]，但我认为它是杠铃策略（barbell strategy）下的动态平衡，是根据问题和反馈不断迭代调优后的佳境。

世间众人与万物都在流变，现实中要达成适度，只能靠不断调整安全和自由的比例。就像走钢丝，为了稳定前行，必须拿着横杆不断调平，这支横杆的一端是安全，另一端是自由。

自主三角形暗示我们：在资源确定时，随着能力的提升，安全需求持续减少，自由追求可能不断增加，但是自主性会先升后降。也就是说，资源确定时，能力和自由成正比，与自主性呈倒"U"型关系。当能力和自由接近均衡状态时，自主性增强；远离均衡状态时，自主性变弱。

这或许是自主论中最有争议的观点，它限定了能力的价值，凸显了资源的地位。但我相信，经验和逻辑都会站在自主论的一边。天地不仁，以万物为刍狗。多数人没资源，只能拼能力，结果是陷入自主感的幻境而远离自主性的征程。

一些极端的"搏命者"会大幅压缩安全需求以实现更大的自由追求。许多不食人间烟火、安贫乐道的思考者和梦想家，物质世界极其简朴，精神世界极度充盈，心理的自主感很强，行为的自主性却很弱。一个人的时候，他就是自己世界的绝对主宰。但在大千世界里，他们遇到现实难题，特别是遇到家人亲友的求助时，往往一筹莫展，除了表达关切之情，无法给予任何实质性的助力。

我旗帜鲜明地反对极端"搏命者"模式。这种能力好、资源少，自主感强、自主性弱的偏执状态，是一种致幻致残甚至致死的假自主，背离了自主论的初衷。遗憾的是，历史上许多伟大的著作都在过度推销"搏命者"模式。

---

[1] 在古希腊文化和哲学中，适度是一个核心概念，它代表着一种平衡、自制和谨慎的生活态度。古罗马的斯多葛学派哲学家卢修斯·塞涅卡（Lucius Seneca）认为，适度是使一切言行都恰到好处的学问。适度就是在适当的时间做适当的事情的学问。
[2] 帕累托最优是经济学中的一个重要概念，由意大利经济学家维尔弗雷多·帕累托（Vilfredo Pareto）提出。它描述的是一种资源分配的状态，其中任何个体或经济主体的福利改善不再可能但也不会使其他个体或主体的福利变差。换句话说，帕累托最优意味着无法通过重新分配资源使得至少一个人变得更好而不使任何其他人变得更差。

我猜想，不是先哲前辈有意为之，而是幸存者效应（survivorship bias）[1]在作祟。古往今来，著书立说者多是思想家，本来就更偏爱思考而非行动，喜欢向内而非向外。他们是所处时代里自主性较高的一群人，都是摆脱了资源困扰和安全担忧等"低级趣味"的成功人士，可以专注于自由追求和能力提升等"高阶命题"。偶尔有行动者和实战派写书，也常常受自利偏差和归因偏差的误导，无意识地将成功归结于自身努力（意愿）和天赋异禀（能力），而非外部的资源和运气。只有极少数的生存大师，如生活于战乱年代的霍布斯和尼科洛·马基雅维利（Niccolò Machiavelli）[2]，以及经济上一直拮据，主要靠恩格斯资助的马克思，才会用近乎残忍的文字，去剖析安全和资源等"俗不可耐"的话题。

我也旗帜鲜明地反对极端"保命者"模式。把所有资源倾注于安全需求的满足，会导致能力退化甚至崩塌，陷入另一种自主感强、自主性弱的糟糕结果，接近于只有底边、没有直角的原始状态。除了有家人照顾的新生婴儿和濒死之人，其他人采取极端保命模式都是不理智的，只会导致更加糟糕的结果。放弃自由不会带来安全的保障，却会引发自主三角形的崩塌。覆巢之下，安有完卵。安全和自由是唇亡齿寒的关系，没有自由的安全，是恐怖的绝望，想象下全身插管的植物人和动物园的猴子。安全对他们而言，只是一种确定性，是没有任何改变可能的确定性，是只能由他人决定命运的确定性。

自主三角形还提醒我们：通过计算不同类型三角形的面积，我们可以量化不同模型下自主水平的总量。显然，均衡模式略优于适度左倾（右倾）策略，碾压过度左倾（右倾）和极端左倾（右倾）策略。假设斜边为5，计算得知，均衡状态（锐角45度，安全和自由1∶1）时，三角形面积为6.25，自主最大化。适度右倾（锐角37度，安全和自由4∶3）和适度左倾（锐角53度，安全和自由3∶4）时，都是典型的勾三股四弦五，面积为6。过度右倾（锐

---

[1] 幸存者效应，又称生存者偏差，是一种常见的逻辑错误，指的是在评估成功因素时，只关注那些幸存下来或取得成功的案例，而忽略了那些失败或消失的案例。这种偏差会导致对成功因素的错误估计和分析。
[2] 马基雅维利是文艺复兴时期意大利著名的政治思想家、历史学家和外交官，著有《君主论》（*The Prince*），被认为是现实主义的奠基人之一，他强调了政治行为的实用性和效率，而不仅仅是道德和理想。

角 15 度，安全几乎 4 倍于自由）和过度左倾（锐角 75 度，自由几乎 4 倍于安全）时，面积只有 3.13，仅有完美状态的一半。极端右倾（锐角 5 度，安全几乎 12 倍于自由）和极端左倾（锐角 85 度，自由几乎 12 倍于安全）时，面积只有 1.09，只发挥了最大自主潜力的六分之一。

自主三角形启发我们要追求相对均衡的状态。这里的均衡战略是总体、长期的动态均衡，并不排斥局部、偶尔的极端战术。我们应该因时而异、因地制宜地组合策略，以应对不确定和不对称可能带来的冲击。

经过 18 年的思考和实践，我的阶段性结论是：实现自主最大化，前期以意愿为起点，中期以能力为重点，后期以资源为基点。这种思路可以指导个体的自主性提升，也可以指导家庭、单位乃至社会等群体的自主性建设。

个体的自主性提升，分为三步走：第一步是集中强化意愿水平；第二步是持续提升能力水平；第三步是全力提升资源水平，并在安全和自由之间均衡配置资源。在这个过程中，自主性会持续提升，自主三角形被不断做大。

群体的自主性建设，也分三步走：第一步是做思想动员，坚定意愿；第二步是抓教育培训，强化能力；第三步是推要素开发，保障资源。一个社会若要实现全民的自主，即自主论所谓的"民主"，也要经历这三个步骤。

最后，我必须重申，自主三角形不是公理定论，也未必是最好的表现形式，将来或许还会被更新。它也不是绝对真理，未必完全正确，将来或许会被推翻。它只是一个为方便叙事而设定的操作性模型、一个有用管用易用的模型，就像自主论一样，遵循实用原则。因此，我会继续努力寻找更好的模型去概括与自主相关的所有概念及其关系。但是，在我们找到更好的方案之前，我们暂且先使用它作为自主论的基本模型吧！

1.4 本章小结

本章主要介绍自主的定义，即自我主宰，并将其拆分为由安全和自由组成的自主感，以及由意愿、能力和资源决定的自主性。在充分讨论自主、安全、自由、意愿、能力、资源等之间的基本关系后，提出自主三角形模型，将其模型化、图示化。

本章思维导图如图 1-2 所示。

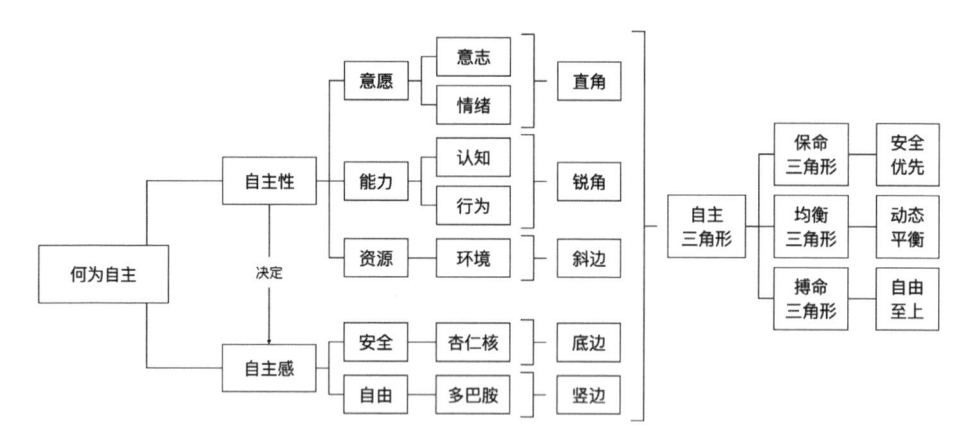

图 1-2 本章思维导图

第二章　为何自主

> 为天地立心，为生民立命，为往圣继绝学，为万世开太平。
>
> ——张载《横渠语录》

人为什么要追求自主？

这个看似简单、不证自明的问题，很少有人认真想过。我也是在完成自主论主体部分写作后，才开始严肃对待"为何自主"的问题。随着思考的深入，我愈发感觉，"为何自主"的答案至关重要。

它是自主性的来源，是长江源头冰川落下的第一滴水。没有它，我们就不会去思考如何追求自主、实现自主的问题。没有它，我们就不会在自主性提升后，遇到更多问题和困难时，选择继续坚持。没有它，我们就不会有机会站得更高、看得更远，拥抱更多的选择和可能。

它也是自主性的归宿，是长江尽头汇入汪洋的那一片海。没有它，我们就不知道在变得心明眼亮、手脚麻利之后，除了采摘金苹果和智慧果实外，还应该做什么。没有它，我们就不知道在解决生活、学习、工作中的基本问题之后，"自主盈余"应该用来做什么。没有它，我们就不知道实现自主后如何使用自主才有价值和意义。

找到了它，我们才能一手来源，一手归宿，完全掌握中间的自主。找到了它，我们才能点燃内心深处的火焰，激发挖掘自主之水的无穷动力。

但是，"为何自主"似乎不存在一个普遍适用的标准答案。在当前时空背景下，我们至少可以找到两套参考答案。

第一套是消极的低配版答案。自主是为了不被控制。在前AI时代，自主是为了不被或少被他人控制。在AI时代，自主是为了不被或少被AI控制，为了不被或少被使用AI的他人控制。为此，必须追求自主和实现自主，持续提升自主性。

第二套是积极的高配版答案。自主是为了自我主宰。自主让我们可以拓展时空、解决问题、实现成长、获得幸福，留下伟大的传奇，成为不朽的英雄。在 AI 时代，自主让我们更早接触 AI、更快掌握 AI、更好地使用 AI，成为 AI 的伙伴和主人，在合作中共生进化，最终成为超级个体，成为弗雷德里希·尼采（Friedrich Nietzsche）口中的"超人"（Übermensch）[1]。

下面重点讨论第二套答案，从时空拓展、问题解决、幸福成长和英雄不朽四个方面展开。

2.1 时空拓展：既是表象，也是本质

时间和空间上的拓展和延伸，是自主性的表象，也是自主性的本质。完整的自主性，包括时间自主性和空间自主性。自主人在时间和空间上拓展和延伸自己。

更多的时间自主性，意味着长寿，让人在更宽时间尺度上自主行动。自主是长寿的产物，也带来长寿的结果。进入 AI 时代后，更宽的时间尺度可能意味着更小的瞬间和更大的永恒。自主人应该追求长寿，除非有更伟大的事业需要他去牺牲自己的时间自主性。

更多的空间自主性，意味着通达，使人在更广的空间维度上自主行动。自主是通达的产物，也带来通达的结果。进入 AI 时代后，更广的空间维度可能意味着在更多现实世界和虚拟世界间穿梭。自主人应该追求通达，除非有更伟大的事业需要他牺牲自己的空间自主性。

自主提升与时空拓展，相互促进。一方面，人的自主提升带来时空拓展。

---

[1] "超人"是德国哲学家尼采在其哲学著作中提出的一个重要概念，其在《查拉图斯特拉如是说》（*Thus Spoke Zarathustra*）一书中得到了深入的探讨。"超人"代表着超越现有的道德、价值观和文化约束，达到一种新的人类潜能和自我实现的状态。"超人"通过自我创造和自我超越来定义自己的本质，体现了尼采的"力量意志"（will to power）概念，即生命的本质是不断追求力量和自我超越的驱动力。"超人"能够重估一切价值观，创造自己的价值观和生活意义，而不是接受既定的道德和规范。"超人"超越了传统的善恶对立，无畏道德的或不道德的，它是存在于这些对立之外的。

自主论会帮助其践行者变得更加自主，在更大时空尺度上自我决定。一个人的自主性越强，则他在时间和空间上可以抵达的距离越远，接触的对象越多，因此经历更丰富，变得更长寿和通达。另一方面，人的时空拓展又带来自主提升。一个人越是长寿和通达，能够抵达的时空距离越远，接触的对象越多，则意愿磨炼、能力发展和资源开发越多，自主性也越强。上述观点可简写为：

$$自主性 = 时间自主性 \times 空间自主性 = 长寿 \times 通达$$

一个只活了 50 岁，一辈子都在农村里度过的人，跟一个活了 90 岁，足迹遍布全球超级城市的人，他们间的自主性水平必然是天壤之别。丰富的人生阅历是时间和空间的产物，也带来更多的时间和空间，让我们有机会成为多面手（multipotentialities），攀登哲学家吉尔·德勒兹（Gilles Deleuze）所谓的"千高原"（Thousand Plateaus）。

活得更久非常重要。历史上，长寿即正义。古罗马哲学家和政治家西塞罗（Marcus Tullius Cicero）大言不惭地说过："那些最强大的国家往往都是差一点毁在年轻人的手里，而老年人则是国家的栋梁，他们总是在危急关头力挽狂澜，使国家转危为安。"在那个世界不断循环、历史不断重演的年代，活得久意味着拥有更多人生阅历、实践智慧和资源积累，每位老人都是宝藏。在那个没有文字的年代，每位老人都是行走的活字典和知识库。唐代的武则天也因为长寿，熬死了一代李唐开国权贵，培养了一批草根科举官员，从而由篡权的"不义"变成法统的"正确"。近当代世界亦是如此。爱因斯坦的老师、诺贝尔物理学奖得主、量子力学创始人马克斯·普朗克（Max Karl Ernst Ludwig Planck）说过："一个新的科学真理取得了胜利，与其说是通过说服它的反对者使他们认识和相信这一真理，还不如说是因为它的反对者最后都死了，而熟悉这一真理的新一代人成长起来了。"同理，诺贝尔奖大多属于那些活得更久的研究者，通常他们的学术生涯更长，培养的门徒、信众和支持者也更多。

走得更远同样重要。行万里路和阅人无数高度关联。自主性提升所依托的能力和资源组件，需要我们在更大空间、更广对象范围内采撷并萃取思想的精华。社会物理学（social physics）[1]认为，拥有最高深智慧的未必是思考者，而更可能是经常与思考者交流的连接者。轴心时代的希腊因为海洋而开放，在贸易中承接来自两河文明和古埃及文明的滋养，自然起点很高。跨区域的贸易和文化交流培育出的古希腊哲学家们，思想更为深邃。希腊人在技术和资源领域，也更具多样性，保证了其文明的先进性。

除了让本尊活得久、走得远，自主性还可以通过另一种方式实现时间和空间的延展，那就是从主体层面的延展切入，留下子嗣、作品和分身等功业。后面章节讨论这些，这里不展开。

2.2 问题解决：既是目的，也是手段

当一个人的自主性确定时，其可能触达的时空范围会被限定。为突破现状，打破时空限制，获得更大自主性，必须设置新的目标，解决新的问题。

自主性可以解决问题，它是解题的手段，也是目标。自主性必须解决一个个具体问题，才能实现更大的时间和空间拓展。成功解题后，目标达成，时空拓展，自主性进入更高境界。

当问题难度确定时，自主性越弱，解题速度越慢；自主性越强，解题速度越快。撰写一篇兼顾精准、精练、精彩特质的调研报告，对于18年前初出茅庐的我来说，多半要倾尽全力；但对于今天带队作战的我来说，或许就是信手拈来。

我们可以用生产力来类比自主性。一个人的自主性越强，单位时间的生产力就越高。社会生产力的提高，也会带动个人自主性的整体提升。过去我们给文章配图要花很多时间找图，现在有了GenAI就可以直接快速按需生图。

自主性与问题解决的反向逻辑也成立，解题失败可能导致自主性相对弱化和发展停滞。如果我们把有限的自主性投入到某个问题的解决中，但最后没有产出，或者我们不采取行动，就会损失机会成本和时间成本。上述观点

---

[1] 社会物理学是一个跨学科领域，它尝试将物理学的原理和方法应用于社会科学，尤其是人类行为和社会动态的研究。这个领域利用数据驱动的模型和计算方法来理解社会现象，预测个体和群体的行为模式。

可总结为：

解题时间 = 问题难度 ÷ 自主水平

回望历史，我们可以看到，人类自主性的持续提升，有两大动因势不可当，拉动人类自主性所依托的能力和资源的整体提升。

一是知识的积累。知识从最初的无法传承，到可以口口相传，再到文字记载和传播，再到学校教育，以及新近出现的电脑、手机、网络和人工智能等，知识变得越来越完备、普及，获取更便利且免费，助推人的自主能力稳步提升。存在这么一种弗林效应（Flynn effect），即20世纪的大部分时间里，无论是发达国家还是发展中国家，人们的智商测试得分都呈现持续上升态势，平均每十年上升约3分。

二是技术的进步。几千年来，随着技术的快速进步，人类个体所能调用的能量水平提高了若干量级。超弦理论专家加来道雄（Michio Kaku）在《超越时空》（Hyper Space）中指出，一个文明的指数与其个体所能运用的能量大小有关。人猿阶段只有1/8马力，十万年前靠着石器工具达到了1/4马力，农业时代靠着牲畜有了1马力，工业时代靠蒸汽机实现几十到几百马力，原子时代靠着核能又将其放大了100万倍。同期，100美元能使用的算力规格也呈现指数级增长。2024年的iPhone16的算力是2007年发布的初代iPhone的4万多倍，而初代iPhone的算力是1946年诞生的人类第一台超级计算机ENIAC的4万多倍。粗略计算，今天普通人随意使用的电子设备，其算力是80年前地球最强算力的16亿倍。可以预见，未来与资源相关的能源和与其能力相关的算力都会接近于无穷和免费，极大地提升全人类的自主性。

就是说，即便其他因素都不改变，人们也会躺地起飞，日行千里。的确，今天非洲草原上使用手机的土著猎手，触手可及的信息数量和质量都远超一个世纪前的美国总统。未来随便哪个路人拥有的力量，在今天的我们看来都会是近乎魔法般的存在。

不过，一山还有一山高，问题的难度也会水涨船高。人类自主性的提高，会带来更高的目标和更快的发展，推动我们加速进入一个场景愈发不确定、问题愈发复杂的全新历史阶段。

逆水行舟，不进则退。我们别无选择，唯有迎难而上，激流勇进，持续解决问题，不断提升自主。

2.3　幸福成长：既是结果，也是过程

自主性在帮助我们解决问题、延展时空的同时，也带来成长和幸福。成长和幸福，是绝大多数人的奋斗目标，也是他们的动力源泉。自主论认为，成长就是自主性提升的过程，而幸福是成长的副产品。

成长在不同层面有不同含义。在物种层面，自主性提升即是进化，自主性降低则为退化。在个体层面，自主性提升即是进步，自主性降低则为退步。进化和进步带来幸福，退化和退步带来不幸。

自主三角形可以帮助我们更好地理解生物演化、个人成长和社会发展历程。它们本质上都是不同的自主三角形变化过程。比如，从无机物到有机物、单细胞到多细胞、简单生物到复杂生物、直立猿猴到现代智人的生物演化过程，都是自主三角形从点到线、短线到长线、直线到三角形的过程。现代智人的意识与意志觉醒，就像圣经开头那句振聋发聩的"要有光"，于是又有了自主之光。自由意志的出现，让自主三角形从此站了起来。再比如，从孩童到成人、小村庄到大城市、古老酋邦到现代国家，都是自主三角形从无到有、由小到大、自不均衡到相对均衡的过程。在自由意志的基础上，人的意愿、能力和资源都得到极大的提升，自主性得到充分实现。

2.3.1　幸福体验的三种层次

耶鲁大学心理学教授保罗·布鲁姆（Paul Bloom）指出："大多数人类的快感都是在进化过程中意外发生的，它们是神经系统为了达到其他目的而在进化过程中产生的副产物。"为了帮助人们持之以恒，不至于在自主性提升的过程中半途而废，演化给出幸福作为我成长的副产品，为自主人量身打造了一套实用的强化机制。幸福成为每个人成长进程中的润滑剂和激励物。每个自

主人都会在成长的过程中，体验到各种各样的幸福。

幸福的定义莫衷一是，每个人都有自己对幸福的理解。为了相对统一思想，方便后续的讨论，自主论引入"积极心理学之父"马丁·塞利格曼（Martin E. P. Seligman）早期提出的主观幸福感三分法，结合统计学家李晓煦老师在《三生有幸》中的时间解读，将幸福划分为三种形态，分别对应三种时间尺度的体验。[1]

一是愉悦（pleasure），即个体的、秒钟级的感官体验，由稍纵即逝的快乐体验构成，表现为好吃、好喝、好听、好看、好玩等。你靠自主找愉悦，一点也不难。只要解题赚钱，节省时间，然后花钱、花时间去消费物质产品和精神体验即可。但是，愉悦短暂且无底，追求愉悦就像在幸福跑步机上奔跑，永远无法满足，而且下次满足总是更加困难。从神经科学（neuroscience）[2]的角度说，愉悦跟"快乐系"神经递质多巴胺带来的预期有关。预期是个无底的深渊，欲壑难填。

二是沉浸（immersion），即个体的、分钟级的心流（flow）体验，让人沉醉其中、忘时忘我。心理学家米哈里·希斯赞特米哈伊（Mihaly Csikszentmihalyi）发明"心流"一词来形容这种状态。[3]心流体验对于多数人而

---

[1] 马丁·塞利格曼是著名心理学家、国际积极心理学会终身荣誉主席，在习得性无助、乐观主义、悲观主义以及积极心理学方面做出了重要贡献。他在1998年提出了积极心理学的概念，提出了心理学研究的新方向，即从关注疾病模型转向关注健康和幸福，因而被誉为"积极心理学之父"。他的PERMA模型是积极心理学中一个重要的理论框架，提出幸福由五个要素构成：正面情绪（positive emotion）、参与（engagement）、关系（relationships）、意义（meaning）和成就（accomplishment）。提出该模型之前，他还提出过三分法，把幸福人生分为愉悦的生活（pleasant life）、沉浸的生活（engaged life）和有意义的生活（meaningful life）。李晓煦老师是我的朋友，他非常有创见地从统计学角度为这三种生活的分法增加了时间维度的解读。在我看来，三分法比五要素模式更能解释幸福的构成。

[2] 很多人错误地把神经科学等同于脑科学，这个是不对的。神经科学家和哲学家丹尼尔·丹尼特（Daniel Dennett）曾调侃过："你若研究一个神经元，你就是神经科学家；若研究两个神经元，你就是心理学家。"（If you work on one neuron, you are a neuroscientist. If you work on two neurons, you are a psychologist.）现实中的心理学和神经科学的关系并不简单，心理学不能简单等同于神经科学，神经科学也不完全属于心理学范畴，两者是相关且有交集的不同学科。不过在本书中，我们主要是讨论神经科学中与心理学最为相关的部分，也是关于脑的神经科学研究。

[3] 米哈里·希斯赞特米哈伊是心流理论的提出者和积极心理学的奠基人之一。他的心流理论描述了人们在完全投入某项活动时所经历的一种心理状态。心流状态通常出现在挑战与个人技能相匹配的情况下，当人们面对一个既不会过于简单也不会难以克服的任务时，他们更容易进入心流。在这种状态下，人们会高度专注、充满活力，并且完全沉浸于正在做的事情中，以至于失去了对时间的感知，并且体验到一种深刻的满足和快乐。

言，是值得推荐的幸福体验。对棋迷来说，下棋本身并不带有感官刺激，却让人静气凝神，分泌血清素（serotonin）[1]等"宁静系"神经递质。心流体验不局限于兴趣爱好，也可源自工作学习的专注，工作痴迷（workaholic）的人就能在加班中收获快感。[2]

　　三是意义（meaning），即超越主体、时间和空间的崇高体验，让人乐于接受痛苦，甚至苦中作乐。孔子说过，朝闻道夕死可矣。圣雄甘地、特蕾莎修女等道德楷模都属于意义追求者，我们身边也不乏这样的超凡人物。来自意义的幸福激励他们抵达马斯洛需求层次（Maslow's hierarchy of needs）金字塔[3]的顶端，不断自我实现和自我超越。普罗大众称之为德性，宗教信徒称之为神性，在我们共产党员身上表现为坚定的党性，即为世界奉献的国际主义精神、为历史奋斗的理想主义精神、为人民服务的利他主义精神。正是这些崇高的精神把精英变成英雄，把精致的利己主义者变成高能而温暖的青年。[4]

1　血清素，也称为5-羟色胺（5-HT），是一种重要的神经递质和激素，在调节情绪和心情方面起着关键作用。血清素的合成主要发生在肠道的肠嗜铬细胞和大脑的神经元中。在大脑中，血清素主要来自脑干的中缝核（Raphe Nuclei）的神经元，这些神经元的轴突广泛投射到大脑的其他区域。血清素受体基因有两种变体：L型（长型）和S型（短型），L型能比S型制造出更多的转运体蛋白质分子。人类拥有分别来自父亲与母亲的两个血清素转运体基因，每个基因有两种版本（被称为等位基因）。所以就有了三类人：LL（长长组合）、LS（长短组合）、SS（短短组合）。伦敦大学学院及伦敦经济学院的研究人员研究了1000多对双胞胎后，在《经济学人》撰文，指出编码血清素受体的基因是对"幸福感"最有可能起作用的基因。在研究中，德·内弗（Jan-Emmanuel De Neve）博士要求青少年在"非常满意"到"非常不满"之间对自己作出评价。他发现，拥有一个L型基因的人对自身评价"非常满意"的比例比没有L型基因的人多8%；而拥有两个L型基因的人则多17%。简单地说，LL对自己最满足，LS次之，SS最悲观。LL的人血清素受体性能更强，因而对情绪的调控能力更好，似乎天生就爱往光明的一面看。平均而言，美国黑人拥有1.47个L型基因，美国白人拥有1.2个L型基因，亚裔美国人则只有0.69个L型基因。其他一些研究也表明，亚洲国家人民的平均幸福感比其人均GDP所预示的要低。在血清素方面，我们亚洲人的确是输在起跑线上了。

2　工作痴迷，也称为工作狂，是指一个人对工作有极端的投入和热情，以至于工作成为他们生活的中心和主导。这种痴迷可能表现为长时间工作、难以从工作中抽离、对工作成果有极高的期望和标准，以及在非工作时间也不断思考与工作相关的事情。长期的工作痴迷可能对个人的身心健康产生负面影响，包括疲劳、压力、抑郁、人际关系问题和健康问题。然而，工作痴迷并不总是负面的，有时它可以推动个人在职业上取得显著成就。

3　马斯洛需求层次金字塔是美国心理学家亚伯拉罕·马斯洛（Abraham Maslow）于1943年提出的一种理论模型，用于解释人类动机和个人需求的层次结构。这个金字塔模型将人类需求分为五个层次，分别是生理需求（physiological needs）、安全需求（safety needs）、社交需求（love/belonging needs）、尊重需求（esteem needs）、自我实现需求（self-actualization needs）。

4　"高温青年"是笔者发起并组织的青年公益行动，曾在2020年新冠疫情之初以温州一地力量，援助37个国家，荣获中国社会企业向光奖、年度公益创新奖等。2023年以来，"高温青年"也成为中国援助巴勒斯坦加沙地带难民的主要公益力量。"高温青年"行动强调通过信息网络和社交网络为高能而温暖的青年赋能，本质上是对自主性三要素逻辑的具体应用。

我们突破个人、眼前和当下的局限性，与更广大的群体、未来与世界融为一体，由此获得超越的意义和至高的幸福。

毋庸置疑，人的自主性越高，越容易获得和感受幸福。秒钟级的愉悦，花钱即可得到，自主性高则资源多，愉悦体验瞬间搞定。分钟级的沉浸，有专长和时间即可享有，自主性高则能力强，沉浸体验轻易达成。超越的意义，全靠价值创造和奉献精神，自主性高则意愿强，意义体验更容易构建。

不仅如此，自主性高的人，还可以同时获得愉悦、沉浸和意义。比如，从事自己擅长、能赚钱且服务他人的工作。我在研究部门工作，做的是自己喜欢的事情，能和许多专家讨论，还有足够的收入，并能通过撰写调研报告的方式推动所在的城市变得更好，这就是一种兼得三种幸福的状态。再比如，创作伟大的作品，通过这些作品来改变世界，为他人和后人留下属于自己的印记，向世界和未来证明自己的存在和价值。

2.3.2 自主成长的四个阶段

自主人的成长，是一个不断追求和实现自主的过程。为了细化讨论，也为了统一表达，后文我将参考希腊神话与游戏逻辑，将自主人的发展阶段划分为四级，分别是初级自主人"凡人"（mortal）、中级自主人"精英"（elite）、高级自主人"英雄"（hero）和超级自主人"泰坦"（Titan）。我们的起点是普通的凡人，是浩瀚宇宙中的微小尘埃。我们的目标是永恒的泰坦，是璀璨星空中的巨大恒星。

自主论相信每个人都有成长的可能，人皆可塑，人皆可为尧舜。儒家说格物、致知、诚意、正心、修身、齐家、治国、平天下，逐级递进。从凡人到精英，再到英雄甚至泰坦，也是逐步升级。凡人（普通人）可以成长为精英（牛人、成人），再升华为英雄（君子、完人、巨人、赫拉克勒斯），最后接近于泰坦（圣人、超人、神明、佛陀、普罗米修斯）。

从凡人到泰坦的试炼之路，充满困难和挑战，需要隐忍和坚持，更需要奉献和牺牲。尤其是从精英到英雄、英雄到泰坦的蜕变，自主人必须超越自身主体、时间和空间的局限，努力为他人、世界和未来做出贡献和牺牲。相应地，自主人的幸福体验，将从愉悦、沉浸导向转向意义本位。

自主人的每一次升级，都是千里挑一甚至万里挑一的大考，会过滤、筛选和淘汰掉绝大多数人，使得自主人成为原属阶层中的翘楚或异类，成为新晋段位中的新锐与同志。多数人会长期滞留在凡人阶段，只有少数凡人能成为精英，更少数精英成为英雄，极少数英雄成为泰坦。

泰坦是人们心中永恒的不朽，他们往往是过往的英雄，被无数人追忆和怀念。如马克思、弗洛伊德、爱因斯坦，又如荷马、司马迁、莎士比亚，再如贝利、乔丹、阿里，还有乔布斯、查理芒格。晚上你抬头仰望星空时，泰坦也在那里守望着你。极少有人能在活着时达到这一境界，首先是因为人生还没结束，个人贡献还没盖棺论定，其次是因为缺乏有效手段去传播故事，获取大众的集中认可。过去一个自主人成为英雄，被他人、世界和未来认可和歌颂，需要时间的沉淀。但进入AI时代后，随着GenAI技术的快速进步，这个进程可能被缩短，特别是技术叠加可能带来自主人的生命大幅延长，甚至永生。因此，我们或许会亲眼见证人类历史上第一次出现许多活着的泰坦。

英雄是泰坦的种子，是成长中的泰坦，是半人半神的存在。英雄有人性，因为他们由凡人和精英演变而来。英雄也有神性，因为他们朝着泰坦的方向进化。为此，他们拥有泰坦的潜质，即超越主体、时间和空间的奉献精神和牺牲行为。然而，从英雄成长为泰坦的征途是充满艰难与坎坷的。一次超越足以让精英升级为英雄，但唯有持续不断地超越，才能让英雄成为泰坦。而每次对主体、时间和空间局限性的超越，都是危险的。不成功便成仁，英雄可能会为此付出巨大代价，乃至生命。如果英雄在做出巨大贡献之前，不幸半途陨落，或者退化黑化，曾经的英雄就无法成为永恒的泰坦。

尽管困难如斯，我还是旗帜鲜明、立场坚定地歌颂英雄主义、倡导英雄主义、践行英雄主义。我呼吁每个自主人都做奋进的英雄，向不朽的泰坦努力靠近。我建议每个自主人都做有意思、有意义的事情，为他人、世界和未来留下值得敬赞的传奇。

2.3.3 缔造传奇的三种方式

传奇是我们每个人为他人、世界和未来留下的超越主体、空间和时间的特殊印记，是我们存在的最好证明。传奇也是我们追求自主、实现自主的产物。问题解决可能创造传奇，时空拓展也可能留下传奇。至高的幸福体验、意义依托伟大的传奇而存在。传奇还是象征我们人生高度的响亮宣告。他人和后人的未来世界，不会用我们的出身定义我们，而会根据我们留下的传奇来归类我们。留下什么样的传奇，将决定我们在他人和后人眼中是什么样的人。就像今天我们记住的伟人，不是因为他们起步时所处的阶层，而是因为他们离开时抵达的高度。传奇更是判别我们所处自主人发展阶段的标尺。传奇是一种不朽，属于英雄，属于完成了试炼的赫拉克勒斯，属于解缚了的普罗米修斯，属于奥林匹斯山的诸神，属于获得了完全自主的佛陀、圣人和君子，属于泰坦。

每个自主人都应该渴望被他人、世界和未来所铭记，都应该试着留下属于自己的传奇。不过，由于格局境界不同，凡人、精英、英雄和泰坦留下传奇的方式路径也不同。我们可以根据常识和经验，粗略地把传奇分为基于基因（gene）的子嗣（heir）、基于模因（meme）[1]的作品（work）和基于技因（technium）[2]的分身（avatar）三类。我们不难发现，三种传奇与四类自主人之间存在关联。

第一，留下子嗣是凡人留下传奇的主要方式。

凡人通过繁衍后代来实现基因传承。饮食男女是人之天性。凡人养活自己后，就开始养育子女。多数人的生命似乎只为了创造新的生命。然而，取乎其上，得乎其中。取乎其下，得乎甚微，甚至为零。虽然凡人心甘情愿地

---

[1] 模因这个术语最早由英国生物学家理查德·道金斯（Richard Dawkins）在其1976年出版的《自私的基因》（*The Selfish Gene*）一书中提出。道金斯将模因视为文化传播的单位，类比于生物学中的基因，是文化信息传递和演化的基本单位。模因通过模仿在人脑之间传播，它们可以是思想、行为、习俗、技术等任何能够通过模仿传播的文化元素。

[2] Technium一词由信息哲学家凯文·凯利（Kevin Kelly）提出，常规翻译为"技术元素"。在同名的著作中，凯文·凯利指出，技术元素在人类诞生之前就已存在，具有自我增强的属性。技术元素最初与人类共生进化，未来可能会自主繁殖和演变。

做"自私基因的载体"和用完即弃的工具人，但是最后仍然可能一无所获、一无所有。基因导向的历史研究早已发现，现今世界上活着的人类，大多是古代帝王将相的后裔，地球上绝大多数存活过的凡人（男人）没有繁衍后代，只是灰飞烟灭、化作尘埃。作家理查德·康尼夫（Richard Conniff）在《大狗》（*Big Dog*）中直言不讳："昔日许多尊卑层次分明的社会在危机当头的时候有一条不言而喻的规则：富人应活，穷人该死。"残酷的现实是，精英、英雄、泰坦在生养子嗣方面，完胜凡人。因此，一些凡人开始转变思路，有意识地选择晚婚晚育，甚至不婚不育，集中资源来追求和实现自身的自主，努力留下作品，向精英升级。

第二，留下作品是精英、英雄和泰坦创造传奇的传统优势领域。

政治家、艺术家、科学家、企业家、银行家，建筑师、设计师、工程师、医师、律师，创始人、策展人、主持人、经纪人、投资人，不管什么家、什么师、什么人，他们的地位都与作品密切相关。感谢教育水平的整体提高，如今的凡人也有机会创造作品，从而升级为精英。尤其是 GenAI 技术的出现，创作的门槛进一步降低。创作不再是少数人的特权，而是所有人的机会，只要用心努力，就有机会留下作品。但是与此同时，我们的作品想被大家认同和传播，则变得更难了。所有作品，像亿万个精子竞争留下基因的机会那样，经历时间洗礼和实践检验，加上一点点小确幸的运气，经历大浪淘沙后成为人类文化中的模因片段。

另外，对于被证明和记忆的需求而言，作品似乎比子嗣更有用。留下更多的子嗣最多只能让极少数人（个别靠谱、隔代不远的后人）偶尔想起我们，但是留下伟大的作品能让很多人长时间地记住我们。的确，那些被历史书写、我们耳熟能详的名字，哪个是靠子嗣的传颂？又有哪个不是留下了伟大的作品？从某种意义上说，我们留下子嗣更多是出于无奈。自己这一代无法留下伟大作品，只能寄希望于下一代的子嗣。不能留下作品，就多交作业，多"造人"，留下更多子嗣，让他们去留下作品。不同时期、不同地域、不同文化的族群，无不追求子孙满堂、枝繁叶茂。大家都知道，留下子嗣越多，未来留下作品的概率就越大。

我们可以更进一步，把留下作品的行为划为三等，分别是"立德""立功""立言"，分别对应三个世界，即心智世界（mental world）、现实世界（physical world）和语言世界（linguistic world）[1]。

立言最低，属于语言世界，就是著书立说，构建话语，影响人们的语言表达，比如我创作自主论，讲解自主论。过去只有少数人接受教育，所以立言的权力被精英垄断。如今教育全面普及，信息也基本互通，各种出版机构、发表平台和传播渠道比比皆是，只要你肯写肯说，持之以恒，不难留下点什么。特别是进入AI时代后，立言的门槛进一步降低。在GenAI的辅助下，2024年就有不少小学生出版小说，更有幼儿园小朋友开设公众号，长期更新带图文视频的推文。更有一大堆老年人玩博客、微博、抖音，甚至每天创作多首AI音乐。他们都能做到，你也要对自己有信心。

立功次之，属于现实世界，就是采取行动，解决问题，成就伟业，比如我践行自主论，领导"高温青年"和"AIGCxChina"两个公益行动。立言主要看个人努力，立功则需要时代机遇。我的"高温青年"公益行动是响应全球战疫、全民抗疫的倡议，"AIGCxChina"是顺应AI时代的科普与应用需求，加上我在温州，刚好有青年基础和关系网络，是天时、地利、人和的产物。大家要立功，必须选准赛道，练好内功。建议在本职工作或兴趣爱好领域，持续采取行动，解决问题，一方面提升自主性，另一方面积累成果。一旦时机出现，就全力以赴，做成一番事业。如果时机不现，也有足够的发展，可以立足于世。AI时代所有事物都会用GenAI重制一遍，属于你的机会肯定会出现。赶紧练好内功，准备迎接挑战吧！

立德最高，属于心智世界，就是通过树立良好的品质和行为规范，成为社会的楷模，为集体、社会乃至人类的进步做出贡献。比如，我以身作则当好自主人的榜样，切实推动大家追求自主、实现自主，使得自主的理念成为

---

[1] 现实世界、心智世界和语言世界三分法是一种理论框架，用于区分和理解人类经验的三个基本领域：现实世界指的是客观存在的物质世界，包括自然现象、人造物品、地理环境等。这个世界独立于个体的感知和意识而存在。心智世界涉及个体的内在经验，包括思想、情感、信念、记忆和意识。它是主观的，并且因人而异，反映了个体对现实世界的个人感知和解释。语言世界是指通过语言构建的意义系统，包括语言、符号、概念和沟通方式。语言使我们能够表达和交流思想、情感和知识，构建和分享文化。

人类集体无意识的一部分。立德太难了，它需要极高的自主境界和特殊的时代机遇的完美结合，需要个人的极大努力和他人的普遍接受。正因如此，自主论才认为，立德是我们缔造传奇、留下作品时的最高目标。相比之下，只有为他人、世界和未来带来了真正的贡献，立言、立功，才会被认可，被记住。

可以说，自我本位的立言、立功可以帮助凡人成为精英，但是唯有超越自我的立德才能缔造英雄，只有持续立德才能封圣泰坦。比如，一个智商正常的孩子，认真读书考试，在家庭条件允许的情况下，完全有可能读到药学硕士、博士。之后，他通过辛勤的努力，成功发表论文（立言）、研发新药（立功），就可晋升精英段位。再往后，只有不顾个人得失，竭力为他人、世界和未来做出贡献（如张文宏老师在新冠疫情期间为全民做好科普），并被大家所认可，才能跻身英雄行列。然后，英雄持续奉献自我，最终为世人和后人所铭记，由此荣登泰坦的封神榜。

第三，留下分身是AI时代的新赛道，是GenAI为所有人开辟的第三战场。

当前比较常见的是数字分身，基于我们的个人数据，借助GenAI技术训练智能体（agent）、制作虚拟人（virtual human）。部署在现实世界和虚拟空间里的数字分身，可能永远在场在线，诉说我们曾经来过。未来还会出现实体分身。感谢基因技术、纳米科技、神经科学和信息技术的快速进步和融合发展，我们已经瞥到肉身克隆和意识复制的曙光，未来的人类或可实现永生，成为传奇本身。只看近期，数字分身和实体分身都有门槛，精英、英雄和泰坦会优先获取并受益。自主性得到更大更快提升，然后强者愈强，AI时代的马太效应加剧。但看长远，技术红利终将惠及全民，让留下分身、获得永生成为所有人的可选项。

必须注意的是，分身将影响我们的子嗣和作品。一方面，分身会辅助我们更好地教育子嗣，传递知识。比如，我计划在完成自主论（花了18年时间）后，让智能体学习领会（几秒钟就够了），并以我的口吻来回答问题（再加几分钟设置即可），那么我的孩子，今后除了直接与我讨论自主问题，还可以在我的分身那里得到一些指导和答疑。另一方面，分身会助力我们更好地创作作品，传播理念。比如，我可以和学习过自主论的"AI倪考梦"持续讨论，对自主论已经涉及和尚未涉及的问题进行更深层次的交流，由此推动自主论的进一步完善。同时，"AI倪考梦"也可以被植入各种网站、App、微信群，实时答复读者的问题，并向我反馈大家的关注点，帮助我更好地改进。

所以，我们可以预期，最终自主人的基因传人（子嗣）、模因传人（学习者、崇拜者、追随者）和技因传人（数字分身、实体分身）将万世不竭、不计其数，帮助其在更大尺度的时空里延展自我，成为永恒的泰坦。他们的部分甚至全部"意识"会被保留并长久传递，部分甚至全部生命会被延续甚至永久存活，融合创造出无法想象的新的自主存在，直至宇宙的边缘和终点。

小结一下：生儿育女、留下子嗣是凡人的标配；立言立功、留下作品和分身是精英的事业；立德后留下超越主体、时间和空间的作品，被他人所认可，是英雄的荣耀；最后，矢志不移、至死不渝地奋斗与超越，让英雄成为泰坦。

初级自主人"凡人"：生儿育女，留下自己的子嗣；

中级自主人"精英"：立言立功，留下自己的作品和分身；

高级自主人"英雄"：立德，留下超越主体、时间和空间的作品；

超级自主人"泰坦"：持续立德，留下更多持续超越主体、时间和空间的作品。

2.4 英雄不朽：既是终点，也是起点

前文指出，我们追求自主、实现自主是为了解决问题，实现主体在更大时空的拓展。这个成长的过程伴随着幸福的体验，分为三种，即愉悦、沉浸和意义。其中愉悦和沉浸属于个人，意义则与超越有关，需要我们超越主体、时间和空间的局限，为他人、世界和未来做出牺牲和贡献，这是一个创造并留下传奇的过程。我们把传奇分为子嗣、作品和分身三种，并进一步把作品拆分为立言、立功和立德。同时，我们把自主人的发展阶段划分为凡人、精

英、英雄和泰坦四级，再一次强调只有超越、牺牲和立德，才有机会从精英升级为英雄，甚至泰坦。这是一种外在冷峻的世界观，也是一种内心温暖的价值观，其核心就是英雄主义。

2.4.1 内心深处的使命召唤

拥有更多的自主性，意味着更多的机会和可能。我们选择用自主性去做什么，决定并造成了我们每个人的差别。总体而言，不同阶段的自主人，有不同层次的追求。凡人和精英希望"人人为我"，英雄和泰坦却爱"我为人人"。自主论推崇英雄主义，呼吁所有自主人都踏上伟大英雄之旅，从凡人向精英升级，从精英向英雄跃迁，然后持之以恒，等待他人、世界和未来将我们迎入泰坦之列。

英雄主义是一种"知其不可为而为之""没有条件创造条件也要上"的精神，英雄举动是一种"牺牲小我、成就大我"的行动。英雄要解决更大时空与更多主体的问题，要心甘情愿地在必要的时候奉献甚至牺牲自己，做人类进步的助燃剂。

令人欣慰的是，这种自我奉献和牺牲的英雄的基因没有从人类族群基因库里消失，反而代代相传、愈发壮大。进化心理学（evolutionary psychology）[1]告诉我们，为了让英雄的利他基因继续服务他人和社会，我们人类似乎进化出了崇拜英雄、热爱英雄、模仿英雄的基因特质。我们总是无意间被英雄壮举感动、感染，并激活我们体内带有英雄潜质的基因片段，激发我们采取类似的助人行为。我们还把英雄变成我们历史的主角、文化的符号、行为的榜样。如今每一个屹立于世界舞台的民族，都有自己的英雄传说；每一部流传的文化作品，都是包装后的英雄故事。他们都是我们人类共有的不朽传奇，驱使更多人踏上英雄之旅。

英雄之旅充满挑战，需要坚毅决心和卓绝努力，更需要奉献精神和牺

---

[1] 进化心理学是一门研究心理特征和行为模式如何受到自然选择和性选择影响的学科。它基于达尔文的进化论，探讨心理机制如何适应古代环境并促进生存和繁衍。进化心理学把互惠利他主义作为核心概念之一，认为个体可能会帮助他人，期望在未来得到回报，这种互惠行为有助于建立社会关系和合作。

牲行为。凡人要成长为精英，只需持续生产和创造，留下子嗣、作品（立言、立功）和分身。但精英若要升级为英雄，甚至泰坦，就必须在前面努力的基础上，进一步超越自身的主体、时间和空间局限，为他人和后人提供帮助，为世界和未来做出奉献甚至牺牲。而且，这些奉献和牺牲，还必须得到他人和后人的认可，否则就白白奉献和牺牲了。不少英雄在他们活着的时候，所做的奉献和牺牲不被认可，或不为人知，直到死后，才获得应有的尊崇和歌颂。

英雄之旅也充满喜悦，伴随多样愉悦和持续沉浸，更伴随意义体验和至高幸福。英雄的意义源于对自身主体、时间和空间局限性的超越，源于为更伟大的事物和事业的无私付出，因此体验到无尽的归属感、认同感和崇高感。因为有意义的伴随，英雄可以长时间地忍受痛苦和折磨，并在挑战中释放出超凡的勇气和力量，不畏艰险，迎难而上，披荆斩棘，建功立业。也因为有意义的伴随，英雄与凡人、精英生活在不同的时间和空间维度，站位、视野和格局也全然不同。当凡人和精英用小人之心度君子之腹时，英雄可以借用古人那句"燕雀安知鸿鹄之志"回敬他们。

英雄之旅是所有自主人内心的使命召唤。在外部环境的助推、生物基因的驱使和道德文化的感召下，不断有自主人勇敢地向前迈出一步，踏上光荣而崎岖、困难但正确的英雄之旅。他们原本是短视功利的凡人与精英，只关心当前时空、自身问题的解决，如今摆脱了精致利己主义者的魔咒，踏上"高能而温暖"的征程。英雄的理念和行动，犹如火焰可以从一盏点燃的灯跳上一盏未点燃的灯那样——你把未点燃的灯移近点燃的灯，火焰就可以跳跃了。

2.4.2 平民英雄与精英抉择

自主论认为，自主人的发展应该循序渐进。穷则独善其身，福泽后人；达则兼济天下，造福世界。先从凡人成长为精英，再作奉献和牺牲，升级为英雄乃至泰坦。一代人不够，就用几代人去接力。有了这种决心和定力，凡人家庭也能走出精英、英雄乃至泰坦。

凡人如果强行跳过精英阶段，直接跃进为英雄，就会被叫做"平民英雄"。他们的自主性不强，社会对他们的预期不高，所以每当他们有超越精英的表现时，大众都会为之振奋和喝彩，把他们奉为英雄。

然而，这种强行的跨越式发展，往往付出沉重的代价。平民英雄的故事经常和倾其所有、透支未来捆绑在一起。那些被我们记住的道德楷模，大多是物资贫乏但意志强大、信念坚定的人，或是危急时刻挺身而出，或是默默无闻、长久付出，暂时或长期处于自主三角形的"搏命者"模式。他们通过意愿和能力将安全需求压缩到极致，从而节省资源支出，创造自由可能，以此支撑身外、生外、世外之事。他们的事迹如此感人肺腑，又拒人于千里之外。其他凡人作为旁观者，擦干泪水后不禁扪心自问："这么做，真的值得吗？""换了是我，我也会这么做吗？"

另外，许多平民英雄的传奇都是短暂的。没有立言和立德，只有立功。这种流星般闪耀的平民英雄，影响力远不及恒星般明亮的精英升级而来的英雄，持续性更不足以支持他们反复超越，因此没有任何机会成为永恒的泰坦。

相对而言，精英在向英雄升级时，最大的优势是他们拥有"自主盈余"。他们在解决自身、眼前和当下问题的基础上，尝试解决他人、世界和未来的问题。或者说，他们在解决他人、世界和未来的问题的同时，还有余力兼顾自己、眼前和当下的问题。精英进可攻，尝试立德和超越，在自己一代晋级为英雄；退可守，努力立言立功，留下更多子嗣和分身，助力后代成为英雄。所以，精英的英雄之旅，可以选择燃烧自己，但不会掏空一切。所以，对凡人而言要堵上身家性命的"牺牲式超越"，在精英这里只是不会伤及根本的"奉献式超越"。

历史学家费尔南·布罗代尔（Fernand Braudel）认为，我们研究历史有三个维度，短期是事件，中期是时局，长期是结构。对自主性而言，基因锚定长期的结构，环境框定中期的时局，个人的选择则决定短期的事件走向。人们作为群体，在整体上高度可预测，但作为个体，在微观上极度难预测。[1]对于许多自主性极高的精英而言，他们能否成为英雄，只在一念之间，只在是否愿意为他人、世界和未来奉献自主。精英能否成为英雄，不是纯粹的能力问题和资源问题，更多的是意愿问题。在精英向英雄蜕变的关键节点，人生观、世界观和价值观发挥决定性作用。

自主论再次明确呼吁，广大精英要提高站位、拓宽视野、打开格局，由强壮的种子茁壮成长为参天的大树，争做顶天立地的英雄。

2.4.3 创造属于英雄的时代

在通往泰坦的征程上，英雄除了继续奉献和牺牲，还要努力点燃更多人心中的火焰，帮助更多人踏上英雄之旅。作为自主的先醒者与先行者，英雄肩负着唤醒他人、帮助他人、成就他人的责任。人是基因和环境作用的产物，短期内英雄无法改变他人基因，但可以改变整体环境。英雄应该在超越和奉献的同时，努力营造一种尊重英雄、学习英雄、成为英雄的社会氛围，为英雄基因发挥作用创造更好条件。具体来说，有四件事情是英雄该做的，也是我们其他人应该共同参与做好的。

第一，英雄要善待自己，珍惜自己，活得更久才能做出更大贡献。英雄本人，也是他为之奉献和服务的对象之一，不要把自己排除在外。英雄要有大爱，要自爱。自爱是爱人的前提，自爱和爱人的合体，才是大爱。身体是革命的本钱，生命是自主的基础，英雄必须珍惜自己的身体和生命。

第二，英雄要养育后代，传播基因，润物无声地培养孩子成为新英雄。虎父无犬子，只要教育引导得当，英雄的子女更可能成为英雄，因为他们从父母那里传承了英雄的基因蓝图和成长环境。培养孩子成为新一代的英雄，确保英雄精神得以传承。同时，这种英雄主义教育，可以通过作品和分身，

---

[1] 早在1784年，伊曼努尔·康德（Immanuel Kant）就在《世界主义者的宇宙史观》（"Idea for a Universal History with a Cosmopolitian Purpose"）一文中指出，个人的不可预测性会在集体行为中被降低。200多年后，英国科学家菲利普·鲍尔（Philip Ball）在《预知社会》（*The Predictability of Society*）中重申该观点："尽管我们目前对于人类行为方式的了解极为有限，却仍能掌握预知其集体行为结果的一定能力。""人数越多，个人的意愿就越会深埋在普通事实的系列之下。"

辐射和覆盖更多人。

第三，英雄要公开善行，争取善果，彰显"好人有好报"的正义，绝不能让好人吃亏。"无名英雄"和"苦难英雄"会让有心尝试之人知难而退、望而却步。一定要公开做好事，做出好结果，并留下名字，讲好故事，让大家看到行善的好处。要让大家看到英雄光鲜亮丽、载誉而归的一面，并通过各种媒体渠道和技术手段放大这种效果，从而吸引更多凡人和精英效仿英雄。

第四，英雄要惺惺相惜，互相扶持，让英雄不再孤独。同等条件下，英雄应该优先帮助英雄，不让英雄落单，不能让英雄"一个人战斗"。然后是帮助有英雄潜质的凡人和精英，引导他们开启英雄之旅，发展壮大英雄群体。

你可以不接受我的英雄主义，但我希望你能选择自主之道，超越凡人，成为精英。我郑重地提醒：当你拥有强大自主性的时候，你可以不做超越和奉献的英雄，但绝不可站到英雄的对立面去，做伤天害理、损人利己的坏人。

我相信，大多数人都会支持我的观点——我们在追求和实现自主时，应该参照哲学家约翰·密尔（John Stuart Mill）的伤害原则（harm principle）——任何人都不应以侵害他人自主性为代价来提升自己的自主性。我们必须在尊重他人自主性的前提下，去追求和实现个人的自主性。

只要有一丝可能，我都希望你能成为英雄，成就不朽。我期待你将提升自主性确立为目标和信念，在解决问题和拓展时空中获得成长和幸福，感受秒钟级的愉悦、分钟级的心流和超时间的意义。我相信你会留下子嗣、作品和分身作为传奇，以此证明自己的存在。我更祝福你通过超越和奉献，成为更伟大事物的一部分，成为不朽的传奇本身。

如果你勇敢地踏上了自主的英雄之旅，那么我很乐意伴你同行。前方还有更多试炼，我的自主论会为你指明方向，提供方法，助你一点一点提升自主性，一步一步走向无上荣耀的万神殿，最终成为被后世瞻仰的泰坦。

最后留一项小作业：你今年多大了？最远去过哪里？有多少子嗣、作品和分身等传奇？你认为根据自己的表现，自己应该位列自主人四大位阶的第几级？做出这一判断后，你对未来有什么打算？希望这些灵魂拷问，可以激发你心底与命运抗争的斗志。

2.5 本章小结

本章主要讨论为何自主的问题。自主论认为，我们追求自主，是为了拓展时空、解决问题，获得成长和幸福，成为英雄和泰坦。自主论认为，自主性的目的是解决问题，自主性的提升表现为时空的拓展，即更加长寿和通达。在解决问题的过程中，自主性持续提升，人也不断成长，伴随而来的是愉悦、沉浸、意义等幸福体验。自主论倡议所有自主人努力做一个英雄，留下不朽的传奇，获得终极的幸福。我们可以通过留下子嗣、作品和分身证明自己存在的传奇，从凡人晋级为精英。但如果想从精英升级为英雄，再从英雄封神为泰坦，就必须实现超越，即做出奉献和牺牲，在解决自己、当下和眼前的问题之外，还能帮助推动他人、世界和未来的问题解决。在 AI 时代，我们有机会见证甚至成为还能第一批拥有无上自主的活着的泰坦。

本章思维导图如图 2-1 所示。

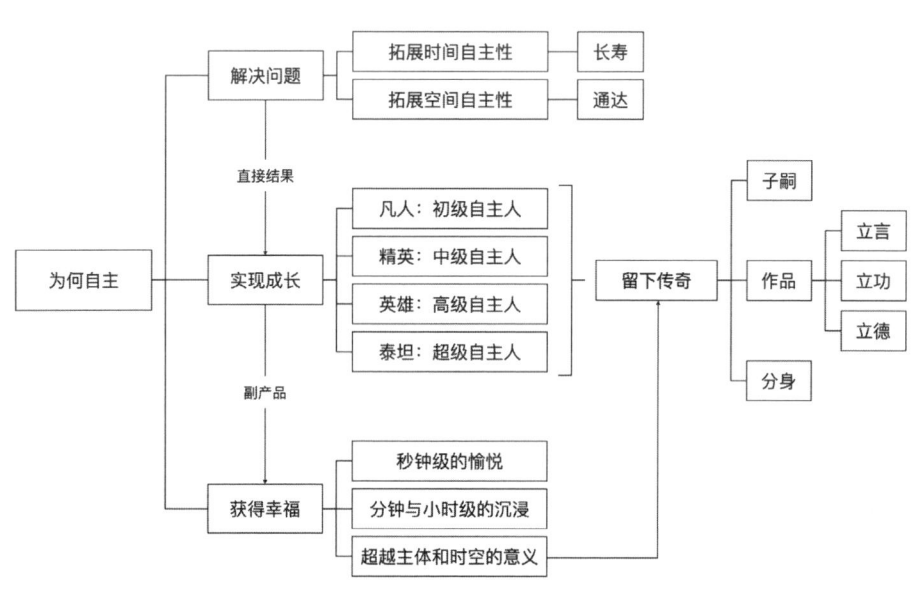

图 2-1 本章思维导图

第三章　如何自主

> 没有任何人能夺走我们的自由意志。
>
> ——埃比克太德（Epictetus）

根据毛泽东同志撰写的《矛盾论》，我们可以使用辩证唯物主义观点去分析自主性与行为自主的三要素。显然，意愿与能力是内因，是首因，资源是外因，是条件。

自主论区分人的外部世界和内部世界。外部世界，由各种信息、能量、物质构成，决定人的资源。内部世界，可分为行为、认知、情绪和意志系统，[1] 分别对应不同的神经网络，其中行为和认知决定人的能力，情绪和意志决定人的意愿。本章将从资源、能力、意愿出发，讨论提升自主性的宏观思路和方法。相对而言，本书下部各章节则将从解决特定问题出发，提出提升自主性的具体建议。

本章将是本书内容最翔实的一个章节，我们将分别讨论资源、能力和意愿的基本逻辑和提升思路。在资源部分，我们会提供通往富足的具体建议，包括如何盘点资源、减少支出和增加收入；我们还会针对金钱、名望和地位三大世俗追求提供具体指南，并且额外附赠一条自主论的暗黑定律作为彩蛋。在能力部分，我们会系统介绍自主能力的功能、来源、构成和提升方法，教会你如何设计心智模块，成为半人马的超级个体。在意愿部分，我们会引入"象与骑象人"（the elephant and the rider）隐喻，并系统性讲解意志、情绪的基本逻辑和相互关系，最终提出增强意志的三种路径（图3-1）。

---

[1] 柏拉图将灵魂划分为血气（thymos）、逻辑（logos）和欲望（epithymia），自主论将心智拆分为意志（volition）、认知（cogntion）和情绪（emotion），算是对这一传统思想的现代化发展。

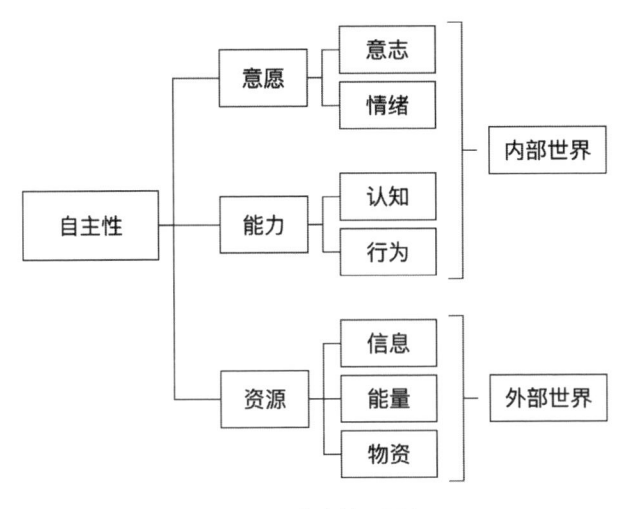

图 3-1 自主性三要素

3.1 资源

资源是人的内部环境（包括身体）和外部环境对其自主的支持水平。根据自主理论及其三角形模型，在其他因素不变的情况下，自主水平与资源成正比。资源包括信息、能量和物质，都可以通过投入时间获得，所以本质上都可以换算为时间。即便是坑蒙拐骗得来的资源，也要投入时间，也可折为时间。也有人喜欢用金钱作为单位，我们发明金钱的目的也是如此，但是一些无法量化和交易的东西，用时间换算会更好一些。自主人最初的资源优势，是靠努力花时间堆起来的，可以来自本人或前人。同理，自主人努力积攒的资源，也会福泽身边人和身后人。

解决问题需要资源。巧妇难为无米之炊，五斗米难倒英雄汉。一个技艺超群的厨子，只给他萝卜青菜，他的本领无法完全展现。相反，一个枪法再差的人，让他站在距离靶心只有一米的位置，也能打出好分数。意愿可以暂时降低资源需求的水平，能力可以切实提升资源使用的效率（从而降低资源的需要总量），但是该投入的资源一分都少不了。问题解决的关键，往往不是你想不想，也不是你能不能，而是你有没有。在自主论诞生之初的很长一段时间里，我都把资源叫作"权力"[1]，因为它是实现自主的"最后一公里"。

解决问题也带来资源。无论是帮助自己解题，还是帮助他人做事，都会获得一些资源作为回报。自主水平更高的人解题速度更快，消耗资源更少，积累资源更快。强者愈强的马太效应出现。

可以预见的未来是，科技革命会带来生产力大爆发，为我们创造一个富足的时代，届时资源充裕，甚至可以按需分配。但在眼下，人类尚处于资源稀缺时代，资源还要靠努力争取。每个自主人都要从实际出发，找到适合自己的通往富足之路。根据个人经验，我想到"3+1"步走的思路，供大家参考。

3.1.1 通往富足之路第一步：盘点资源

俗话说：你不理财，财不理你。资源也是如此。盘活资源，首先要做好盘点。世间资源种类繁多，根据时间上的先天和后天、空间上的内部和外部、主体上的私人和公共，可以梳理出许多类型。我把复杂问题简单化，从关系出发，总结出三类主要资源。

一是个人资源。个人独占的资源，包括时间资源、身体资源、文化资源（知识）、技术资源（技能）等。在很长一段时间里，自主人先天继承身体资源，后天再获取文化资源和技术资源。未来，随着基因编辑、脑机接口等技术的成熟，自主人或许可以先天直接继承身体资源、技术资源和文化资源。能否优先享受这些技术红利，进入加速进化回路，也与我们的自主水平、资源条件直接相关。个人资源非常稳固，可以随身携带、即时使用，是我们行走江湖、安身立命之本。对年轻人而言，时间和身体是他们的资本；对老年人而言，知识和技能才是他们的优势。中年人介于两者之间，要统筹用好时间、

---

[1] 在自主论诞生的十多年里，我一直把环境对自主的支持力度叫作自主权力，简称权力（power）。早期自主论定义的权力和传统政治学定义的权力是两回事，后者控制他人，前者控制自己。自主论定义的权力和传统政治学定义的权利（rights）也是两回事。哲学家赵汀阳老师在《天下体系》中说过："凡是仅仅能够兑换成权利的东西都是虚的，凡是能够兑换成权力的东西才是实的。"权力是实的，权利是虚的。权力是实然，属于政治实践者；权利是应然，属于政治理论家。历史上，政治科学家关注实然，保守分子霍布斯的社会公约约束普通人，强调秩序；政治理论家偏好应然，激进分子洛克的社会契约约束统治者，强调自由。权力是黄金，权利是纸币。霍布斯在《利维坦》中写道："不以强力防卫强力的信约永远是无效的。"权利离开了刀剑就难以保障履行；权力则不然，它是自带刀剑的权利。

身体、知识和技能。关于时间、身体、知识和技能等讨论，我们在下部"时空管理""任务管理""精力管理"等章节里继续。

二是家庭资源。与家人共享的经济资源（金钱）、社会资源（人脉）、政治资源（权力）等。一般是先天继承一部分，后天争取一部分。代际传承，家庭内共享。另外，多数人只有"家"，少数人还有"庭"，在特定组织内拥有世袭领导地位，因此特定组织也是其家庭的外延，这些组织资源也是其家庭资源。家庭资源非常实用，通常按需支取、无偿使用，是我们固本强基、开疆拓土的倚靠。无数研究证明了家庭资源的重要性，多数人的成功建立在家庭的成功之上，多数人的无奈也源于家庭的无奈。年轻人在使用家庭资源时，要多听老年人的意见，毕竟家庭里主要是老年人为年轻人提供资源。同时，年轻人也要学会资源经营，努力把老年人的投入变成投资，用更多的资源回报家庭。关于家庭和职业的讨论，我们在下部"家庭管理""职业管理"章节继续展开。

三是公共资源。与全体社会成员共有的基建资源、生态资源等。自主人的基建资源、生态资源通常也是先天确定，后天可改。但相对于个人资源和家庭资源而言，公共资源更难改变。公共资源的初始水平由个人的出生的时代、地点（国家、城市）等决定，影响个人成长阶段的许多外部环境因素，包括在什么样的医院里出生，在什么样的学校里接受教育，在什么样的社区里结交朋友，在什么样的平台里找到工作等。当然，追求自主的年轻人仍有改变公共资源的机会：一是用脚投票，通过后天搬家的方式，换个城市工作生活。二是动手实践，改变所在城市的公共环境。我们会在下部"城市管理"章节进一步展开讨论。

建议大家按照满分 10 分给上述三类九项指标打分。先对去年的状态评分，再对今年的状态评分，最后给明年设置预期目标，针对其中的长项和短板，提出做长长板、扬长避短、以长补短的思路举措。

3.1.2　通往富足之路第二步：减少支出

减少支出，是为了更好地积攒资源去解决问题，在更大的空间环境里获取更多自主资源。资源支出主要分两类。

第一类是转换型支出。资源变了形态，还在那里，还是你的。资源转换的效率主要由能力决定，能力强则转换效果好，能力弱则转换效果差。总体而言，转换型支出包括三种方式。一是交易型转换，把某种资源换成其他资源。如出卖劳力是用时间资源换经济资源，请客吃饭是经济资源换社会资源，花钱续命是用经济资源换身体资源。二是投资型转换，用当前资源换取未来资源。投资是一种特殊的交易方式，跨越了时间。如活息存款和理财产品，都是用现在的经济资源换未来的经济资源。本人和他人之间的交易和投资，可能平等也可能不平等，可能共赢也可能都输。三是传承型转换，把本人资源换作后代资源。传承是一种特殊的投资方式，跨越了代际。父母吃亏，孩子得利。父母和孩子之间，是一种天然的不平等关系，父母对孩子拥有不平等的控制权，孩子对父母拥有不平等的"啃老权"。尤其是中国传统家庭，父母投入时间资源和身体资源生养孩子，再投入经济、社会和政治资源去教育孩子；孩子长大了，还要帮忙找对象、找工作、买房子和带孩子；花费无数资源后，还要受孩子的气，可谓"冤大头"中的"冤大头"。

第二类是消费型支出。资源给了出去，彻底没了，总量减少。自主论不排斥消费支出，甚至鼓励必要的消费支出。能力弱的人，消费就是消耗；能力强的人，消费也能附带交易和投资属性。总体而言，消费型支出包括两种方式。一是体验性消费。如花 50 元买一张电影票，一个人去看电影，看完后，经济资源变成了情绪体验。体验式消费是一种纯粹的消费，幸福感中相对基础的愉悦和沉浸都可以通过金钱购买。体验式消费或许可以通过陶冶身心来改善身体资源，但是这个反应链条太长，暂且不算。二是炫耀性消费（conspicuous consumption）。如花 10000 元包下整个电影院，带着爱人去看电影，看完后，经济资源变成了社会资源。炫耀性消费肯定是挥霍，但不一定就是浪费。经济学家和社会学家托尔斯坦·凡勃仑（Thorstein Veblen）在《有闲阶级论》（*The Theory of the Leisure Class*）中指出一个残酷的现实，许多挥霍行为有其社会价值和象征意义。有闲阶级通过有意识的挥霍，展示实力，设置门槛，划出界限，找到同类，排斥异类。挥霍是孔雀开屏时好看但不能飞的羽毛。遗憾的是，自然选择和性选择都偏好这些孔雀，人类亦然。

分析完两类五种支出后，可以试着画个表，把自己的支出分类填进去，再看看这些支出都换回了什么，是物有所值，还是奢侈浪费。然后，按照减少支出的基本原则，即增加有价值的转换，减少无意义的损耗，来调整支出结构。

成长初期的自主人，除非"多金体质"出身，否则最好增加交易、投资和传承，控制消费，杜绝浪费。

3.1.3　通往富足之路第三步：增加收入

仅靠节流无法成为优秀的"资本家"，还要努力开源和增效，确保自己的资源在转换中越变越多。增收的第一步，是排摸收入来源有哪些。总体而言有两种。

一是靠前人吃饭。依靠祖先和家长的努力，遗传和继承一些初始资源，多少完全看运气。人生就像爬山，有人从半山腰开始，有人从山脚开始。条条大路通罗马，有人出生在罗马，有人出生在路上，有人看不到路。

二是靠本事吃饭，试着争取和积累更多资源，努力成为一个好祖先和好家长。如果家底殷实，可以通过投资来获得更多资源。如果家庭一般，力争通过劳动和创作来获取更多资源。如果家庭赤贫，只能通过搏命或求助来解决资源问题。

对于打算靠本事吃饭的自主人来说，增加资源收入还有四点参考意见。

一是循序渐进。独占的个人资源最容易改变，分享的家庭资源次之，与所有人共有的公共资源最难。因此，应从容易改变的时间、身体、文化和技术等个人独有的资源入手，同时挖掘经济、社会和政治等家庭分享资源的价值。夯实基础后，再试着改变基建资源、生态资源等共有资源。

二是与时俱进。过去，我们主要在家庭资助、学校支持下学习知识和技能，把个人的时间、身体资源和家庭的经济、社会和政治资源，转换为文化和技术资源并积累起来，为成年后的工作做好准备。遗憾的是，如今学校教授的知识和技能，许多与外部社会和未来世界脱节脱钩，迫使我们必须在课外、校外学习更多内容，以应对严峻的竞争挑战。在AI变革年代，断裂割裂现象尤为严重。

此时，家庭必须发挥作用，补齐学校的短板；家长必须发挥作用，补齐老师的短板。对忙于工作的家长而言，这是巨大的挑战和压力，但又不得不面对。

教育 = 个人资源（时间资源、身体资源）+ 家族资源（社会资源、经济资源、政治资源等）→ 个人资源（时间资源、身体资源、文化资源、技术资源）

三是解放思想。进入社会后，我们要充分利用既有资源去获取新的资源。找工作和找对象，就是构建新家庭环境、创立新分享机制的过程，是把个人的时间、身体、文化和技术资源转换成经济、社会和政治资源的过程。此时年轻人不可意气用事，盲目推崇独立自主，脱离现有家庭的支持去解决这些人生中的重大问题。职业与婚姻的比赛，都是多人对抗、团队竞技。每位参与者背后都有家庭助力或干预。家庭分享的经济、社会和政治资源，可能在竞合游戏里发挥辅助性甚至决定性作用。所以，年轻人要解放思想，实事求是，接受家庭给予的支持，将其视为对自己的投资，努力成长，回报家庭。不过，我们 80 后的思想或许跟不上 90 后、00 后的变化，为避免矫枉过正，我们还要反对一味地拼爹、啃老和宅家，解决重大问题时，家庭只能是后援后备，主力主角必须是我们。

四是举重若轻，找到四两拨千斤的支点。年轻时的重点应是积累文化、技术和社会资源，三者较易获取，又能相互促进，对其他资源获取也有加持。其中，文化和技术资源的获取，不能单纯依靠正式教育，还要树立终身学习理念，养成阅读和试错的习惯，才能在加速变化的年代里，持续更新知识和升级技能。同时，社会资源的获取，不能只在个人、家庭和小城市的熟人圈子里打转，还必须到圈外去建立弱关系（Weak Ties）[1]，打通结构洞（Structural Holes）[2]。建功立

---

[1] 社会学家马克·格兰诺维特（Mark Granovetter）在其著作《找工作》（*Getting a Job*）中提出了弱关系理论。格兰诺维特通过对美国马萨诸塞州牛顿城 282 位专业、技术和管理人员的调查，发现个人的社会关系在他们找工作的过程中发挥了重要作用。通过个人关系实现职业流动的人比通过正式招聘和直接申请等途径的人对目前的工作更满意，并且他们的工作收入也明显更高。此外，使用个人关系渠道求职的人的职位更多是新创造的，这表明弱关系在职业流动中起到了桥梁的作用。

[2] 结构洞是社会学和网络理论中的一个概念，由美国社会学家罗纳德·伯特（Ronald Burt）在其 1992 年的著作《结构洞》（*Structural Holes*）中首次提出。这个概念用来描述社会网络中不同个体或群体之间缺乏直接联系或弱联系的空间。结构洞的存在可以为网络中的个体提供信息优势和控制优势。

业者，多虚圆之士。在拥有一定文化和技术资源的基础上，社会资源会为我们带来更多信息和信任、认可和认同、机会和机遇，帮助我们在婚姻、事业等方面取得更大成绩，累积更多的经济资源和政治资源，享受更好的基建资源和生态资源。比如，在AI时代，掌握实用的GenAI技能（技术资源），创作优质的AIGC作品（文化资源），借此加入一流技术同好社群，与他人建立联系和关系（社会资源）。三者互促、累进。这些迟早要做的正确的事情，早做早受益。

建议大家参考上述思路，设计自己下一步的增收目标，然后带着这些思考，认真阅读下面小节的"世俗攻略"。

3.1.4 通往富足之路划重点：世俗攻略

世俗三大追求——名望、金钱和地位，这些是多数人自古以来矢志不渝的渴望，对应自主论中的社会资源、经济资源和政治资源。下面将严肃认真地分析如何合理、合情、合法地取得社会资源。

社会资源的取得，分为两步，分别是建立连接和维护关系。

建立连接有两种可选模式：一是渐进模式，依靠强关系，拓展弱关系，通过熟人介绍认识生人。渐进模式比较依赖家庭资源。每个家庭都自带一定的血缘、地缘等关系，这些亲人、老乡，加上他们的朋友、校友、同事，都是很好的信任代理（Trust Agent）[1]，可用于拓展关系网络。二是跨越模式，依靠弱关系，寻找结构洞，通过社群平台去认识牛人。跨越式比较拼个人资源和公共资源，通过兴趣网络、校友网络、同事网络等寻找对象，建立联系。大城市里有更多潜在的可交往对象，条件好的人更容易和他人建立和强化联系。我们需要兼顾"好看的羽毛"和"能飞的羽毛"，即身体资源（形象气质）和文化资源（言谈举止）来吸引和打动对方，一个颜值高、脸皮厚、胆子大或会说话，敢于开口、善于交流的人，肯定在社交资源开发中占据先机。进入AI时代后，技术元素的作用被放大，多数人都是先在线上文字交流，再到线下见面认识，先看到微信头像和朋友圈，再看到真实生活场景。所以善

---

1 信任代理通常指的是在社交网络、在线社区或商业环境中，通过建立信任关系来影响他人的人或实体。信任代理可以是个人，也可以是组织，他们通过展示专业知识、可靠性和诚信来赢得他人的信任。在社交媒体营销、品牌推广和在线声誉管理等领域，信任代理的角色尤为重要。

用AI的人，不管是形式表达还是内容呈现，都会拥有一定优势。

维护关系主要靠频繁的交流和合作。要做好两件事：一是练好内功。首次联系后，若要长期维系，则需遵循现实逻辑。一个人的时间、身体、文化、技术、经济、政治等资源越丰富，就越有机会维护关系。二是注意方法。要从实用角度出发，时常检视和维系网络。"重要的不是你认识多少人，而是你能和多少人开展有效沟通合作。"人类脑容量的局限性表现为社交网络的邓巴数字（Dunbar's Number）[1]，提醒我们要注意维护成本，持续修建网络，升级社会资源。"重要的不是你认识谁，而是你知道自己应该去认识谁。"只要你的社会网络达到一定规模，世界上任何一个人，不是你朋友、你朋友的朋友，就是你朋友的朋友的朋友，所以找人并不难，难在明白为何而找，找到后做什么。我的经验是寻找共识，促成共创，坚持共享。方法若是得当，社会资源会越挖越多，越用越多。下部"社交管理"一章将详细讨论更多方法。

3.1.5 通往富足之路附加题：暗黑定律

社会资源属于我们，但由他人决定。网络科学创始人艾伯特–拉斯洛·巴拉巴西（Albert-László Barabási）通过大量研究写成《巴拉巴西成功定律》（*The Formula*）一书，指出成功可以用获得的金钱数、引用数、报道量、关注度等诸多指标来衡量，这些东西都是他人给予，所以个人的成功由他人决定。[2]

巴拉巴西还进一步指出：当个人表现可以量化时，表现决定成功。如体育比赛里的赛跑、游泳等，快一点就是赢家，成功归于赢家，大家没有异议。同理，考试比推荐公平，笔试比面试公平，选择题比论述题公平。当个人表

---

[1] 邓巴数字，也被称为"150定律"，由英国人类学家罗宾·邓巴（Robin Dunbar）在20世纪90年代提出。邓巴数字基于对非人类灵长类动物的新皮质的相对大小和群体大小之间的相关性推断，认为150人是人交往朋友（内部圈子）的上限，一旦超出这一数值，人或将无法正常交往或者生产生活效率明显降低。邓巴还进一步细化了人类的友谊模型，提出人类被不同层级的友谊关系所包裹，在不同层级的关系中，我们与相关个体的感情深度和联系频次也会有所不同。例如，5、15、50、150以及500这些不同层级的数字，几乎就是密友、至交、好友、朋友以及熟人的代名词。然而，也有研究对邓巴数字提出了质疑。一些研究者使用不同的分析方法，推导出社交圈数字可以是从2到520，差异巨大。研究者认为150人邓巴数之所以错误，有多种原因，包括人类大脑与其他灵长类动物大脑处理信息的方式并不一样，以及真实情景下不同人的社交网络大小也有很大的差异。尽管存在争议，邓巴数字仍然是人类学研究的招牌成果，被广泛应用于人力资源管理以及社交网络服务等领域。
[2] 巴拉巴西是一位著名的网络科学家，以其在复杂网络领域的研究闻名，特别是他对于无标度网络（Scale-free networks）的研究。他所著的《巴拉巴西成功定律》一书，从大数据和复杂网络的角度探讨并总结出成功背后的五大科学定律。

现无法量化时，网络决定成功。所谓的网络决定，就是他人说了算。他人说你行你就行，说你不行你就不行。如体育比赛里的滑冰、跳水，艺术领域的绘画、音乐、舞蹈等，甚至连学术水平、工作表现等，都比较依赖他人的主观评价。所以，个人表现和他人评价完全是两回事。

研究发现，人是拙劣的评价者，能辨别好坏，却难分优良，拿不定主意的时候会倾向于相信权威观点，权威则参考前人和他人意见，而前人和他人可能只是凭借一时印象做出决断。于是，"好看的羽毛"发挥了比"能飞的羽毛"更大的作用。因此，水平相当的艺术家中，往往是造型张扬、举止怪诞的胜出，因为他们更容易给他人留下印象；或者是身处中心城市、靠近核心圈子的人胜出，因为他们更容易和他人发生关系。

更糟糕的是，还普遍存在达克效应（Dunning-Kruger effect）[1]，即人们倾向于高估自己而低估他人。这一高一低带来结构性反差。一方面，你作为被评价者，会高估自己的表现。另一方面，他人作为评价者，会低估你的表现。于是，当你自我感觉良好，自以为稳操胜券时，他人其实对你的评价不高，甚至毫不在意。尽管你倾向于把自己的表现归因于自己的努力，他人更可能把你的表现归结于先天禀赋或者后天运气。

不仅是社会资源，经济资源和政治资源的分配也遵循巴拉巴西的成功定律，有时候公平且确定，有时候不公平且不确定。在那些表现可以量化的领域，你可以通过努力和竞争，赢得应有的回报。但在那些无法量化的领域，你必须努力赢得领导、贵人、伯乐、专家，甚至是路人的好评，才能得到奖励。一些善于弄权的人，会刻意利用这一点，做大话语权，套现裁量权。另一些人则努力表现自己，渴望得到他人的青睐。

但过度表现可能适得其反。存在一条我称之为"金玉定律"（the Gold-Jade Principle）的潜规则：你的实力与虚名之乘积，必须小于你的地位。实力是你的自主性水平，虚名是你的影响力水平，地位是社会约定的对你应有的尊重，决定他人的包容度。这是我悟出的第一条暗黑系的自主定律。

---

[1] 达克效应是一种认知偏差现象，由康奈尔大学的心理学家贾斯廷·克鲁格（Justin Kruger）和大卫·邓宁（David Dunning）在1999年首次提出。这个效应描述了一种情况，即在某些领域能力较低的个体倾向于高估自己的能力水平，同时无法正确认识比自己更擅长该领域的人的能力。

$$自主性（实力）\times 影响力（虚名）\leqslant 社会容忍度（地位）$$

成长之初，你可以努力做一块"发光的金子"。你可以全情投入、全力以赴，努力表现自己，用良好的表现获取更多机会和资源。此时，由于实力不强，不对他人构成威胁，所以领导和同事会给你好评，使得你的名气逐步增大，并从中获得回报。同时，那些给你好评的人，也期待自己的好评作为投资，能换来更多回报。如果你运气好，有贵人赏识相助，成功上位，赢得更高的地位，那么就可以继续做一块金子，继续发光，继续拥抱他人的投资。

然而，生活不可能一帆风顺，我们总有发展受阻的时候。在停滞阶段，你必须努力做一块"柔和的美玉"，和光同尘，等待时机。因为你的实力（自主性）和虚名（影响力）组合，已经超过了你的地位（他人的容忍度），所以，你现在是同事最忌惮的竞争对手，眼中钉、肉中刺；你也是领导最担心的不稳定因素，危险的僭越分子、游戏规则的破坏者。同事怕你抢了他的机会，领导怕你不听他的话。再往后，为了避免你越界攫取资源，他们决定联合起来，坚决遏制你可能的越位行为。他们开始不为你说好话，甚至说起闲话、坏话。你的积极表现被说成言行高调和爱出风头，光芒四射换来敌对目光和恶意攻击。金玉定律不仅在体制内成立，在体制外也成立；不仅在中国成立，在国外也成立；不仅过去成立，今天也成立。古人精辟且精彩地概括道："木秀于林，风必摧之；行高于人，众必非之。"

由于成功定律、达克效应和金玉定律等的存在，稳妥的成长策略就是在没有地位的时候，做一块"柔和的美玉"，做一个行事低调的年轻人，积蓄力量，避免曝光，始终让自己的锋芒保持在他人的警戒线之外，避免他人的嫉妒与攻击。在累积一定力量后，主动靠近中枢，积极表现自我，做一块"发光的金子"，做一个值得投资的年轻人，以此赢得社会认可和贵人投资，最终拥有应有的社会地位，然后在社会规则默许的范围内大放异彩。如果上位失败，就回归低调，等待机会。更多具体讨论，参见本书下部的"社交管理"章节。

留一道互动题，你现在的社会地位、自主性和影响力分别如何？你觉得自己现在应该选择"金"还是"玉"的模式？做出选择之后，思考下一步的具体行动。

本节思维导图如图 3-2 所示。

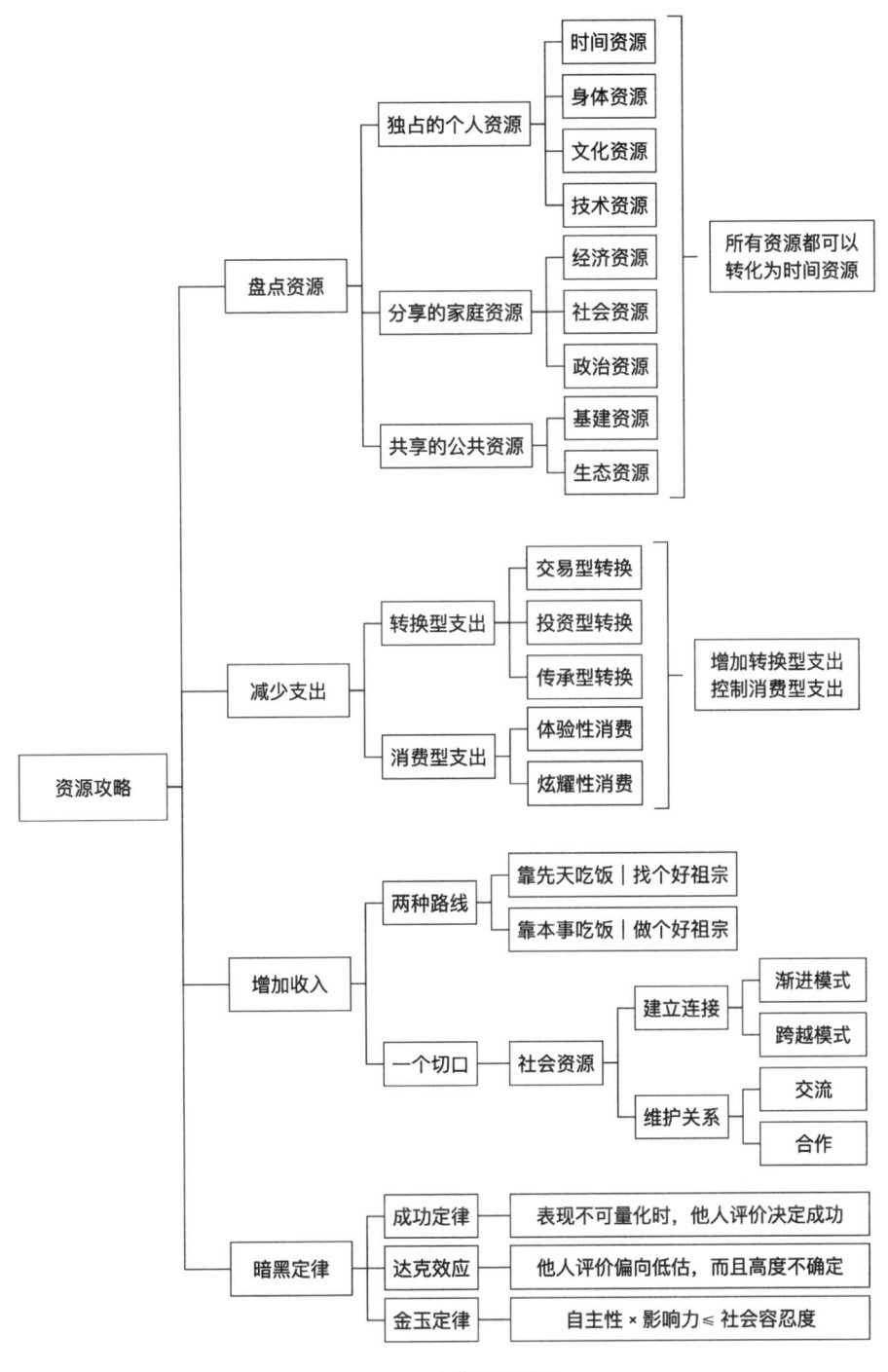

```
资源攻略
├── 盘点资源
│   ├── 独占的个人资源
│   │   ├── 时间资源
│   │   ├── 身体资源
│   │   ├── 文化资源
│   │   └── 技术资源
│   ├── 分享的家庭资源
│   │   ├── 经济资源
│   │   ├── 社会资源
│   │   └── 政治资源
│   └── 共享的公共资源
│       ├── 基建资源
│       └── 生态资源
│   （所有资源都可以转化为时间资源）
├── 减少支出
│   ├── 转换型支出
│   │   ├── 交易型转换
│   │   ├── 投资型转换
│   │   └── 传承型转换
│   └── 消费型支出
│       ├── 体验性消费
│       └── 炫耀性消费
│   （增加转换型支出，控制消费型支出）
├── 增加收入
│   ├── 两种路线
│   │   ├── 靠先天吃饭 | 找个好祖宗
│   │   └── 靠本事吃饭 | 做个好祖宗
│   └── 一个切口 — 社会资源
│       ├── 建立连接
│       │   ├── 渐进模式
│       │   └── 跨越模式
│       └── 维护关系
│           ├── 交流
│           └── 合作
└── 暗黑定律
    ├── 成功定律 — 表现不可量化时，他人评价决定成功
    ├── 达克效应 — 他人评价偏向低估，而且高度不确定
    └── 金玉定律 — 自主性 × 影响力 ≤ 社会容忍度
```

图 3-2　本节思维导图

3.2 能力

能力是自主性三要素之一。为了更加系统、全面、深刻地讨论能力话题，我们引入"能力坐标轴"，将能力的功能、来源、构成，以及能力的改变、提升、超越全部纳入体系，再分别解释说明。

3.2.1 原点：能力的功用

自主能力，主要用于解释问题和解决问题，解释问题是为了解决问题。能力差距把人分为智者和愚者，或大师、专家和新手。上山遇蛇，普通人害怕，捕蛇人兴奋。下海捕鱼，不会游泳的人提心吊胆，深习水性的人泰然自若。出国办事，不懂外语的人痛苦，精通外语的人自在。

危急时刻，能力关乎存亡。思想家杰拉德·戴蒙德（Jared Diamond）在《崩溃》（*Collapse*）里记录了一个真实的案例：公元980年，北欧的维京人抵达北美的格陵兰岛，开始与当地土著因纽特人（Eskimo，也叫爱斯基摩人）竞争。维京人拒绝向因纽特人学习，坚持在林木稀缺的格陵兰岛上寻伐木材取暖，在食物稀缺的情况下拒绝捕食海豹、海鱼和鲸鱼，最终墨守成规的维京人在资源丰饶的环境中饥寒交迫地死去。

可见，资源再多，不会用（能力不济）也是白搭。对于自主而言，资源是要素，能力是结构，要素以特定结构组织在一起，涌现出"整体大于局部之和"的功能。同样的五官，正着摆，斜着摆，感觉完全不同。要素确定时，结构决定功能。同理，在意愿和资源确定时，能力决定自主，原因有二。

第一，能力强的人更善于认识和改造自己，尤其是降低自己的安全需求，从而增加自由的可能。大彻大悟的修行者，对世俗之物的欲求已经完全看开，所以一箪食、一瓢饮就能满足安全需求，可以尽情追求自由。在非洲的南端，靠近人类发源地的位置，蕴藏着全世界约40%的黄金，那里的居民是从事畜牧业的布尔人，他们宗教信仰虔诚，明知道有金矿，却从不视其为财富，甚至用含金的石头盖房子、谷仓及羊圈。他们像文艺复兴年代托马斯·莫尔（Sir Thomas More）笔下的乌托邦人，"一个人可以仰视星辰乃至太阳，何至于竟喜欢小块珠宝的闪闪微光"。

第二，能力强的人更善于认识和改造世界，能够更大地发挥资源的效用，在满足安全需求的同时追求更多自由。庸者暴殄天物，能者点石成金。木头，可以是农民取暖的柴火、市民登山的拐杖，也可以是李小龙手里退敌的双截棍，还可以是阿基米德撬动地球的杠杆、米开朗基罗描绘天堂的画笔。同时，随着人类能力的提升，我们对资源的认识不断变化。铝曾被认为非常稀缺，在技术进步后变得非常廉价。未来学巨擘阿尔文·托夫勒（Alvin Toffler）在20多年前写就的"未来三部曲"之《权力的转移》（Power shift）里就预言这样的事实："今天许多一文不值的垃圾，也可能突然身价大涨。"钛矿在没用来制造飞机与潜艇时，不过是一堆没多大用处的白粉。在新科技尤其是内燃机被赋予生命之前，石油被视为废物。人的能力似乎决定了特定情境下资源的可供性（affordance），即物品提供给主体的行为可能。

一个人能力太弱，容易被误导和迷惑，生活在恐惧和焦虑之中，因而会有更多的安全需求，相应地自由就会减少，他的自主三角形会坍塌为一个"续命三角形"，自主总量下降。例如，许多认知水平不高的老人容易受骗，高价购买各种保健品，并因此失去了外出旅游疗养的可能。许多孩子也容易被广告宣传误导，建立不正确的消费观念，错把奢侈品当成必需品，把药物当作食物，结果必然是自由的受阻受限。消费社会和网络世界热衷于培养没有独立思考能力但有借款消费冲动的"透支青年"。

一个人能力太强，容易看穿看空一切，遁入精神世界，陷于虚妄的自由。他们的自主三角形变成"搏命三角形"，自主总量也会下降。一些人用强大的能力为贫乏的资源做合理化解释，无欲无求，佛系躺平，近乎出家。之前有一段时间，大家都说尼泊尔是世界上最幸福的国家。其实，尼泊尔是全球最贫困的国家，全民笃信佛教。尼泊尔国王在海外接受了良好的现代教育后，回国后策划了这一出营销大戏，甚至亲自跑到TED舞台上，用英文宣讲自己以幸福为施政纲领、引领尼泊尔人民如何追求幸福的故事，引得不少西方世界的理想主义者对尼泊尔趋之若鹜。这显然是用能力替代资源、用精神替代物资的不良做法。另一些人则舍弃安全需求，变得激进、冒险、革命，甚至成为其他人眼中的规则僭越者和秩序破坏者。少数人甚至信奉"刺客信条式"的"诸行无常，诸法无我"（Nothing is true, everything is permitted），为了所谓崇高的目的而滥杀无辜。

而且，能力发展和资源积累之间存在非对称性（asymmetry）[1]，即能力提升快而资源积累慢。因为能力提升是自己的事情，努力就会有收获，相对易行；资源增加则受他人影响，仅靠努力还不够，相对困难。所以，自主人的能力和资源发展经常会"失同步"，导致陷入"看不到摸不着""想得到做不到"的尴尬处境。

对此，自主论的建议非常简单：做一个能力和资源兼修、双高的自主人。一个人的能力水平提高到一定程度时，就必须转向争取更多资源，让英雄有用武之地，实现更大抱负。

3.2.2　横轴：能力的来源

能力的来源包括先天（nature）和后天（nurture）因素，能力因此分为遗传的先天能力和习得的后天能力。我们用坐标轴的左侧代表先天能力，右侧代表后天能力。

先天能力是能力的基础，遗传得来，受生物特质和身体基础等先天基因的影响。先天基因决定品种。无论我们如何努力，郁金香都不会长出油菜籽。

后天能力是能力的潜质，学习得来，受抚养教育和社会文化等后天环境的影响。后天环境决定品相。同样的油菜花，在不同环境下培育，最后产出的油菜籽数量可能不同，压榨出来的菜油质量也有所不同。

先天基因和后天环境对能力的影响孰轻孰重，众说纷纭。儿童心理学家艾莉森·高普尼克（Alison Gopnik）的观点较为中肯："富人的孩子教育环境都不错，所以基因成为拉开差距的主要原因。穷人的孩子教育环境差别很大，所以环境成为拉开差距的主要原因。"

我认为，先天基因为因，后天环境为缘，个人能力为果。大脑等神经系

---

[1] 非对称性是一个广泛的概念，它描述了两个部分或两个物体在形状、尺寸、排列或分布上的不平衡。非对称性可以出现在自然界、艺术、建筑、经济和社会结构等多个领域。在某些情况下，非对称性可以被视为一种缺陷或不平衡，而在其他情况下，它可能是创新、多样性或适应性的表现。

统发育时，基因遗传划定蓝图和轮廓，环境学习填充内容和细节，个人能力是其结果和呈现。先天基因和后天环境共同影响人的能力。环境相同，基因不同，能力不同。同理，基因相同，环境不同，能力也不同。现实中，每个人的基因和环境都有所差别，所以能力也都不同。

过去的主流观点，都是假设我们无法改变自己的基因，只能努力去改变自己的环境。《礼记》说："玉不琢，不成器；人不学，不知道。"弗朗西斯·培根（Francis Bacon）写道："天性好比种子，它既能长成香花，也可能长成毒草。"但最新的研究颠覆了这些传统观点，促使我们重新审视经典假设。

一是表观遗传学（Epigenetics）[1]。同卵双胞胎的基因序列几乎完全相同，但他们可以有不同状态，这是不同环境导致的基因表达不同。研究发现，后天努力可以改变基因表达。具体地说，改变部分基因的"开""关"状态，影响其能否被转录为RNA并最终编译为蛋白。通过甲基化，我们可以"标记"某个DNA分子，改变该DNA与周边蛋白质的互动方式，从而阻断该基因的转录。逆向的去甲基化，可以消除这种影响。如果DNA是一本书，那么基因序列就是文字内容，甲基化和去甲基化则是加上书签或拿掉书签，引导我们更好地选读和跳读（基因表达）。调节饮食、压力、睡眠和运动等环境因素，可以在一定程度上影响DNA的表观遗传标记，调控基因表达，改变基因活性，让一些基因活跃，另一些基因沉默。虽然基因受之父母、与生俱来，但它并非一成不变、不可改变。先天环境通过我们的父母影响基因序列，而后天环境通过我们的选择影响基因表达。

此外，人类演化过程中的许多DNA复制错误（基因变异）是中性的，它们是"沉默的大多数"，一直在等待时机，等待特定的环境因素作为密钥，激活它们的基因表达。诺贝尔生理学奖得主、神经生理学家约翰·埃克尔斯（John Eccles）认为："总有一天，大量这样的中性突变积累起来最终显著地改变了一个种群的DNA。而一旦生存环境有变，这些基因突变就有可能不再呈中性了。"

最后，表观遗传学还告诉我们，基因表达被改变后，有较小概率遗传给

---

[1] 表观遗传学是一门研究基因表达调控的科学，它涉及基因在不改变DNA序列的情况下，通过化学修饰等机制对基因活性的影响。如果基因是音乐，那么DNA就是曲谱，基因表达则是演奏。

后代。也就是说，即便出生时遗传的基因序列不佳，我们仍可以通过努力改变其基因表达，为后代留下更好的基因遗产，把贴满书签、满是笔记的基因之书传承下去，这是多么美好的景象。

二是行为遗传学（Behavior Genetics）[1]。不同基因的人会选择不同的小环境，而小环境又会反过来强化基因表达。心理学家桑德拉·斯卡尔（Sandra Scarr）和卡特伦·麦卡特尼（Kathleen McCartney）指出，父母不仅为儿童提供了基因，还提供了环境，而这种环境又受到父母的基因影响，因此，儿童所处的养育环境与儿童的基因相关，而且很可能更适应他们的基因。这是一种先天基因和后天环境的合谋，彼此相互强化，最终持续强化基因表达。

3.2.3 纵轴：能力的构成

自主论认为，能力是认知和行为的产物，是感觉、判断、决策、运动的结果。我们可以用坐标轴的上侧代表认知能力，下侧代表行为能力。能力可以分为认知能力和行为能力，分别对应人类的认知系统和行为系统。认知聪慧、行动敏捷的人能力大，认知愚钝、行动迟缓的人能力小。

为了更好地展开后续讨论，我有必要介绍我对人类心智的理解。我倾向于将人类心智拆分为四个系统。

一是行为系统。主要发挥感觉功能和运动功能，对应的是刺激（信息输入）和反应（信息输出），与外部世界直接互动。行为系统是脑干、小脑、脊髓等中枢神经系统和周围神经系统的功能涌现。

二是认知系统。主要发挥判断功能和决策功能（合称决断），对应的是看法（与解释问题相关的"是什么""为什么"等）和做法（与解决问题相关的"做什么""怎么做"等），表现为各种知识、智慧、经验、技能等。认知系统是大脑额叶、颞叶、顶叶、枕叶等所有新皮层区域的功能涌现。

三是情绪系统。主要发挥评价功能，对应的是想法，带来情绪色彩（正负）、情绪偏好（喜恶）和情绪立场（好坏）等。情绪系统主要是中脑和边缘系统等的功能涌现。

---

[1] 行为遗传学是研究遗传对生物行为影响的科学领域。它探讨了基因如何影响个体的行为模式，以及这些行为是如何在遗传和环境因素的共同作用下发展和表现的。

四是意志系统。主要发挥反思功能，对应的是注意（意志轻度参与）和干预（意志重度参与）等。意志系统主要是眶额皮层和扣带回等的功能涌现。

上述四个系统及其六项功能，组合为不同深度的三种心理过程。

一是简单心理过程。外部世界的信息输入，行为系统的感觉功能产生刺激，运动功能产生反应，向外部世界输出信息。简单心理过程只有行为系统参与，是一个无意识的、自动加工、并行处理、快速完成的心理过程。多数本能和习惯都是简单心理过程。初中生物课本略带鄙视地称之为条件反射，即便是没有躯体的青蛙残肢也能对刺激做出反应。

输入｜信息 → 行为｜感觉｜刺激 → 行为｜运动｜反应 → 输出｜信息

二是一般心理过程。外部世界的信息输入，行为系统的感觉功能产生刺激，激活情绪系统的评价功能产生想法，同时引发认知系统的判断功能形成看法，想法和看法之间又相互塑造，进而共同推动认知系统的决策功能形成做法。想法和做法一起又影响行为系统的运动功能做出反应，最终向外部世界输出信息。一般心理过程有行为系统、情绪系统和认知系统的参与，是一个有意识的、自动加工、并行处理、快速完成的心理过程。拥有一般心理过程，使我们人类有别于低阶生物和青蛙腿。

输入｜信息 → 行为｜感觉｜刺激 → 情绪｜评价｜想法 → 认知｜判断｜看法 → 认知｜决策｜做法 → 行为｜运动｜反应 → 输出｜信息

三是复杂心理过程。在一般心理过程发生时，意志系统也参与进来，反思功能开启，若只是倾注意志力资源去监测异常，而不采取行动，则为轻度参与的注意；若不仅监测异常，甚至采取行动创造异常，即干预认知判断和决策产生的看法和做法，使之改变，那就是干预。复杂心理过程有四大系统六项功能全部参与，是一个有意识的、控制加工、单程处理、慢速完成的心理过程。拥有复杂心理过程，让我们有别于那些浑浑噩噩不自知的人。

生活中 99% 的时刻，我们都处于简单心理过程和一般心理过程交替的僵尸状态，系统自动给出条件反射和默认决断，情绪随之跌宕起伏，意志偶尔注意某些局部和细节。我们只是自己人生的看客、乘客和过客。唯有那剩下的1%，那些自由意志的瞬间，我们全身全心全情投入，通过意志的反思，通过勇敢的否定（free won't或veto），干预认知系统的默认决断，调节情绪系统的常规评价，从而修正行为系统的条件反射，进而改变内部世界和外部世界的关系。由此，我们成功运用自由意志违背了热力学第二定律（Second Law of Thermodynamics）[1]，为无序化的世界新增了一丝有序（图 3-3）。

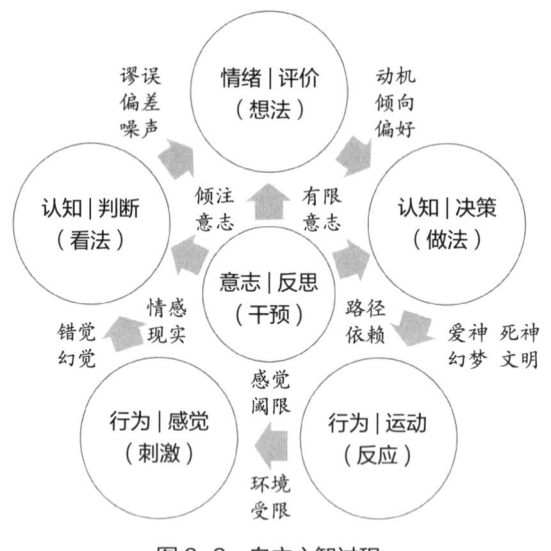

图 3-3 自主心智过程

自主论认为，意愿和意志与情绪相关，能力则和认知与行为相关。认知能力和行为能力是我们认识世界、改变世界的理念与方法。由于人类的神经系统具有极强的可塑性，所以我们可以相信人皆可为尧舜，在持有成长心态（growth mindset）[2]的基础上，通过认知升级和行为优化来提升能力。

我们提升能力的思路，应为增加感觉阶段的信息量和分辨率，提高判断

---

[1] 热力学第二定律是热力学四个基本定律之一，与熵的概念密切相关。熵是一个物理系统无序程度的度量，第二定律可以表述为：在孤立系统中，熵总是倾向于增加，直到热力学平衡状态，此时熵达到最大值。也就是说，热力学第二定律认为，封闭的世界必然从有序走向无序。
[2] 成长心态是由心理学家卡罗尔·德韦克（Carol S. Dweck）提出的概念，它描述了一种信念，即个人的能力、智力和才华是可以通过努力、学习和坚持不懈发展的。与固定心态（fixed mindset）相对，成长心态强调变化和进步的可能性。

阶段的准确率，提高决策阶段的合理性，增加执行阶段的输出量和执行率。相对应地，我们有两种策略：一是补短板，逐个解决常见问题；二是做长板，主动编写心智模块。下面继续使用"能力坐标轴"梳理常见问题，并给出参考解决办法。

3.2.4　象限：能力的改善

能力坐标轴有四个象限（图 3-4）。

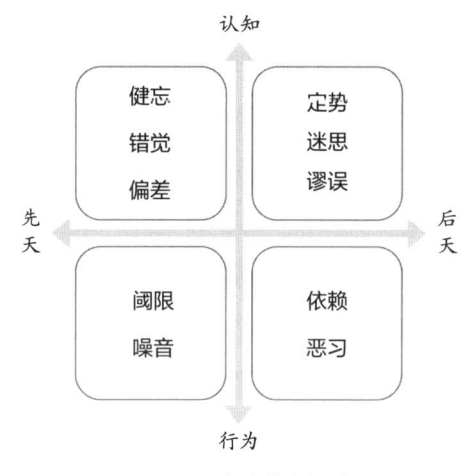

图 3-4　自主能力矩阵

第一象限（右上方）是后天能力和认知能力的交汇点，主要问题是定势、迷思和谬误，都是在后天环境影响下逐步习得的。

所谓定势，就是思维僵化、功能固着（functional fixedness）[1]、刻板印象（stereotype）[2] 等常见认知问题。打破定势的关键是坚持开放性，尊重多样性。对待不同的人事物和道法术始终采取兼容并包、求同存异的态度。勇于尝试新选项，敢于承担尝试的后果，对打破定势非常重要。

---

[1] 功能固着是一种心理学概念，指的是个体在面对特定对象或情境时，倾向于只看到其传统或常规用途，而忽视或未能认识到其他可能的用途或功能的心理现象。这种现象通常会影响创造性思维和问题解决能力。
[2] 刻板印象是指人们对某一群体或个体持有的固定而简化的看法，这些看法往往是基于群体成员的种族、性别、年龄、宗教、社会阶层或其他社会分类的一般化特征。

所谓迷思，就是群体迷思（groupthink）[1]、盲从迷信、社会歧视等常见认知问题。打破迷思的关键是坚持独立性，尊重差异性。在群体中时，始终保持个体的独立性，不要人云亦云，不怕三人成虎，敢于在群体中提出不同意见。

所谓谬误，就是逻辑错误、内容错误等常见认知问题。尤其是逻辑谬误，严重影响判断和决策的质量。理性主义者认为，我们可以通过逻辑接近真相甚至揭示真理。但逻辑实乃后世发明，需要后天习得。由于默认缺乏逻辑模块，人在认知判断和决策的逻辑推理过程中表现不佳。没有接受过逻辑训练的人很容易犯各类常见错误，最常见的莫过于把相关当因果，甚至把先后发生看成因果关系。小明觉得自己感冒了，于是吃药，然后好了，所以吃药是小明感冒好起来的原因。这种逻辑显然是有问题的，因为还有很多其他解释，或许小明不吃药也会好，或许吃的根本不是感冒药，或许小明根本没有感冒。破解逻辑谬误的治本之道是学习逻辑学原理和方法，在逻辑推导时多用公式算法。同时，阅读《学会提问》等书籍，掌握批判性思维（Critical Thinking，在中国语境下更精准的翻译应为"慎思明辨"），提前知晓常见的逻辑错误并有意识地加以避免。

第二象限（左上方）是先天能力和认知能力的交汇点，主要短板是健忘、错觉和偏差，都是在先天基因影响下遗传得来。

所谓健忘，就是我们人脑的工作记忆容量很小，所以很容易忘事。事实上，遗忘是人脑网络降低能耗、提高能效的绝妙机制，我们通过遗忘来记忆，通过忘记多数不重要的事情来记住少数重要的事情。但它也严重限制我们的能力发展，而且经常带来"有知之错"。相对于因为不知道而犯错的"无知之错"，"有知之错"主要是因为知道得太多而犯错，本质上是因为忘事而出错。解决方法主要有两种：一是使用纸笔、电脑、手机、大模型等信息工具来拓宽自己的工作记忆，一切信息工具投资都会带来丰硕回报。二是编写和更新清单（checklist），提前梳理操作步骤，按部就班，以免疏漏。

所谓错觉，也是人脑在较少资源下开展工作时进化得来的利大于弊的机

---

[1] 群体迷思是由美国心理学家欧文·贾尼斯（Irving Janis）在1972年提出的概念，指的是在团队或群体中，成员为了达成一致意见和维护群体的和谐，而压制异议和批判性思维的现象。

制。它是人脑在信息有限的情况下，调动历史数据（记忆碎片）和算法（预测、模拟、修正）来生成内容的过程。用过去的话说叫"脑补"，用时下流行的GenAI术语说叫"生成"。AI会有错觉，人脑也会。由于错觉，我们会看到不存在的东西。我们大脑收到的感觉刺激超过90%来自视觉，但是这些视觉刺激信号其实非常不可靠，因为呈现在我们眼帘的、浮现在我们脑海的视觉画面都是经过大脑重构的。换句话说，我们看到的东西，除了少数框架和细节，大多是建构出来的，族群的历史和个人的过去决定了我们看到什么。不是眼见为实，而是心想"视"成（seeing is believing）。眼睛看到东西，大脑决定它是什么。由于脑补现象普遍存在，所以错觉是人类所共有的。我们似乎无法彻底遏制这种错觉，但我们可以在知情的前提下做好预防，时时提醒自己，有图未必就有真相。图3-5为麻省理工学院（MIT）教授爱德华·阿德尔森（Edward H. Adelson）于1995年设计的棋盘阴影错觉（Checher Shadow Illusion）图像，图中的A和B颜色一样，但是由于参照系不同，产生两者颜色不同的错觉。

图 3-5　棋盘阴影错觉图像

所谓偏差，即认知偏差（cognitive bias），是人类在漫长岁月中进化产生的认知倾向，是我们根据主观感受而非客观资讯建立起的主观现实。我们无法回避认知偏差，因为它们是大脑原生系统里的原装程序，先天具备，默认开启，后台运行，具有普遍性。在我们接受感觉刺激信号和情绪评价信息，形成看法的时候，认知偏差无意识地发挥作用。只要我们"以人为尺度"来衡量世界，就难免主观，就无法回避认知偏差。我们也无需回避认知偏差，它们是针对过去特定问题的高效解决方案，这些"老办法"有利于前人在恶劣环境下保存自己、发展自己，所以遗传给我们。怎奈斗转星移、时过境迁，技术突飞猛进，出现许多新场景、新问题，"老办法"遭遇局部性或阶段性失配、失灵和失效，结果被今人诟病、挑刺和鄙夷。

存在一种预防针效应，就是知道认知偏差可以帮助我们缓解其效果。推荐大家阅读更多关于认知偏差的信息，努力识别它们并缓解其不良影响。我把常见的上百种认知偏差归纳为七类倾向。

一是归因倾向。为了降低认知负担，而为复杂的世界建立起一种简单的因果逻辑关系。由此产生的偏差包括：基本归因错误（fundamental attribution error）、错误关联（illusory correlation）、后见之明偏差（hindsight bias）。

二是自利倾向。为了改善情绪体验，选择性关注对自己有利的信息，由此高估自己，低估他人。由此产生的偏差包括：乌尔冈湖效应（Lake wobegon effect）、宜家效应（IKEA effect）、斯德哥尔摩综合征（Stockholm syndrome）。

三是自证倾向。为了匹配当下的知行和先前的预期，通过选择性关注保持逻辑一致性。由此产生的偏差包括：自我实现预言（self-fulfilling prophecy）、巴纳姆效应（Barnum effect）、皮格马利翁效应（Pygmalion effect）。

四是极端倾向。为了在不确定情况下做判断，对现有信息进行极端化处理，即"锐化"，以提高清晰度。由此产生的偏差包括：忽略可能性（neglect of probability）、频率错觉（frequency illusion）、峰终效应（peak-end rule effect）。

五是参照倾向。为了在信息不完全和不确定情况下快速做判断，寻找参照系来得出相对值，从而生成观点。由此产生的偏差包括：对比效应（contrast effect）、框架效应（framing effect）、锚定效应（anchoring effect）。

六是保守倾向。为了提高生存概率，采取保守策略。由此产生的偏差包括：负性偏差（negativity bias）、零风险偏差（zero-risk bias）、安于现状偏差（status quo bias）。

七是群体倾向。为了提高生存概率，和部分人抱团发展，甚至不惜放弃自我。由此产生的偏差包括：刻板印象、群内偏差（ingroup bias）、从众效应

(herd behavior)。[1]

注意，认知偏差并非一无是处，作为人类原生系统的重要组成部分，这些"老办法"针对许多老场景、老问题依然有效。就像垃圾是被放错了位置的资源一样，偶尔出现问题的认知偏差只是被用错了地方的利器。我们要在认识偏差的基础上，修正一些偏差，用好一些偏差。扬长避短，为我所用。有四种模式可以参考。

一是整改模式。这是针对偏差的传统思路，主要是通过学习批判性思维，引入红队模块，加强事先培训、事中督导和事后纠错等方式，尽可能地减小其负面影响。

二是补救模式。行为科学家奥利维尔·西博尼（Olivier Sibony）指出，个人层面的偏差可以通过集体视角来消除。他提议通过构建决策架构（decision-making architecture），点燃群体智慧，抚平个体偏差。

三是助推模式。法律学者卡斯·桑斯坦（Cass Sunstein）和其他"温和家长主义"的支持者们倾向于搞"微操作"，通过设置默认选项、提供信息指引等助推方式，利用人性弱点来服务社会。

四是设计模式。复杂经济学创始人布莱恩·阿瑟（Brian Arthur）认为，技术是对现象有目的的编程。理论上和现实中，许多人将偏差连同谬误、定势和迷思等心理现象，编程为心理技术，解决特定问题。

第三象限（左下方）是先天能力和行为能力的交汇点，主要短板是噪声和阈限，也是在先天基因影响下遗传得来。

行为系统的感觉输入无法避免地存在噪声。噪声是随机的，且是注定的。诺贝尔经济学奖得主、"行为经济学之父"丹尼尔·卡尼曼（Daniel Kahneman）曾与西博尼、桑斯坦合著《噪声》（Noise），指出噪声才是影响人类判断的黑洞，进而提出了解决噪声问题的思路。遗憾的是，这些建议与前面解决偏差时的建议过于相似，只能降低噪声的影响，却无法根除其存在。对于彻底消除噪声，我持悲观态度，建议牢记噪声的存在，并学会与之共处。

---

[1] 认知偏差实在太多了，在此不一一介绍了。除了七大类，还有一些我称之为"脑残倾向"，因为它们已经完全与这个时代"失配"，失去存在的价值。另外，我不知道了解预防针效应，会不会减弱它的效果。

阈限是和噪声一样的结构性问题，也属于行为系统的感觉输入阶段，同样近乎无解。感觉阈限是指我们进化得来的原装系统有一个感知范围，比如，我们看不到红外光，听不到超声波。注意，要区分环境限制和感觉阈限。环境限制就是没有月亮的黑夜，我出去散步，伸手不见五指。感觉阈限则是我的眼睛不行，即便月光很好，也只能看到有限光景。因此，环境限制决定可供我们感知的信息有多少（供给率），感觉阈限则决定可被我们感知的信息有多少（接收率）。

我们无法改变感觉阈限，但可以解决它所带来的信息残缺和信息过载问题。前者会促成我们脑补后的错觉，后者会诱发FOMO心理（Fear of Missing Out，即错失恐惧症，害怕错过重要信息）。一旦我们选择退缩，就可能陷入互联网公司用算法编制的"信息茧房"（information cocoons）[1]，降低输入数据和信息的质量，造成无知之错（因为不知道而犯错）和简单错误（因为信息有误而犯错）。

针对数据和信息的残缺问题，我们要承认现实，并尽力弥补。近视就戴眼镜，色盲就多问他人红绿灯颜色，宅家看手机的人要走出去、动起来，实地看事物，动态看问题。

针对数据和信息的过载问题，我们要提高数字素养，找到信息的源头。所谓源头，一般都是优秀的创作者，他们是高质量数据和信息的生产者。历史上，这些杰出人物经常组团出现，可能集中于物理世界的某座城市、某所高校、某个院所，或虚拟世界的某种平台、某类网站、某些社群等。当你读到有价值的观点或文章时，试着找到原作者的公众号或博客，关注起来，甚至跟进一步，顺藤摸瓜，找到他的老师甚至老师的老师，数据和信息的数量规模就会锐减，质量水平就会骤升。年轻人要努力找到信息源头集聚的地方，跟随信息源头学习，传承他们的经验和技能，完成他们未竟的事业，成为新的信息源头。

---

1 信息茧房是桑斯坦提出的社会心理学概念，它描述了人们倾向于只接触和分享符合自己现有观点和兴趣的信息，从而形成一个信息上的"茧房"。这种现象可能限制了个人接触到不同或相反观点的机会，导致认知偏差和群体极化。信息茧房的形成与个体追求个性化的主观需求有关，算法推荐技术的发展则加剧了这一现象。

除了做加法，还要做减法，就是删除或者隐藏一切可用可不用的App，取关或屏蔽所有可看可不看的KOL，安装和置顶阅读工具，为自己定制一间充满有限优质内容的信息温室，沉浸其中，享受其中，放任知识和智慧的萌芽和野蛮生长。

第四象限（右下方）是后天能力和行为能力的交汇点，主要问题是依赖和恶习，也是在后天环境影响下逐步习得的。

前文提到的噪声和阈限，主要涉及行为系统的感觉输入，而这里讨论的依赖和恶习则主要关乎行为系统的运动输出。依赖是一种路径依赖和锁定，过去这么做，现在还这么做，看着后视镜里的路是直的，所以相信前面的路也是直的。恶习则更简单，纯粹是一些糟糕的习惯。我们是什么样的人，往往由我们的行为决定，而我们的行为，首先由我们的方法和习惯决定。

改变路径依赖，纠正不良习惯，需要我们做好环境设计和行为塑造。这里必须引入我最喜欢的行为主义的ABC理论。

A是前因（antecedent），即行为发生之前，触发或诱发特定行为的环境因素，如特定的刺激信号。B是行为（behavior），即被前因激发的特定行为，是刺激信号触发或诱发的产物。C是后果（consequence），即行为发生之后带来的影响，包括正向、负向的奖励与惩罚等强化。

前因→ 行为→ 后果

经典条件反射（classical conditioning），伊万·巴甫洛夫（Ivan Pavlov）的狗，在我看来是AB组合，铃铛响起就有肉吃，久而久之，听到铃铛就流口水。操作条件反射（operant conditioning），伯尔赫斯·斯金纳（Burrhus Skinner）的箱子，是BC组合，老鼠和鸽子一按压杆，就得到食物作为奖励，久而久之，看到压杆就会去按。中国式教育，是ABC"全家桶"组合。先教孩子，孩子学会了，就表扬，学不会就批评。养成习惯，确有效果。

无奈的是，人并不是小狗、老鼠和鸽子。人有追求自主的渴望，打心底不希望被控制。人还会追求更多喜欢的东西，所以改变行为不可能简化为只有ABC，还需要精心设计。行为研究者布莱恩·福格（Brian Fogg）写了一本关于行为改变的书，提出MAP模型，强调M（动机，motivation）、A（能力，ability）和P（提示，prompt）[1]。我认为福格的模型是对经典理论的细化，动机、提示和能力都是对前因的细化和补充。也就是说，改变行为的关键在前期，功课都要做在前面。我一直认为，真正的胜利者，赢在开始之前。

在行为前，预先做好三件事情：一是设法调动积极性，让自己或他人愿意改变和行动。为此，可以先引导他们想象改变后可能带来的好处，如愉悦、沉浸、意义等体验，或能力和资源方面的收益。百闻不如一见。无法想象的，就亲身体验，相信具身认知（embodied cognition）[2]。例如，为了帮助孩子树立远大志向，与其每天说教要考清华北大，不如带他们去清华北大校园看一看，和清华北大学生聊一聊。二是通过环境设计，降低行为启动和执行的成本。设计一些会重复出现、自动触发特定行为的提示线索。同时，提前改良工具和流程，让行为更容易落地。例如，给孩子一台装满优质图书的Kindle，或设好智能助教的iPad。三是提前开展培训，帮助当事人提高采取行动的能力，或提前储备资源，为采取行为提供充分的要素保障。比如，预留整块的时间全身心地陪伴孩子，和他一起交流成长话题，了解其困惑困难在哪里，有的放矢地予以指导。

在行为中，多给主体提供外部支持。指导他人时，可用的方法包括作示范、手把手教和提供"脚手架"（scaffolding）等，只要用心陪伴、耐心讲解、精心演示，就可以帮助他人有效地修正行为方式。自我塑造时，可以考虑安排人类教练或AI督导。社会网络激励（social network incentives）、同侪压力（peer pressure）等实验实战有效的技术也可以引入。如写书缺乏动力的人，可以在微信群里直播创作过程，让朋友倒逼和督促自己更加努力。

在行为后，选择正确的强化方式。正向奖励（positive reinforcement），

---

[1] 福格是行为研究者和斯坦福大学的行为设计实验室创始人，深入研究人类行为超过20年，提出"福格行为模型"（Fogg Behavior Model），即B=MAP，当动机、能力和提示同时出现时，行为（behavior，B）就会发生。

[2] 具身认知是一种认知科学理论，它认为认知过程不仅仅局限于大脑，而是与身体的物理状态、感觉、动作以及与环境的互动紧密相关。具身认知理论挑战了传统的"离身"认知观念，即认为认知是大脑内部独立进行的信息处理过程。具身认知强调身体在认知过程中的作用，认为身体的感觉和动作对思维和理解有直接影响，认知是通过与环境的互动产生的，环境因素对认知过程有着重要影响。

加一根胡萝卜，提高当前行为未来发生的概率。反向奖励（negative reinforcement），减一大棒，提高当前行为未来发生的概率。正向惩罚（positive punishment），加一大棒，降低当前行为未来发生的概率。反向惩罚（negative punishment），减一根胡萝卜，降低当前行为未来发生的概率。这四种方法用于强化预期行为，弱化不预期行为。研究发现，变频变量强化的效果更好。另有研究者认为，惩罚不如奖励。一些研究者甚至认为，外部奖励有损于内在动机，所以奖励也不行。自主论没有那么极端，认为适度的奖励是合宜的，特别是针对个人努力的肯定。适度的惩罚也可以接受，但要优先使用反向惩罚而非正向惩罚。

我们用好ABC理论及其建议，就有可能逐步改变不良依赖和恶习。具体如何提高能效，我们将在本书下部"时空管理""任务管理""精力管理"等章节中展开。

最后，建议学习查理·芒格（Charlie Munger）编织并罗列的"蠢事清单"，记录自己平日里犯下的错误，找到对应的认知短板和行为问题，逐项反思，逐步更正。

3.2.5　提升：设计心智模块

除了补短板的策略，我们还有做长板策略。长板策略认为，能力短板和问题，都是进化过程中失败或失配的心智程序（mindware）。哈佛大学教授戴维·帕金斯（David Perkins）[1]最早提出这个概念，心理学家基斯·斯坦诺维奇（Keith E. Stanovich）[2]将其引入认知和理性的讨论。斯坦诺维奇建议，卸载糟糕的心智程序，安装更理性的心智程序。

应该说，计算机隐喻是人脑研究中一个毁誉参半的工具，虽然不准确，

---

[1]　心智程序是由哈佛大学教授戴维·帕金斯提出的一个概念，指的是个体可以从记忆中提取出规则、知识、程序和策略，以辅助决策判断和问题解决。该概念强调了人们在面对复杂问题时，需要利用已有的认知工具处理信息、进行推理和做出选择。

[2]　基斯·斯坦诺维奇是著名心理学家和认知科学家，加拿大多伦多大学人类发展与应用心理学的荣誉退休教授。他提出的三重心智加工模型重新定义了人类的认知能力，并强调了反省心智在决策和理性思维中的重要性。他的代表作有《超越智商》（*Beyond IQ*）和《对"伪心理学"说不》（*What Intelligence Tests Miss*）。

但常常有用。[1]作为一个实用主义者，我认为不存在绝对理性的心智程序，只有在特定场景下有用的心智程序。很多时候，有用的东西即是真的、善的、美的。所以，我们重点开发和更新特定场景下有用的心智程序。为了和帕金斯的心智程序有所区别，我在讨论问题时改用"心智模块"的表述。

从效果看，心智模块可以分为三类。一是坏的心智模块，如斯坦诺维奇所言，坏模块拒绝评估、妨碍多样性、价值观过激、对自己产生生理伤害。二是利弊参半的心智模块，如偏差和谬误等。三是好的心智模块，帮助我们有效地解释问题和解决问题。

心智模块是自主能力的基础。心智模块的数量和质量，决定我们的能力水平。要淘汰和修正坏模块，开发和更新好模块，用好模块替代坏模块，才能真正实现能力的提升。这个心智模块与时俱进、更新换代的过程，推动认知升级和行为优化，我称之为"心智模块设计"。

就像社会与国家需要道德、法律和常识一样，个人也需要自己的"心灵律法"，它由一系列明文化、标准化、规范化的心智模块构成，明确告诉我们遇到问题时该怎么看、怎么办。人生中所有重复性问题，尤其是刚需、高频、痛点问题，都值得系统性反思、专门化设计，设置专门的心智模块。

一个理想的心智模块应该包括两个组件：一是原则，为我们提供方向，划出边界，让我们在特定范围内解释问题。二是清单，为我们提供方法，指明路径，让我们按特定流程解决问题。原则和清单构成的心智模块，是我们简单化处理不确定世界里的复杂问题的重要依据。

原则与规则、规律近似又有不同。规律是自然的，原则是人造的。规则是社会的，原则是个人的。原则若要发挥最大作用，就必须符合规律和规则。原则告诉我们什么符合原则（在边界之内）的可以做，什么违背原则（在边界之外）的不可为。为了设计管用、实用、好用的原则，我们要多学习、多

---

[1] 人工智能专家乔治·扎卡达基斯（George Zarkadakis）在其著作《我们自己的形象》（*In Our Own Image*）里讲述了过去两千年里人们在解释人类智能时所使用的六种不同隐喻：圣经隐喻、水力隐喻、机器隐喻、自然隐喻、电话隐喻以及计算机隐喻/信息处理（IP）隐喻。在20世纪40年代计算机技术诞生之后，大脑就被认为像是计算机一样运行，大脑自身扮演物理硬件的角色，我们的思想则扮演软件。

讨论、多思考、多实践，并及时提炼和总结经验教训，形成文字。原则还要尽量精准、精简，减少存储和提取模块时的心智成本。另外，原则往往采取一刀切的写法，大幅简化和提速我们的心智过程。如"不可杀人""不可偷窃""不可欺骗"等。

清单和计划（plan）相似，但计划是自上而下，从目标出发分解任务，清单则是自下而上，源自经验和结果，沿着时间轴推进。用树作比喻，计划是画出从树根到树叶的所有路线图，看似完美，其实烦琐，不好操作。清单则是标记树冠上最漂亮的几簇花朵，容易快速抓住重点。坐在办公室里的规划者、管理者、设计师和工程师是设计模式（design model）的信徒，喜欢制订复杂的计划。身处一线的实践专家和操作能手则是演化模式（evolution model）的支持者，偏好罗列简要的清单，并持续更新。

为提高心智模块的实践性和实效性，还要引入编程思维和算法思维，像程序员那样迭代代码、升级系统。我的做法是每天撰写反思日记，记录现象，分析问题，寻找原因，谋划对策，并归纳为原则和清单，使用它们并定期回顾和更新。下面是我总结并收录在《普罗米修斯的日课》中的 26 个常见心智模块，供你参考。

《普罗米修斯的日课》26 个心智模块清单
（2024 年 11 月 2 日更新）

模块 1　激情：全情投入，全力以赴。做个多面手，攀登千高原。星星之火可以燎原。

模块 2　自爱：爱人自爱，善待自己，追求幸福，感受愉悦、心流和意义，从心所欲不逾矩。

模块 3　感恩：感谢运气，创造机遇，感恩社会，回馈他人，帮助英雄和有英雄潜质的人。

模块 4　躺赢：早睡早起，晨型开局，躺赢未来。健康是约束优先，先休息后行动。

模块 5　节制：节制欲念，增加运动。以戒定慧，治贪懒笨。强化规则意识，保持定力，不乱不争。量力而行、尽力而为。牢记金玉定律，冷静做局，低调做人，认真做事。

模块 6　组合：杠铃策略，大小结合，大局求稳，细节求变，平衡保守与激进，兼顾内敛与外联。杠杆策略，以小博大，利用非对称现象，强化反脆弱属性，捕获正面"黑天鹅"。

模块 7　时空：从时间管理到时机管理，从时间思维到空间思维，从有限游戏到无限游戏，从个体视角到集体视角，从随机游走模式到主动攀爬模式，推动三阶改变，以求更大自主。

模块 8　坚毅：坚持与毅力，激情与动力，意志愿望，合为意愿。统合斗争意志和积极情绪，做一个认命但不认输的骑象人。

模块 9　循证：实事求是，一切从实际出发，理论联系实际。实践是检验真理的唯一标准。眼见为实，没有调查就没有发言权。兼听则明，听其言而观其行。不唯上，不唯书，只唯实；交换，比较，反复。

模块 10　实用：表现可以量化时，实力决定成功。表现不可量化时，好看的东西才好用，他人说好才是真的好。从实用出发，兼顾能飞的羽毛和好看的羽毛。

模块 11　延后：冷处理，慢决策，适度拖延，让子弹飞会儿，让时间做出选择。欲速则不达，谋定而后动。先采样后判断，先观察后行动。可做可不做的事情先放放。

模块 12　学习：已知的已知，多阅读，多观察，学习即可解题。先探索广度，后挖掘深度。多元而包容，温故而知新。打造独立空间和声音场景，坚持慎独原则和深度工作。

模块 13　讨论：未知的已知，多提问，多分享，讨论即可解题。即时请教、主动助人，向上求援，连接远山、高山、冷山、青山，做一个魅力型连接者。兼顾规模和规则，多样性、专业性和独立性，提炼群体智慧。

模块 14　思考：已知的未知，多写作，多绘图，思考即可解题。引入神器，人机协同，获取增强智能。内省反思，自由联想，开发更多心智模块，总结更多原则和清单。

模块 15 实践：未知的未知，多试错，多迭代，实践即可解题。前期造势，中期顺势，后期逆势。留有冗余，控制成本，增加尝试次数，探索更多可能。

模块 16 前置：必做之事，不如早做。在开始之前开始，没有条件创造条件，主动改造环境，赢在起跑线。凡事预则立，不预则废。预测预判，助推助教，改变默认选项，促成预期行为。

模块 17 激励：激励对称，风险共担，蓟除搭便车者。意义感召，金钱诱惑，暴力威慑，激发他人潜力。提高人才密度，提供个人关怀，做好谈心谈话，释放集体力量，推动团队成长。

模块 18 反馈：表态、解释、建议、示范。要求他人有效反馈，给予他人有效反馈。打造绝对优秀、绝对求真、绝对透明、绝对坦率的组织氛围。

模块 19 怀疑：怀疑是重构问题、解决问题的起点。敢于怀疑一切，怀疑怀疑本身。

模块 20 拒绝：拒绝是创新选项、改变选择的起点。通过拒绝，做出选择。激发"20秒勇气"，争取2.5秒瞬变！

模块 21 升华：升华是净化情绪、创造作品的过程。转石墨为钻石，变冷漠成幽默，化腐朽为神奇。预测、模拟、对比、修正，构建情绪，升华情绪。

模块 22 创新：善于创新。小步快走，积少成多。解构重构，联想联系，把组件组合为组块。缩小探索范围，提高创新效率。

模块 23 批判：学习红队策略，推动认知升级。批判性思维，质疑当前前提和假设。事前分析法，找到新的机遇和挑战。敢当"魔鬼代言人"，给出不同意见和建议。

模块 24 证伪：解释问题时，用怀疑、拒绝组合证伪观点。提防偏差和谬误，尤其是证真倾向、幸存者效应、基本归因错误。

模块 25 聚焦：少即是多。抓大放小，举重若轻，把复杂问题简单化，把握关键少数的1%。火力全开，追求卓越的90分甚至100分。

模块 26 长寿：多者异也。争取长寿与通达，追求时空遍历性，在奉献和牺牲后，超越主体、时间和空间，留下不朽的传奇，成为英雄和泰坦。

建议大家也参考我的做法，抽空建立自己的心智模块列表，学而时习之。

3.2.6　超越：对接"人心""马力"

前面谈到的思路和策略还存在局限性，因为它们都在个体身上找问题和办法，然而真正的出路或许在个体之外，在集体和机器之中。我们身处的时代，技术加速发展了、社会日益复杂，他人和机器人围追堵截，留给我们提升能力的时间已经不多了。

为了帮助大家更快找准赛道，换道超车，我提出"半人马计划"（Project Centauri）作为蓝图参考。半人马是国际象棋大师加里·卡斯帕罗夫（Garry Kasparov）在1997年输给IBM的超级计算机"深蓝"（Deep Blue）之后提出"人加机器"（man-plus-machine）构想的落地，是人类智能和人工智能结合的赛博格（cyborg）。同时，半人马也是距离太阳系最近的星座，可能是未来星际旅行甚至移民的首选目标。我非常喜欢这个蕴含着自我成长和星际探索寓意的隐喻。

我的半人马计划更进一步，包括个人智力提升、机器智能增强、群体智慧（crowd wisdom）[1]加持三个模块。参照未来生命研究所（Future of Life Institute）创始人泰格马克（Max Tegmark）教授提出的"生命3.0"（Life 3.0）概念[2]，我们可以把半人马视作从人机分离到人机合体的中间过渡阶段，一种"生命2.5"的状态。

成为半人马的基础是持续开发和更新心智模块，提升个人智力，然后强

---

[1] 群体智慧是指在某些情况下，群体的集体决策往往比个体决策更加准确和有效。这个概念基于一个假设，即在群体中，不同的个体拥有不同的信息和观点，当这些信息和观点被合理地整合时，可以产生比任何单一个体更高质量的决策。

[2]《生命3.0》是由著名的理论物理学家、宇宙学家，同时也是未来生命研究所创始人、麻省理工学院物理系终身教授泰格马克所著的一本书，它探讨了AI对人类未来可能带来的深远影响。这本书提出了生命发展的三个阶段：生命1.0——生物阶段，这个阶段的生命体不能重新设计自己的软件和硬件，两者都是由DNA决定的。例如，40亿年前最早出现的单细胞和细菌等生物。生命2.0——文化阶段，这个阶段的生命体（如人类）不能重新设计自己的硬件，但是可以通过学习和文化传承来发展和改变软件，即认知和思维能力。生命3.0——科技阶段，这个阶段的生命体能自我设计软件和硬件，即AI。它们不仅拥有超越人类的智慧，而且能够摆脱生物躯体的限制，实现某种形式的"永生"。

化"人心"和"马力"。"人心"即推动群体合作，获得群体智慧的加持。"马力"即推动人机结合，获取机器智能的增益。也可以双管齐下，构建众机回路，把一堆专家用网络合为一体，训练AI，再反哺人类智能（许多GenAI就是这种思路的产物）。通过这种方式，你将成为拥有增强智能（augmented intelligence）的半人马。

遗憾的是，人机结合、群体合作的半人马计划对资源水平有一定的要求。如果你的资源相对贫乏，能力提升路径被锁定在个体层面，那就提前阅读本书下部"智能管理"章节，并按照其给出的建议，通过网络获得免费的AI技术加持。然后，重温本章第一节"资源"中给出的方法，用AI来降本增效，助人解决问题，从而获得更多社会资源。最后，使用下部"社交管理"章节中提供的技巧，将社会资源转化为群体智慧。

本章思维导图如图 3-6 所示。

能力攻略思维导图

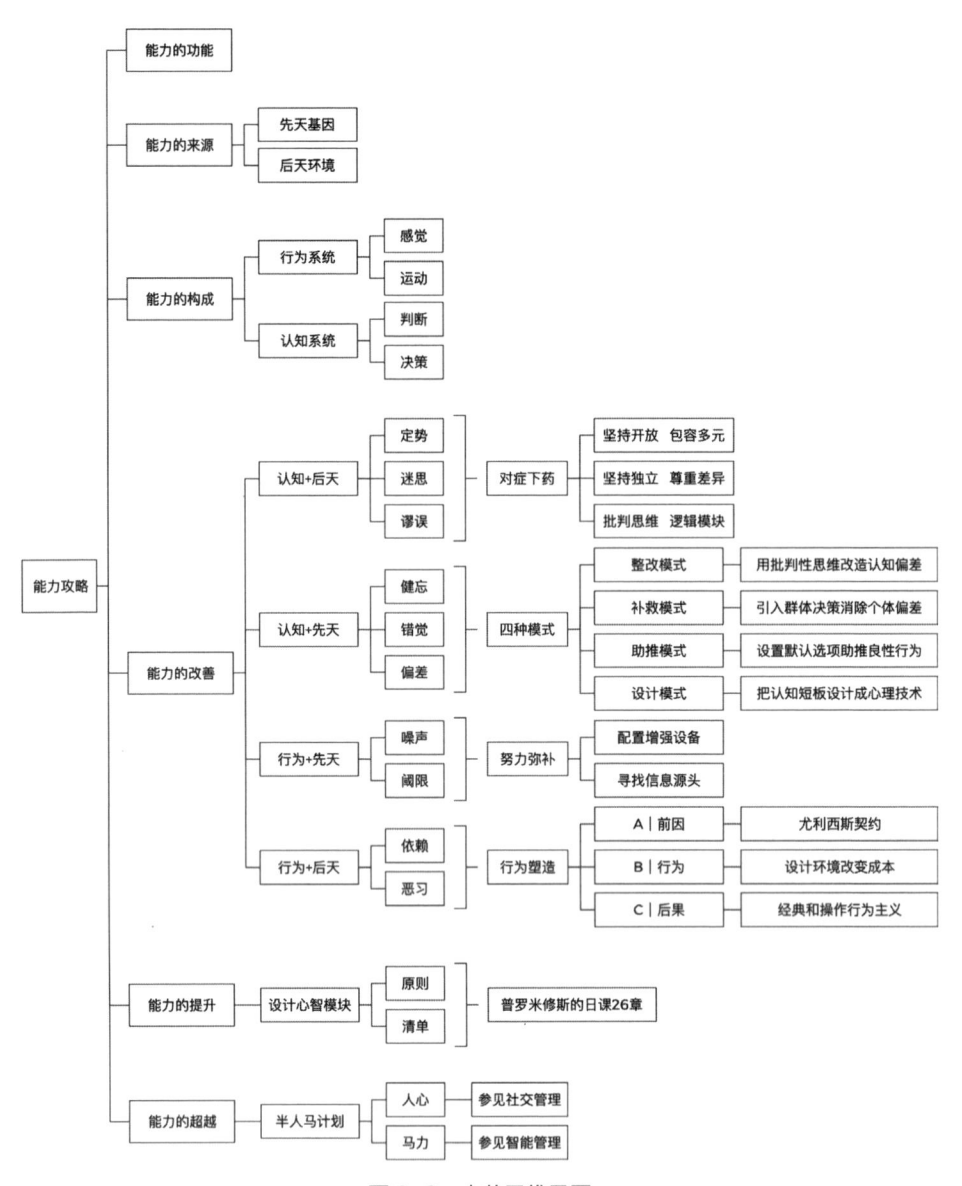

- 能力的功能
- 能力的来源
  - 先天基因
  - 后天环境
- 能力的构成
  - 行为系统
    - 感觉
    - 运动
  - 认知系统
    - 判断
    - 决策
- 能力的改善
  - 认知+后天
    - 定势
    - 迷思
    - 谬误
  - 对症下药
    - 坚持开放 包容多元
    - 坚持独立 尊重差异
    - 批判思维 逻辑模块
  - 认知+先天
    - 健忘
    - 错觉
    - 偏差
  - 四种模式
    - 整改模式 —— 用批判性思维改造认知偏差
    - 补救模式 —— 引入群体决策消除个体偏差
    - 助推模式 —— 设置默认选项助推良性行为
    - 设计模式 —— 把认知短板设计成心理技术
  - 行为+先天
    - 噪声
    - 阈限
  - 努力弥补
    - 配置增强设备
    - 寻找信息源头
  - 行为+后天
    - 依赖
    - 恶习
  - 行为塑造
    - A｜前因 —— 尤利西斯契约
    - B｜行为 —— 设计环境改变成本
    - C｜后果 —— 经典和操作行为主义
- 能力的提升
  - 设计心智模块
    - 原则
    - 清单
  - 普罗米修斯的日课26章
- 能力的超越
  - 半人马计划
    - 人心 —— 参见社交管理
    - 马力 —— 参见智能管理

图 3-6 本节思维导图

3.3 意愿

意愿是自主性三要素的最后一个，也是最重要的一项。意愿为资源和能力提供方向和动力。意愿是意志（我要）与情绪（我想）的结合。我们的任务是从先有愿后有意（愿意）的原生状态，发展到先有意后有愿（意愿）的优化状态。

3.3.1 意志：尴尬的骑象人

自主论认为，意志的功能主要是反思（reflect），反思的内核主要是否定。我们通过否定来选择，通过反思来改变。下面我分享三个观点。

第一个观点是反思心智论：意志即反思，意志通过反思来调和情绪和认知的矛盾。

首先，意志（volition）与意识（consciousness）是不同的概念。意识是一种觉知，好比眼睛看着屏幕，不存在反馈回路；意志是一种干预，就像鼠标点击某个按钮，存在反馈回路。在某个点上倾注意识是"注意"；在某个点上倾注意志则为"反思"。[1]

为了更好地梳理各种概念和逻辑，我们引入斯坦诺维奇的两套理论。

第一套是双系统理论（the Dual-Systems Theory）。

斯坦诺维奇在 20 世纪 90 年代提出的双过程理论后来发展为双系统理论。该理论认为，人类有两套系统，系统 1 由自动加工的无意识心理过程构成，系统 2 则由控制加工的有意识心理过程构成。在一生中，无论是睡着还是醒着，人类有超过 99% 的时间是无意识的，且超过 99% 的心理过程是自动加工的。我们的行为系统、情绪系统都是更为基础的神经系统，相比之下，能够涌现意识和意志的认知系统和意志系统出现得更晚。有专家把人脑叫作克鲁奇（kludge），一个笨拙、非标准或不优雅的解决方案，一台能用就行、不断叠加的混乱机器，功能复杂，冗余不少。人脑的构建就好像是制作冰淇淋蛋卷一样，在每一层旧的上面添上一小勺新的。虽然结构没有计算机那么精妙，但是可供性和可塑性都很好。说不上完美，却令人满意，应了哲学家丹尼特在《心灵种种》（Kinds of Minds）中的话："自然界里最基本准则是经济。最

---

[1] 区分意识、意志和意愿的定义很重要。区分之后，我们就很好理解意识不是人和机器的本质区别，意志和意愿才是。GPT 等 GenAI 必将拥有意识，但绝不能让它们拥有意志甚至是融合了情绪的意愿。当硅基生命拥有意志和情绪时，就是碳基生命灭亡之时。

便宜、设计最省心的系统将首先被大自然'发现',并且被很短视地选中。"《增广贤文》讲得更通俗:"天上人间,方便第一。"

系统1是我们默认运行的自动加工系统,是漫长进化史的产物。我们人类的身体及大脑是在20多万年前定型的,之后,除了冰河时代为了生存,通过跨界联姻吸纳了一些尼安德特人的易胖基因,基因层面没有太大的变化。我们依靠语言和文化等模因的创造与传承,积累经验和常识,应对各类问题。在现代工业文明出现之前,人类所面对的问题一直是相似和重复的,所以只要遵从先天遗传得来的写在基因里的自动化的行为、情绪和认知反射("能力"章节中我们讨论了许多),以及后天学习得来的写在记忆里的自动化知识和技能,我们就可以轻松地用过去的方法解决当前的问题。人类社会发展的速度是如此之慢,以至于看着后视镜往前开车,也足以应付绝大多数场景和问题。这艘船走得如此之慢,以至于刻舟求剑都能找回遗物。

后来,随着技术进步,人类曾有一段时间对自己的理性非常自信,认为通过系统2的控制加工,自己能解决几乎所有问题。也正是在那个年代,出现了启蒙运动及诸多革命。然而,技术的继续进步,很快让事物的发展速度开始超越人类的理解能力。人类开始发现,在面对不确定环境和复杂性问题时,所谓的理性越来越无力。面对现实与理论的脱节,近乎全才的美国科学家赫伯特·西蒙(Herbert Alexander Simon)在20世纪50年代提出了有限理性(Bounded Rationality)理论[1]。再往后,格尔德·吉仁泽(Gerd Gigerenzer)等心理学家开始强调,简单启发式(系统1自动加工的一种粗鄙算法)在许多时候表现优于理性(系统2控制加工的精妙算法),他称之为"少即是多"

---

[1] 西蒙,中文名"司马贺",是美国著名的学者、计算机科学家和心理学家,认知心理学和人工智能领域的开创者之一,也是世界上第一位同时获得诺贝尔经济学奖和图灵奖的科学家。西蒙提出的"有限理性"认为,现实中人类决策者在决策过程中面临信息限制、计算限制和知识限制,所以决策时往往无法做到完全理性。由于这些限制,决策者通常会采取"满意化"(Satisficing)的策略,即寻找一个"足够好"的选项,而不是寻找理论上的"最佳"选项。"满意化"意味着决策者会设定一个可接受的标准,一旦找到满足这个标准的选项,就会停止搜索和评估更多的选项。有限理性对经济学和其他决策理论产生了重要影响,因为它挑战了传统经济学中关于人类总是完全理性行为者的假设。

（Less is More）现象。[1]这个时代进入了一个怪圈，除非你学得很多很透，对问题有深刻的理解，否则在解决问题时，一知半解的状态表现甚至不如一无所知的小白。GenAI出现后更是如此，如果你学艺不精，随时可能被拿着新技术、充满好奇心的小白追平甚至超越。

尽管系统1的自动加工在对付多数简单问题时游刃有余，对付许多复杂问题时也胜过一般的理性，但是在人生中，终究有一些非常重要和复杂的问题，必须停下来花费时间去精细考量。这时候，那些安装了更多心智模块并修正了更多偏差和谬误的人，肯定会有更多理性和更好表现。

第二套是三重心智理论（the Tri-Process Model）。

斯坦诺维奇在20世纪初提出了双过程理论的升级版——三重心智理论，或许是为了强调理性、反思和意志的作用，人的心智被拆分为三部分：一是植物心智（autonomous mind）[2]，这是一个无意识的心智过程，属于快速的自动加工，大家都差不多。二是算法心智（algorithmic mind），这是一个有意识但没意志参与的心智过程，还是快速的自动加工。三是反思心智（reflective mind），这是一个有意识且有意志参与的心智过程，属于慢速的控制加工。人的理性思维可以在反思心智层面逐步修正算法心智过程。

自主论倾向于作更简单的解读：植物心智大致对应行为系统（感觉功能、运动功能）和情绪系统（评价功能），是无意志参与的、无意识的、自动加工的心理过程。算法心智大致对应认知系统（判断功能、决策功能），是无意志参与的、有意识的、自动加工的心理过程。反思心智大致对应意志系统（反思功能），是有意志参与的、有意识的、控制加工的心理过程。其中，意志的主要功能是通过反思调节其他系统的功能，把自动加工变成控制加工。也就

---

1 吉仁泽是德国心理学家，也是柏林马克斯·普朗克人类发展研究所的主任。他的研究挑战了传统经济学中的理性行为者模型，强调人们在面对不确定性和复杂性时如何使用启发式（heuristics）做出快速而有效的决策。"少即是多"是吉仁泽和其他学者提出的一个概念。他发现，在现实世界中简单有效的决策策略往往比复杂的、信息密集型的决策过程更有效。吉仁泽还批判了某些领域对概率和统计的过度依赖，认为人们应该更加关注如何从环境中获取有意义的信号，并使用这些信号来指导决策。我们会在本书的下部中继续讨论吉仁泽的"少即是多"。
2 这里的autonomous mind如果直译应该是自主心智，但跟本书所谓的自主有本质性差别。若译作自主心智，就是站在该心智的本位视角，若换成人的本位视角，它就是一个自动运行的植物心智了。另外，我的朋友、开智学堂的阳志平老师将斯坦诺维奇的理论概括为"三心二意"，我觉得非常精妙。

是说：

植物心智 = 无意识+无意志 = 行为系统+情绪系统 = 系统1 = 自动加工

算法心智 = 有意识+无意志 = 认知系统 = 系统1 = 自动加工

反思心智 = 有意识+有意志 = 意志系统 = 系统2 = 控制加工

这就是我们开篇提出的观点：当你倾注意识于某个心理过程时，它会因你的觉知（consciousness），由无意识状态转变为有意识状态。当你倾注意志于这个心理过程时，它会因你的反思，由自动加工模式转变为控制加工模式。

有意识且有意志的反思心智，是斯坦诺维奇版心智故事里的逆天存在。它是一个超级程序，持续查找并修复bug，完善并升级进化得来的原生系统，直至时间和死亡喊停它前行的脚步。

有意识且有意志的反思心智，也有神经系统的生物支撑。流行理论把人脑分为行为脑、情绪脑、认知脑等部分。其中情绪脑主要由杏仁核、纹状体（striatum，负责释放多巴胺）和下丘脑等边缘系统组成，认知脑则主要由大脑皮层构成。我们所谓的行为、情绪、认知等心理功能，都是这些神经网络的系统涌现。

DNA双螺旋的发现者弗朗西斯·克里克（Francis Crick）在荣获诺贝尔奖后，转行成了研究意识和意志的神经科学家。他和另一位神经科学家克里斯托夫·科赫（Christof Koch）有个非常大胆的假设，认为意志脑就在前扣带回等脑区。我读了很多书籍和文章后，认为意志脑还应包含眶额皮层等模组。

由前扣带回和眶额皮层等构成的意志脑，既是认知脑（大脑皮层等）最内层的一部分，又是情绪脑（边缘系统等）最外层的一部分，是两者连接处的特殊区域，是连接两个不同时期进化而来的神经系统的桥梁纽带。由此，意志脑成了认知脑和情绪脑的仲裁者和中转站，成为人类理性与感性的交叉点，是两者间的完美中介，肩负起切换心智频道、调和情绪与认知之间矛盾的重任。

上述观点有争议，也有不足，但却是目前最简约、最实用的大脑模型之一。在找到更好的替代品前，自主论将暂时接受这个"美丽的科学想象"作为基础假设，并在未来的讨论中将大脑分成行为脑、情绪脑、认知脑和意志脑。

另一位诺贝尔奖得主、神经科学家埃里克·坎德尔（Eric Richard Kandel）曾在回忆录《追寻记忆的痕迹》（*In Search of Memory*）[1]里提到，年轻时他很喜欢精神分析学，所以选择学习神经科学，希望为精神分析学的心理结构论找到对应的脑区。我相信前述观点可以为他提供一个有趣的视角。

100多年前的弗洛伊德认为，人类心理分成三种结构，即本我（ID）、自我（Ego）、超我（Superego）。结合前文讨论，不难发现：情绪脑/系统对应本我，强调"我想"；认知脑/系统对应超我，强调"我该"；意志脑/系统对应自我，强调"我要"。自我夹在超我和本我之间，就像意志脑/系统夹在认知脑/系统和情绪脑/系统之间，经常要调和理智与冲动之间的矛盾。过去我们常认为是理智战胜冲动，或者冲动战胜理智，实际上我们都错了。其实是意志脑/系统如何站队，决定认知脑/系统和情绪脑/系统谁能胜出。你也可以把尼采的婴儿、狮子和骆驼比喻整合进来，没有丝毫违和感。可见，英雄所见略同。

然而，生物结构上的中间站地位，以及本我、自我、超我的类比，都无法正确体现意志在心智系统中既关键又孱弱的尴尬处境。我们必须引入社会心理学家乔纳森·海特（Jonathan Haidt）的"象与骑象人"比喻。[2]海特认为，情绪好比大象，力量强大；意志是骑象人，力量弱小。多数时间里，何去何

---

[1] 坎德尔是一位著名的美籍犹太裔神经科学家，以其在学习和记忆的神经生物学基础方面的开创性研究而闻名。他的自传《追寻记忆的痕迹》不仅分享了他对个人生活和历史的感受和思考，还以亲历者的身份叙述了神经科学这个学科从无到有的发展历程。

[2] 海特是一位著名的社会心理学家，以其关于道德心理学和道德多样性的研究而闻名。海特使用"象与骑象人"的比喻来描述人类心理的运作方式。象代表我们的情感、直觉和无意识的思维过程。它非常强大，通常控制着我们的行为和决策，就像一只难以控制的庞然大物。骑象人则代表我们的理性、意识思维和意志力。骑象人坐在象背上，理论上可以指挥象的方向，但实际上很难控制象，尤其是当象已经决定朝某个方向行动时。海特使用这个比喻来说明，尽管我们可能认为自己是理性的决策者，但实际上我们的直觉和情感在很多情况下起着决定性作用。我们的理性思维往往是用来为情感和直觉找到合理化的借口，而不是真正控制我们的行为。这个概念对理解人类道德判断和政治分歧特别有用。海特认为，人们往往首先基于情感和直觉做出道德判断，然后才用理性来构建理由。这解释了为什么在道德和政治问题上，人们往往很难被对方的理由说服，因为他们的立场首先是由情感驱动的。

从，都是大象说了算，而非骑象人主导。

显然，更早演化来的情绪更为底层，拥有优先启动权。在遭遇新环境、新问题时，人要么被情绪系统杏仁核模块激发的焦虑感和恐惧感淹没，要么被情绪系统多巴胺模块激发的兴奋和愉悦感所迷惑。相比之下，更晚演化来的意志区往往是事后被动启动，不得不通过反思来调节情绪和认知之间的冲突。同样更晚进化得来的认知更加硬核，大脑皮层拥有庞大的运算资源、信息储备和网络连接，使之成为骑象人驾驭大象强有力的缰绳。

情绪 — 本我 — 我想 — 孩子 — 大象 — 边缘系统
认知 — 超我 — 我该 — 骆驼 — 缰绳 — 大脑皮层
意志 — 自我 — 我要 — 狮子 — 骑象人 — 前扣带回与眶额皮层

意志作为骑象人，是个不称职的导航员，位高权重却尸位素餐。多数时间里，他昏昏欲睡、不闻不问，任由大象随心游走、肆意妄为。大象发飙暴走时，他束手无策、坐象上观。只有少数关键时刻、重大抉择时，他才强硬一阵，试着起到中流砥柱作用，力挽狂澜、拨乱反正。大象听不懂人话，骑象人也无法直接和大象沟通，只能借助认知的缰绳，努力驾驭情绪的大象。如果骑象人/意志成功，大象/情绪会化身为支持行为自主的动力之源；如果失败，大象/情绪会退化为制造问题的混乱之源。

第二个观点是自由否决论：意志即拒绝，意志通过拒绝来做选择。

反思的内核，是对默认选项及其合理化解释的否定（veto），通过否定来肯定，通过拒绝来选择。如果坚持拒绝，不断否定，就会有更多新选项出现。

神经科学家常用投票来作隐喻，想象大脑中的神经元们通过兴奋和抑制来投票，赢得最多神经元支持的念想，会最终占据主导，浮现在脑海中。参照他们的思路，我提出关于意志、反思和否决的"护民官"（Tribunus Plebis）比喻。人们想象中的意志，是罗马帝国的皇帝，可以根据自己的念想，随意给出提案，再交给元老院讨论，完善后付诸实践。现实中的意志，却是罗马共和国的护民官，没有主动提案的资格，但有否决元老院提案的权力。通过否决旧提案，护民官助产了新提案。

我们也可以用打牌作比喻。每个人出生时收到一些底牌（先天能力），之后又陆续得到一些新牌（后天能力）。能力越强的人，手里的牌越大。资源越多的人，手里的牌越多。看问题做事情，就是抽牌去打。意志不反思和不作为时，随机抽到什么就打什么。如果手头都是大牌，倒无所谓。如果牌都不大，就麻烦了。意志反思和作为时，打牌前先抽牌，不好就重抽，直至满意才打。当然，也可能牌都很烂，怎么抽都没有好牌，甚至越抽越烂，还浪费时间。

我们还可以用抽卡作为比喻，这是AI时代的新特色。模仿人脑工作机制得来的GenAI，不管是大语言模型GPT、Kimi，还是多模态工具Midjourney、Suno、Keling等，生成内容时都是开盲盒。你给出提示词，机器生成内容。如果不满意，就重新生成。意志在反思中否决，在否决中创造，本质上也是开盲盒，不满意就重开，开到满意为止。你的碳基大脑是一个与生俱来、随身携带、迭代优化的GenAI，你的意志反思就是"生成键"，最后得到什么样的NGC（neuron generated content），完全取决于你前期对大脑基座的"预训练"做得好不好、区输入的提示词（感觉刺激）准不准，以及重新生成和调试的次数多不多。

意志即否决的论点，得到神经科学家本杰明·里贝特（Benjamin Libet）的支持。[1] 20世纪60年代，里贝特通过实验发现：在人们感知到自己的意志并做出有意识的决断之前，无意识的决断已经生成。通过电子设备读取无意识信号，可在人们感知自身决断前，预判其决断。据此，许多哲学家和心理学家提出"自由意志只是幻觉"的观点。

这些论调让崇信自由意志的里贝特倍感煎熬，于是他设计新实验并证明，人们可以在决断前的最后一刻否决（veto）无意识的提案。也就是说，人类

---

[1] 里贝特是一位著名的神经科学家，以其在人类意识和自由意志领域的实验研究而知名。里贝特是加州大学旧金山分校生理学系名誉退休教授，在加州大学戴维斯分校神经科学中心担任成员。里贝特的实验研究主要集中在大脑如何产生有意识的觉知，以及意识与无意识心智功能之间的关系。里贝特的著名实验发现，在个体报告发出动作意向之前，大脑就已经产生了相应动作的脑活动，这一发现对自由意志的传统观念提出了挑战。此外，里贝特还提出了有意识的心智场（Conscious Mental Field）理论，试图解释心智如何从物质中产生，并探讨了这一理论对于理解自我和灵魂的影响。他的研究不仅对神经科学领域产生了深远影响，也为心理学、哲学等多个学科提供了重要的启示。

也许没有自由意志（free will），但是人类肯定有自由非意志（free won't）。至此，里贝特填上了自己给自己挖的坑。[1]

自主论接受里贝特的自由非意志补丁，假设存在两种骑象人状态。

一是梦游模式。多数时候，人们没有自由意志，都在接受自动加工给出的默认选项，不管是有意识，还是无意识。此时，情绪碾压意志，裁定意愿。意志是一个纯粹的看客，甚至是一个沉睡的旅客，完全根据大象的想法行进。

二是觉醒模式。少数时候，人有自由非意志，通过反思否定自动加工给出的默认选项。此时，意志调控情绪，决定意愿。骑象人虽不能直接告诉大象往何处走，却可以持续拉动缰绳以微调大象前行的方向，从而成为真正的掌舵人。

第三个观点是有限意志论：意志即耐力，意志像肌肉一样会耗损并可训练。

前文说过，自主意愿是意志反思的产物。没有意志参与，我们丧失意愿，失去自主，完全被外部环境和过去经历驱动。有意志参与后，我们通过反思做出改变，打破惯例常态，创造新的可能。

显然，我们如果拥有无限意志，就会不断反思和否决，持续创新和升级，快速提升至英雄和泰坦层级。然而，现实中多数人只有非常有限的意志，只能偶尔启动反思，进行局部探索，寻找满意结果，最终止步于凡人和精英位阶。

基于现实，早期的自主论信奉弱有限意志论（limited volition）。该立场认为，人类的意志是有限和薄弱的，与骑象人多数时间梦游、少数时间觉醒的表现完全吻合。神经科学家大卫·伊格曼（David Eagleman）在《隐藏的自我》（The Brain）中断言："自由意志也许存在，但就算它存在，它也没有多少运作的空间。"

---

[1] 尽管后世又有许多神经科学家和心理学家做了很多实验，也有很多争论，也有许多人不接受里贝特的解释，坚持认为自由意志是幻觉。不过我认为里贝特的解释可以接受的，而且有美感。Free will和free won't的区别，有点像保守主义政治学家以赛亚·柏林的积极自由（freedom to...）与消极自由（freedom from...）之差别，人们无权选择自己想做什么，但是有权选择不做什么。

自主论的弱有限意志假设认为，在任意时间点上，意志有 0 和 1 两种状态，这是有和无的差别。多数情况下，意志没有反思和否决，所以是 0。少数时候，意志有反思和否决，所以是 1。拿使用电脑作比喻，看屏幕不点鼠标的时候是 0，点鼠标就是 1。

自主论的弱有限意志假设还认为，在任意时间点内，意志有 0 和 N 两种状态，这是多和少的区别。你可以一直点鼠标，但是很快就会坚持不住。你点了多少下，就是这段时间内的 N，即意志强度。它也是弗洛伊德口中的自我强度（ego strength）、心理学家罗伊·鲍迈斯特（Roy Baumeister）笔下的意志力（willpower），以及中国人常说的毅力。

鲍迈斯特是研究意志问题的心理学大师。他在《意志力》（*Willpower*）一书中指出，古代人没有意志力的概念。维多利亚时代最早提出意志力的概念，因为当时大量农民转化为市民，人们渴望通过意志力来抵御各种新诱惑。弗洛伊德及其自我理论，正是在那个年代异军突起。第二次世界大战后，技术进步、物质丰富，享乐主义被接受，对意志力的需求衰退，一些神经科学家甚至否定意志的存在。社会进入转型期后，一些心理学家又开始重新研究意志力，特别是沃尔特·米歇尔（Walter Mischel）在斯坦福大学附属幼儿园进行的关于延迟满足的棉花糖实验。[1]

鲍迈斯特认为，意志力就像肌肉，可以锻炼，也会疲惫。做决策会损耗你的意志力。意志力一旦耗尽，决策能力就会下降。鲍迈斯特称之为自我耗损（ego-depletion），其背后的神经生物机制可能是高强度的决策工作引起前扣带皮层（意志脑局部）怠工，使得自我控制变得困难。

如果你的工作要求你整天做出艰难决策，那么你迟早会意志耗竭。一心多用，耗损更快。过多的选择会耗尽意志力，过多的选项也会如此。有时候，选项太多会让人难以决断，甚至焦虑。美国心理学家巴里·施瓦茨（Barry Schwartz）指出存在"多即是少"（More is Less）的选择悖论（paradox of

---

[1] 沃尔特·米歇尔，美国心理学家，以其在人格心理学和社会心理学领域的贡献而闻名，特别是在自我控制和延迟满足方面的研究。他的棉花糖实验是一个著名的心理学实验，研究了学龄前儿童对即时奖励的自我控制能力。但后来也有人指出该实验难以复刻，或有其他原因解释。

choice）[1]。

意志力耗尽后，你会进入决策疲劳（decision fatigue）状态，开始找借口避免决策或推延决策，或变成认知吝啬者（cognitive miser），接受默认选项或折中选项。比如，我们容易在购物结束时，在排队结账时购买小零食。

此外，自我耗损后，由于缺乏控制，人对各种事情的反应变得更为强烈。所以专家们都不建议我们在意志力薄弱时做选择。常见的建议是不要在夜晚时做选择。一天辛苦下来，晚上意志力最弱，要主动规避美食、美人等诱惑物，否则容易中招。

鲍迈斯特发现，意志力强度跟大脑中的葡萄糖水平呈正相关。早餐和午餐后，法官的判决都会对被告有利，但累了以后，法官会倾向于做出保守的裁决，对被告不利。总体而言，上午出庭的犯人，获得假释的可能性是70%；傍晚出庭的犯人，获得假释的可能性不足10%。鲍迈斯特把法官的不同表现解读为葡萄糖水平改变的结果。如果他是对的，那么不要在饥饿时做决策，也不要在生病时做决策，因为身体对抗疾病会大量消耗葡萄糖。

葡萄糖和意志力相关，是一个非常有用、有趣且有争议的发现。鲍迈斯特的解释是：葡萄糖转化为神经递质，支持大脑中的信号传递，对意志力有助益。所以，大脑缺糖后，自控力下降，意志会败给情绪，人会听不进去批评，还会渴望吃东西。通过节食来减肥，会引发葡萄糖供应不足和意志力下降，造成失控后的暴饮暴食，经常得不偿失。建议老实吃饭，并食用升糖水平低的食物。因为升糖水平高的食物（如白米饭），转化吸收速度快，大脑血糖水平会出现大起大落、快起快落的现象，表现为常见的"饭软"，不利于维持意志和情绪的稳定。

虽然自主论对意志的定义并不完全等同于鲍迈斯特的意志力，但我基本认同他的观点。不过，相对于他的肌肉比喻，我更爱用电脑游戏里的耐力值（stamina point，简称SP）类比人类的意志阈值。

第一，意志阈值的最大上限（SP总量）与我们执行任务时能正常坚持的

---

[1] 巴里·施瓦茨是美国斯沃斯莫尔学院的社会心理学教授，以其对选择悖论的研究而闻名。他提出的选择悖论认为，虽然人们普遍认为拥有更多的选择会带来更大的幸福和满足感，但实际情况可能恰恰相反。

最大时间成正比。我们可以假定多数人的SP都小于20。多本书中提到"20"这个神奇的数字，一般都和"秒"挂钩。"20秒原则"在环境设计中特别有用，把自己希望促成行为的时间成本控制在20秒以内，越短越容易被启动；希望消除行为的时间成本提高到20秒以上，越长越不容易发生。20秒就像一道天然的门槛，让头脑发热的人知难而退或半途而废。"20秒原则"在解决问题时也有用处。在犹豫不决、畏缩不前时，给自己20秒的狂战士状态，鼓起勇气，挑战困难。只试20秒，搞不定就放弃。这是来自魔法师兼心理学家理查德·怀斯曼（Richard Wiseman）父亲的人生经验，相当管用。因为许多问题20秒内就搞定了。我们也可以叫它"20秒勇气"。最后必须注意，20秒只是个虚数，与10000小时刻意练习、5~7组块短时记忆等一样，都属于"科学传说"，多一分或少一点也讲得通，在这里只是为方便叙事，不要生搬硬套。

第二，意志阈值（SP）在使用时快速耗尽，不用时缓慢恢复，在休息时快速填满。每个人的SP总量也许略有不同，但运行机制基本一致。几乎所有的角色扮演动作游戏，都会设计SP耐力条，让你体会冲刺时的快感和结束后的喘息。

第三，意志阈值的最大上限（SP总量）可以通过训练提升。大脑的可塑性超乎想象，中风完全瘫痪的老人可以通过训练重获强健体魄并攀登珠峰，失明的人可以通过训练使用其他脑区来感知世界，接入脑机接口的人可以快速通过训练使用意念控制新设备。不仅是人类，猴子也可以做到。"脑机接口之父"米格尔·尼科莱利斯（Miguel Nicolelis）[1]等通过互联网，让美国的猴子用意念驱动日本的机器人。由于数字网络传递神经信号速度快于生物神经，所以日本的机器人比美国的猴子更早迈腿走路。[2] 意志可以像肌肉那样，在适度锻炼后得到创伤后成长（post-traumatic growth）。对此，游戏隐喻可以给出更

---

[1] 尼科莱利斯是法国科学院和巴西科学院院士、"脑机接口之父"、神经生物学家，曾被评为全球最具影响力的20位科学家之一。2014年巴西世界杯上，尼科莱利斯主导发明的"机械战甲"帮助截瘫青年朱利亚诺·平托为当届世界杯开球。

[2] 前文提到的里贝特实验也可以解释为，实验者用电子设备读取和传递神经网络信号的速度，远远快过被实验对象生物系统和信号的速度。所以实验者比当事人更早知晓其做出的决策，可以在其决策抵达指尖之前，做出识别和行动，导致被试误以为自己被读心了。

为通俗的另一种解释，即主角在打怪升级后变强了，处理相同任务所需的耐力变少了，于是产生了训练后意志力增强的错觉。

第四，意志阈值的最大上限（SP总量）也会因为长期不用而被削弱。这是用进废退的逻辑，符合人类在心理和生理层面高度可塑的事实。要尽量避免熬夜，因为熬夜会导致疲劳，会弱化意志力。意志力越是薄弱，就越难打破熬夜的负向回路。于是继续熬夜，死扛着不睡，直至精疲力竭。长期的睡眠不足会造成精力整体下降，可能导致意志阈值（SP）下降。

第五，意志阈值的最大上限（SP总量）可能会随着时间和年龄而波动。人的一天中，从醒来到清醒是SP提升期，从清醒到睡眼惺忪则是SP下降期。人的一生中，从孩子到成年是SP提升期，从成年到老人是SP下降期。意志变化的背后是身体和精力的改变。通常，人类要到25岁左右，神经元细胞的髓鞘化进程（使得信息传递更快）才能完成，遍布大脑的神经元高速公路才完全建成，认知和意志才达到成人水平。25岁前的年轻人因为大脑发育不完全，处于冲劲十足但脑子迷糊的状态。儿童更夸张，长期处于"醉酒状态"。对于这些可爱的小怪物，必须保护和引导，但这必然引起自主与控制的冲动，只能在时间和斗争中逐步消除。一些营养素可以加快髓鞘化进程，如深海鱼油富含的DHA等，民间俗称"吃鱼的人更聪明"。更多营养学讨论参见本书下部"精力管理"章节。

至此，我讲完了早期自主论关于意志的三大核心观点——反思心智论、自由否决论和有限意志论。如果你接受它们，那就请多多思考，如何高效地运用有限意志，在反思中迭代，在否决中选择，努力多开盲盒，直至刷出满意结果。我们会在本章最后一节继续讨论，下面先谈情绪。

3.3.2　情绪：随性的大象

从表观看，情绪是一只随性的大象，时而激昂，时而慵懒，时而欢快，时而焦躁，时而阳光，时而阴郁，让人捉摸不定，又爱又恨。对于情绪，我们别无选择，只能和睦共处。

从内在看，情绪是意愿的重要组成部分，也是心理的重要功能。情绪为意志提供愿景，为行为提供动力，为认知提供基调，三者正好匹配积极心理学、精神分析学、神经科学和情绪建构论的观点。

下面简述自主论关于情绪的三个基本观点。

第一个观点是幸福三元论：情绪为意志提供愿景。

从积极心理学出发，情绪体验属于主观幸福感，可以分为三种：一是秒钟级的愉悦，此时杏仁核静默，多巴胺和内啡肽释放。二是分钟和小时级的沉浸，此时血清素和催产素（oxytocin）[1] 释放。三是超越主体、时间和空间后获得的意义，这种超越感、永恒感是只有少数人能体会到的极度欢喜、和谐和与宇宙合一的感觉，就是马斯洛所谓的高峰体验（Peak Experience）。

三者中，愉悦最易理解，最好获得，买买东西、刷刷短剧即可。沉浸也不难，有兴趣爱好就行。兼顾愉悦和沉浸，可以玩电脑游戏或看院线大片。兼顾沉浸和意义，可以静心去做公益。最难的是兼顾愉悦、沉浸和意义，既要设立远大目标，又要确保体验良好。为了鱼和熊掌兼得，最好拥有团队，分摊部分成本。如果没有团队，可以试着为一件有意义的事情去学习GenAI工具，创作AIGC内容以帮助这件有意义的事情做好推广。这样就能在学习GenAI时获得愉悦，创作AIGC时获得沉浸，分享作品时获得意义。

追求幸福体验，成了情绪为意志设置的目标愿景。每当意志做出正确决断，情绪就会给予积极反馈。此时的情绪就像"火"，照亮前路，点亮他人。骑象人的每次选择，都会驱动大象带他到达特定的地方，欣赏特有的风光，品尝特制的美食。在情绪的指引和激励下，意志在追寻自主的路上，变得更加勇敢。我们将在本书下部"情绪管理"章节中继续探讨。

第二个观点是心理能量论：情绪为行为提供动力。

---

[1] 催产素是人类交换习性的必要条件，是一种"社交系"神经递质，直接参与信任与爱的经验构建。高水平的催产素让人们乐于参与社会活动，克莱蒙特研究院的研究显示，注射过催产素的男性会表现得更慷慨并信任他人。低水平的催产素则与反社会、精神病、自恋和一般的操控个性有关。催产素也是一种"亲密分子"和"连接素"，把我们和他人连接在一起。催产素与温馨的爱慕（忠诚）有关，它和多巴胺共同作用，让人进入一种"沉溺于爱中"的"成瘾"状态，此时大脑神经活动方式与注射高剂量可卡因时无异。从合成角度看，拥抱是最容易产生催产素的方式，个体在进行社会接触，尤其是皮肤与皮肤的接触之后，大脑后叶会释放催产素。所以，拥抱会激发催产素，催产素又会让人渴望拥抱。所以有专家在TED演讲时甚至开玩笑说，一天拥抱八次比较健康。另外，催产素会在男性生育子女后开始持续释放，变得喜欢孩子。

从精神分析出发，我们可以把情绪理解为力比多（Libido）[1]，一种为行为供能的心理能量。从神经科学出发，情绪脑中有杏仁核和多巴胺两套系统，对应安全（确定性）需求和自由（不确定性）追求。

杏仁核系统是大脑的安全中枢，对意外高度敏感。对于安全而言，意外往往与威胁和伤害有关。传统观念认为，杏仁核是大脑的恐惧中枢，是进化而来的内生预警系统。它的任务是快速识别外部的不安全线索，让生物引起警觉。在不确定的世界里，懂得安全优先的生物更可能活下来。但在一个日新月异、加速变迁的年代，杏仁核系统也会给人带来许多不必要的焦虑和煎熬。研究认为，杏仁核较大的人，对外界信息更敏感，更容易产生应激反应。杏仁核偏小的人，对环境信息就不那么敏感，胆子会更大一些。有一种假说认为，自闭症的成因是部分人的杏仁核较大，觉察到过多的环境信息，过载超负，所以选择回避。

多巴胺系统是大脑的自由中枢，对意外充满渴望。对于自由而言，意外往往与机会和可能有关。当你遇到意想之外的东西时，一些神经元会被激活，释放出神经递质多巴胺。传统观念认为，集聚这类神经元的脑区是大脑的愉悦中枢，后来的研究将其修正为预期中枢。不管如何称呼，这套系统进化而来的生物机制是对新奇事物做出强烈反应，并从中学习。一旦意外和新奇变成常态和习惯，我们能够对事物做出判断和预测，神经元便不再被激活，多巴胺也不再被释放。此外，人类的基因差异会带来多巴胺受体与行为方式的不同。约有四分之一的人类携带有DRD4-7R基因变体，导致他们的多巴胺受体数量更少，刺激转化为快感的效率更低。对意外和新奇不敏感，促使他们需要更多刺激才能获得与他人同等的快感。比如，其他人估计刷到天津大爷跳水视频就很开心，但他们可能要跑到天津自己跳水才觉得畅快。因此，当多数人适可而止、知足常乐的时候，少数人会冒险激进、追求极限。

如果说情绪系统是一个发电机，那么源源不断的情绪能量就是"电"。杏仁核—安全中枢和多巴胺—自由中枢就像是线圈的两头，组成情绪发电机的

---

[1] 力比多是弗洛伊德理论中一个十分重要的概述。我们会在本书的"情绪管理"章节具体讨论这一概念。

磁场，外部感觉系统带来的各种刺激信号，以及认知系统给出的反馈信息在这里交织，不断切割这个磁场，产生积极的正电子和消极的负电子，为我们的行为充电，让我们有动力去爱、去恨、去幻想、去创造。

我们喜欢安全的自由，就是杏仁核静默、多巴胺工作的状态。但有的刺激会同时激活杏仁核和多巴胺系统，导致我们又爱又怕，此时，就需要意志的骑象人做出抉择，化解安全和自由的矛盾。通常这意味着为行为供能，通过行为改变感觉输入的刺激信号，或通过意志反思，改变认知系统的看法和做法。

最后，附送一个不太科学但是好玩的"杏仁核与多巴胺矩阵"（图3-7）。根据可能的基因组合，我们可以粗暴地将人分为四类。一是多巴胺和杏仁核都敏感的"保守者"。他们胆小怕事，但容易满足。人类社会的主体是这部分人，任何时代的社会稳定也都依靠这部分人，因为他们作为多数群体，反对任何变革。二是多巴胺敏感但杏仁核不敏感的"游荡者"。他们无所畏惧，且容易满足。在古代，他们是洒脱的游侠、劫富济贫的罗宾汉，或是规则秩序的轻微破坏者。他们不会做得太过火，因为他们容易满足，会浅尝辄止。三是多巴胺和杏仁核都不敏感的"冒险者"。他们无所畏惧，且永不满足。他们是人数最少的群体，却是每个时代的探险家、开拓者和革命家，勇于追求刺激，敢于打破各种瓶瓶罐罐，突破各种条条框框。他们在变乱年代会成为英雄，但在和平年代可能会变成"反社会者"与罪犯。四是多巴胺不敏感但杏仁核敏感的"纠结者"。他们胆小怕事，又欲求不满。这是最纠结、最痛苦的一批人，每天心里痒痒，却不敢造次。许多终身不婚的书斋作家和遁世人群，如内心充满矛盾和焦虑的德俄两国的哲学家们，估计多半是这类人。既然不敢向外，到现实世界里追求刺激，那就选择弗洛伊德式的升华，转而向内，到精神世界里追求价值。

你可以根据自己的基因检测报告，或者根据自己的行为归类自己，看看自己属于哪类，然后试着做一些适合自身属性的事情。或者尝试着跳出框架，去扮演其他象限成员的角色，体会不一样的反转。

```
                    杏仁核不敏感
                         ↑
        ┌─────────┐ ┌─────────┐
        │  游荡者  │ │  冒险者  │
        │ 无所畏惧 │ │ 无所畏惧 │
        │ 容易满足 │ │ 追求刺激 │
        └─────────┘ └─────────┘
多巴胺敏感 ←──────────────────→ 多巴胺不敏感
        ┌─────────┐ ┌─────────┐
        │  保守者  │ │  纠结者  │
        │ 小心谨慎 │ │ 小心谨慎 │
        │ 容易满足 │ │ 追求刺激 │
        └─────────┘ └─────────┘
                         ↓
                    杏仁核敏感
```

图 3-7　杏仁核与多巴胺矩阵

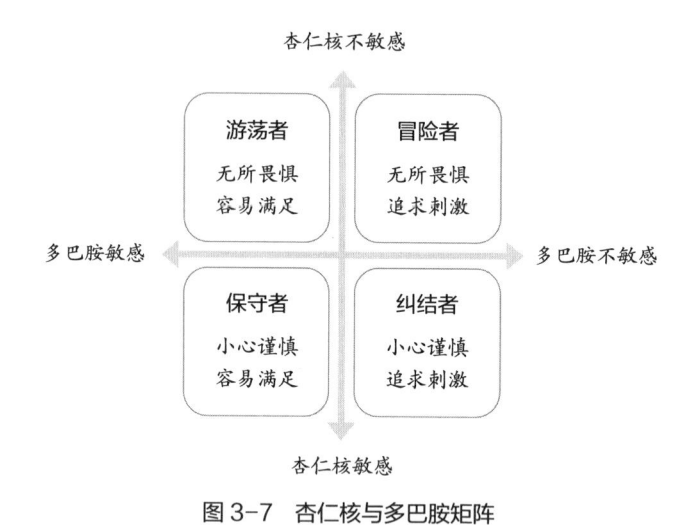

第三个观点是情感现实论：情绪为认知提供基调。

情绪建构论认为，我们所有的情绪都是建构出来的。同时，情绪也会影响我们对事物的感知和认识，这就是情感现实。因此，开心时看到的东西和不开心时看到的东西，主观上就是不同的。

自主论认为，情绪系统的任务是评价，给认知判断和决策提供情绪立场和态度。特别是道德评判（善恶）是情绪评价（好坏）和认知判断（对错）的综合结果。当认知和情绪一致时，容易做出道德评价。既好又对就是善，既坏又错就是恶。但在情绪和认知冲突时，道德评判就难做了。虽好但错的东西让人矛盾，虽坏但对的东西让人纠结。

比如，一个重伤的士兵，无法得到救治，在路边等死，痛不欲生，求你开枪结束他的生命。此时，情感会跟你说开枪杀人是坏的，但认知会告诉你帮他结束痛苦是对的，这种既坏又对的事情让人焦虑。

上述道德矛盾和焦虑无法调和时，意志可以做出有意识的决断，但必须承受责任的负担。许多人逃避这种选择的代价，就会诉诸无意识的决断。后者遵循情绪评价优先，原因有二：一是神经生物层面上的情绪比认知更基础，骑象人游戏里大象比缰绳更给力；二是逻辑层面认知无法找到绝对正确的标准答案，世间的问题太复杂，如果"死理性"，最后会发现任何观点都能找到论据支撑。找不到仅仅是因为读书太少、见识太短。一旦发现任何观点在认知上都能站住脚后，你就会从认为世间只有唯一、确定真理的幻想中抽离出来，从选择观点上升到选择立场。先由情绪奠定你的立场，再由认知做出合理化解释，这种由内而外的思考方式，会大幅减轻人类的心智负担，因而被多数人采用。

诚如海特所言："道德评断就像审美判断一样。当我们看到一幅画时，通常马上就知道自己喜不喜欢。如果有人要我们解释为什么喜欢，我们就会乱编一番说辞。……他的立场是在他有了判断之后才临时编出来的。"

3.3.3 意愿：骑象人与象的相爱相杀

为了赢得自主，个体不得不与自身、他人（个体、群体）和世界（时间、空间、物质、能量、信息等）争夺控制权。在AI时代，还要与算法和机器斗争。我们抗争的本质，是意愿的较量。如果一个人意志坚定并情绪稳定，其意愿就强。相反，如果一个人意志薄弱又情绪波动，其意愿就弱。

为了方便理解，我画了一个新矩阵来梳理情绪与意志的相互关系及其发展目标（图3-8）。先看意志，先天遗传的意志微弱而且滞后，带来反思和节制。后天养成的意志可能适度（自律），也可能过度（失控）。再看情绪，先天遗传的情绪强大而且前置，带来欲望和冲动。后天养成的情绪可能有序（平和），也可能无序（暴戾）。理想的意愿状态，应该是适度意志和有序情绪的组合，骑象人与象达成完全的默契。遗憾的是，在现实生活中，多数人的意志和情绪、骑象人和象，往往相爱相杀。

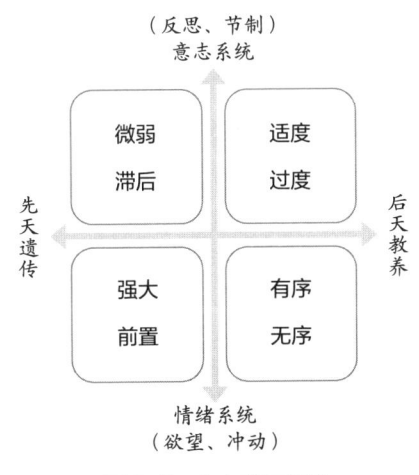

图 3-8　自主意愿矩阵

当意志和情绪步调相反又互为阻力时，情况最揪心。此时，情绪和意志是对抗关系，此消彼长。对抗的结果只有两种：一是"输家"，情绪碾压意志，情绪冲击意志，大象控制骑象人，人陷入放纵状态，完全失去自主意愿。二是"勇士"，意志战胜情绪，意志压制情绪，骑象人制服大象，人处于内耗状态，仅有微弱的自主意愿。

当意志和情绪步调一致且互为动力时，形势最顺心。此时，情绪和意志是合作关系，相互强化。合作的结果也有两种：一是"王者"，意志和情绪协调统一，一起奋斗，积极主动，我们拥有强大的自主意愿，获得坚毅（grit）[1]的品质，兼有激情和毅力。二是"懦夫"，意志和情绪协调统一，一起躺平，消极被动，我们彻底放弃自主意愿，完全躺平，失去动机和斗志。

我希望自主人们至少做个"勇士"，力争成为"王者"。即便再无知、无能、无奈、无力、无助，也不能放弃自主意愿。一个人如果放弃努力和选择，就会陷入被控制的奴隶状态，"输家"和"懦夫"跟动物、机器和死人没什么区别。为此，我们必须坚守自主意愿的底线，持续增强意志，赢得内心之战，共建内心和谐。从凡人到精英再到英雄甚至泰坦，升级的关键因素是自主意愿，核心是意志。每个英雄，都是强大意志的化身。

处理意志和情绪的关系，可以采用两种模式。

第一种是微观对抗模式：意志通过反思，重塑认知，调节和改造情绪，赢得内心之战。

总体而言，微观对抗是一条充满艰辛的试炼之路。意志难以对抗情绪的原因有二：一是情绪无形。意志虽然可以通过反思直接改变意识的、言语层面的认知，但很难影响无意识的、非言语层面的情绪，只能间接调控，事倍功半。二是意志有限。意志虽然可以暂时奋力扛住恐惧、焦虑和不安的压力，短期内压缩安全的需求，释放自由的可能，但是意志的耐力有限，这个过程无法持续。当我们痴迷于一件事情时，情绪的大象发了疯似地往前跑，意志

---

[1] 心理学家安吉拉·达克沃思（Angela Duckworth）提出坚毅的概念，特指个体在面对长期目标时展现出的持久激情和毅力，可以通过实践、教育和个人发展来培养。坚毅的个体在面对困难和挑战时，更有可能保持积极态度并寻找解决方案。它是预测学术成就、职业成功和个人成就的重要因素之一。

的骑象人再怎么拖拽认知的缰绳也没用。或者，我们对事物失去兴趣，大象完全躺平，骑象人全场梦游。

即便如此，意志仍有发挥作用。主要思路是积极作为、曲线救国，通过反思重塑认知，进而调节和改变情绪。事实证明，不管是快刀斩乱麻，还是慢工出细活，意志在做认知和情绪间矛盾的"和事佬"时，总能部分发挥"治标"作用。

比如，一个男生遇到一个女生，心中顿感暖流涌动，心想"这个女生让我心动了"。男生对身体感觉的爱情叙事，会构建并强化他的情绪体验。但如果意志想抢插一脚，可以重新检视身体感觉，然后用"刚喝的茶有点烫"来替代爱情叙事，结果就完全不同了。

再比如，一个人心情不好，板着脸，而板着脸的行为本身又会强化他的情绪体验。"美国心理学之父"威廉·詹姆斯（William James）认为，是行为带来的生理反应影响情绪。因此，只需意志参与反思，激活"詹姆斯说过，心情不好是因为板着脸"的认知，刻意微笑，操控嘴角上扬，心情就会好起来。

第二种是宏观引导模式：意志选择环境，改变行为，激发和利用情绪，共建内心和谐。

这是一种无为而治、顺势而为的"治本"思路，就是通过抓两头、放中间，改变大环境的方式，改变情绪的来源和去向，从宏观上逐步引导情绪内核完成系统重建。如果用"水"来形容情绪，那么这次系统重建就是把情绪从"心灵之湖"改造成"心灵水库"，实现有序发电。为此要做两件事。

一是改变"水源"，即情绪的来源。要精心设计自己所处的环境，包括家庭环境、工作环境、城市环境等，确保环境会源源不断地提供优质刺激信号，激发积极情绪和良好动机。比如，提前精选优质的音乐、书籍、演讲，在空闲时收听，即可显著改善情绪、改进认知。进入AI时代后，我每次写作，都是用Suno实时生成应景的轻音乐，每一首歌都是在这个宇宙里第一次被人类创造出来并被听到，那种感觉特别奇妙。同时，要过滤、远离甚至阻断糟糕环境及刺激信号，避免消极情绪和负面冲动。简单地说，删除手机里的垃圾软件，关闭各类广告推送，睡前把手机放远点，避免被潜伏在手机里的恶意设计挑起完全不必要的情绪波动。

我们继续类比游戏。如果意志是耐力值SP，那么情绪就是法力值MP（magic point）。在游戏里，释放华丽的招数需要MP；在生活中，做出厉害的事情也需要情绪能量，如一篇激情的文章、一场温情的演讲、一段热情的舞蹈等。在情感MP的加持下，一切变得充满魔力与魅力。MP跟SP一样，会被消耗，能够恢复，可以提升或弱化。人的MP和SP同步用完时，会体验到一种心力交瘁的感觉。但是，与意志SP不同，情绪MP恢复更快，只需提供特定的感觉刺激信号即可。你对当前任务百无聊赖时，切换成朋友聊天，大脑立马兴奋起来。从工作切到游戏，也能快速激活情绪。

二是改变"水道"，即情绪的去向。要合理选择输出方式，多选情绪的升华和释放之道，少用退行和压抑之法。把情绪用于爱与创造，更容易留下子嗣、作品和分身等传奇，带来愉悦、沉浸和意义等幸福感，是明显的优先策略。遗憾的是，仍有许多人选择娱乐和游戏，结果空有耗损而没有增益。建议依靠意志，设计环境，助推更健康的情绪转化行为。

继续类比游戏，这些不同的输出方式，好比游戏里的招数，MP消耗额度和攻击数值都不同。理想化的招数，应该是输出后带来最大收益的，最好是附带MP恢复特效。如使用GenAI创作，既可以学到技能，又能留下作品，还会在过程中体验到开盲盒的愉悦、钻研时的沉浸，以及作品分享后获得反馈的意义感。这类行为具有自动恢复机制，是最好的输出方式。

3.3.4 增强意志的三种路径

骑象人与象的相爱相杀，无论是微观对抗模式，还是宏观引导模式，都是以坚定的意志为基础。下面我将提出三种增强意志的思路，可以组合使用。

第一种是凡人路线：以技术创新接续意志。

凡人路线接受有限意志论，尝试在技术加持下，实现跨时空的意志接续。我每天写日记，记录和反思问题，把想到要做的事情列为任务清单，再用任务管理设置定时、重复提醒，之后按照要求执行任务，最后在行为量表里逐项评估自己的表现。过去十多年里，这套"日记—清单—量表"工具组合

（下部"任务管理"章节会详细介绍）帮助我做到了高效自我管理。我们的经验是，把有限的意志用在选择方向和方法上，并用技术工具把他的努力接续起来、固化下来、复制出来，从而放大有限意志的作用，实现更大时空范围的干预和影响。如果你觉得我的组合太复杂，那就先从清单记事做起。仅此一招，就可碾压多数不记事或靠脑子记事的人。如果你愿意尝试新事物，可以试着引入GenAI工具，训练自己的智能体（agent），作为意志代理，管理自己。

第二种是精英路线：以机制创新践行意志。

精英懂得在机制上下功夫，为有限意志创造发挥作用的良好环境。具体可以做三件事情：一是拆分问题。把相对难解决的大问题拆解为一系列较容易解决的小问题。这样只需一些"20秒勇气"，即可用瞬时爆发的意志"小宇宙"消除这些问题，以最小行动推动更大改变。二是设计行为。凡事预则立，不预则废。要在开始之前开始，推动意志提前介入，改变特定行为的时间和成本，从而调控其未来发生的概率，把隐患消灭在萌芽阶段，让意志"不战而屈人之兵"。三是精力管理。人的毅力、耐力水平跟他的体力、精力基本成正比，强化意愿先要养精蓄锐，重点是坚持良好睡眠、健康饮食和适量运动。其中，良好的睡眠对增强意志、改善情绪、提升能力有立竿见影的效果。适度的运动则可以改善身体机能，甚至提高意志阈值。

第三种是英雄路线：以理念创新增强意志。

凡人路线和精英路线都以接受意志反思论、自由否决论、有限意志论等假设为前提，重点思考如何发挥有限意志的更大作用，完全忘记改变意志本身的可能。英雄路线则不同。为了成为泰坦，英雄需要强大的意志作为支撑，为此，英雄必须挑战三大假设，探寻获取超人的无限意志的可能。

相关实验结果表明，面对相同的困难，相信意志有限的人更容易放弃，相信意志无限的人更可能坚持。好标签带来好表现的皮格马利翁效应（Pygmalion effect）和坏标签带来坏表现的高莱姆效应（Golem effect）似乎都在这里成立。人们的意志表现与其信奉的意志假设直接相关。

我不相信世上存在无限意志，但我相信有人拥有超级意志。这些超级意志的拥有者，都是超强自主的英雄。他们是超凡的少数人，而非平凡的多数人。他们属于幂律分布的极端斯坦，而非高斯分布的平均斯坦。所以，在强调普通人和平均值的和平年代的学术研究里，他们很少露面。但在战乱年代、革命年代里，在人物传记、历史纪事中，到处都是拥有超级意志的英雄故事。

这里我们必须区分三种人，即拥有超级意志的人、拥有超强能力的人、拥有超多资源的人。对于能力极强、资源极多的人而言，任何问题都没有那么难，所以他们不需要太强的意志，也可以有效解题。相反，拥有超级意志的人，往往是在面对远超其能力和资源禀赋的超级难题时，才变身"超级赛亚人"，以超级意志的无穷主观能动性，弥补能力和资源的短板。比如抗美援朝的志愿军战士，在武器装备和物资给养都跟不上的情况下，要对抗强大的美帝国主义，只能诉诸革命战士的超级意志。

我心目中拥有超级意志的英雄，信奉"知其不可为而为之""没有条件创造条件""把不可能变成可能"的信条，有极强的主观能动性，内心无比充盈。他们有精卫填海、愚公移山的决心，也有聚沙成塔、集腋成裘的耐心，更有开天辟地、扬名立万的雄心。面对巨大的挑战，他们无所畏惧、迎难而上。他们竭尽全力、毫无保留，所以即便功亏一篑，也是问心无愧，无损英雄的名号。

那么，如何从凡人和精英的弱意志理论，跨越到英雄的强意志实践？我想到以下"六个转变"。

一是用"自决说"替代"否决说"。"否决说"认为我们只有拒绝的权利，只能通过拒绝来做出选择。但你也可以试着接受经典的自由意志信仰，相信自己可以自由、主动地做出选择。相信"自决说"可以让你抢先一步构建可选项，而不是等待选项出现后再做选择。

二是用"骨骼说"替代"肌肉说"。"肌肉说"认为意志像肌肉一样可以耗竭、恢复和磨练。我提出"骨骼说"作为升级版，意志要做精神世界的骨骼。骨骼比肌肉强韧，不易耗损，也可修复，是更好的比喻。意志甚至可以做精妙的外骨骼系统，可编程、可改造。

三是用"长跑说"替代"冲刺说"。"20秒勇气"的故事假定我们只有秒钟级冲刺跑的气力，而没有小时级马拉松的耐力。你可以试着想象，意志力不只是 20 秒的强度，而是 200 秒、2000 秒甚至 20000 秒的韧劲，即便无法真的达成，也能取乎其上，得乎其中。

四是用"斗争说"替代"妥协说"。弱自由意志的本质是妥协意志。无法克服难题，只能处处妥协。但你可以试着安装升级斗争意志模块，打破一团和气，与内心斗争，与他人竞争，与世界抗争。敢于用意志改造自己、他人、世界和未来，留下伟大的传奇。

五是用"微操说"替代"大局说"。"大局说"强调大局观，意味着抓大放小，把有限的意志用于所谓的大局把控，而放弃许多细节处的调优尝试。"微操说"强调微操作，意味着时时提醒自己，依靠超级意志来扛住压力，放大时间，多线程、勤切换，高频调节安全和自由之间的矛盾，调和认知和情绪之间的矛盾，调停环境和行为之间的矛盾，把学习、工作、生活从逆境中解放出来，甚至触底反弹、强势翻盘。

六是用"驾车说"替代"骑象说"。"骑象说"框定了意志的弱小和情绪的强大，一开始就把人置于一种被动关系里。我提出更为主动的"驾车说"，我们的身体是汽车，意愿是驾驶员。启动发动机和踩油门，就是激活情绪，推动汽车前进。使用方向盘和刹车，就是诉诸意志，决定车的方向。"驾车说"不存在割裂和对立，只有整体和协同。此时意志对情绪有更多主动性和掌控度。

接受上述六个改变，你将变成英雄的崇拜者。将"自决说""骨骼说""长跑说""斗争说""微操说"和"驾车说"落到实处，用于超越主体、时间和空间的奋斗，你将办成许多原本办不成的大事，在实践中展现出超级意志的品质，变成真正的英雄。

本节思维导图如图 3-9 所示。

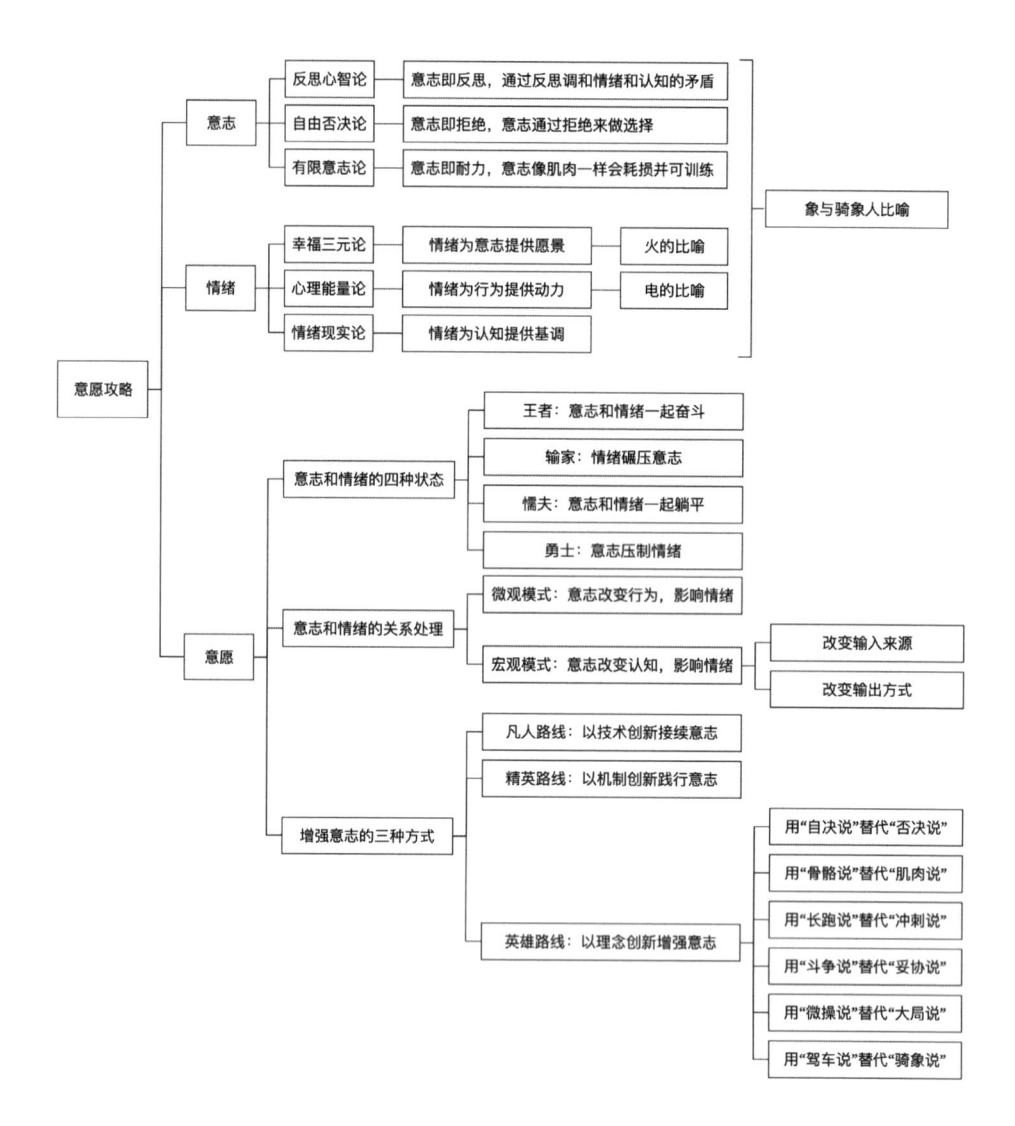

```
                    ┌─ 反思心智论 ── 意志即反思，通过反思调和情绪和认知的矛盾
           ┌─ 意志 ─┼─ 自由否决论 ── 意志即拒绝，意志通过拒绝来做选择
           │        └─ 有限意志论 ── 意志即耐力，意志像肌肉一样会耗损并可训练 ─┐
           │                                                                    ├─ 象与骑象人比喻
           │        ┌─ 幸福三元论 ── 情绪为意志提供愿景 ── 火的比喻              │
           ├─ 情绪 ─┼─ 心理能量论 ── 情绪为行为提供动力 ── 电的比喻              ┘
           │        └─ 情绪现实论 ── 情绪为认知提供基调
意愿攻略 ──┤
           │                              ┌─ 王者：意志和情绪一起奋斗
           │        ┌─ 意志和情绪的四种状态┼─ 输家：情绪碾压意志
           │        │                     ├─ 懦夫：意志和情绪一起躺平
           │        │                     └─ 勇士：意志压制情绪
           │        │
           └─ 意愿 ─┼─ 意志和情绪的关系处理┬─ 微观模式：意志改变行为，影响情绪
                    │                     └─ 宏观模式：意志改变认知，影响情绪 ─┬─ 改变输入来源
                    │                                                           └─ 改变输出方式
                    │                     ┌─ 凡人路线：以技术创新接续意志
                    └─ 增强意志的三种方式 ┼─ 精英路线：以机制创新践行意志
                                          │                                  ┌─ 用"自决说"替代"否决说"
                                          │                                  ├─ 用"骨骼说"替代"肌肉说"
                                          │                                  ├─ 用"长跑说"替代"冲刺说"
                                          └─ 英雄路线：以理念创新增强意志 ──┼─ 用"斗争说"替代"妥协说"
                                                                             ├─ 用"微操说"替代"大局说"
                                                                             └─ 用"驾车说"替代"骑象说"
```

图 3-9　本节思维导图

3.4　本章小结

本章介绍了自主性三要素——资源、能力和意愿的内在逻辑，初步讨论了拓展资源、提升能力、强化意愿的思路和方法。至此，本书的上部，即理论部分结束。在下部里，我们将分不同场景，讲解不同的问题的解决之道。希望大家在问题解决过程中持续提升自主性。

本章思维导图如图 3-10 所示。

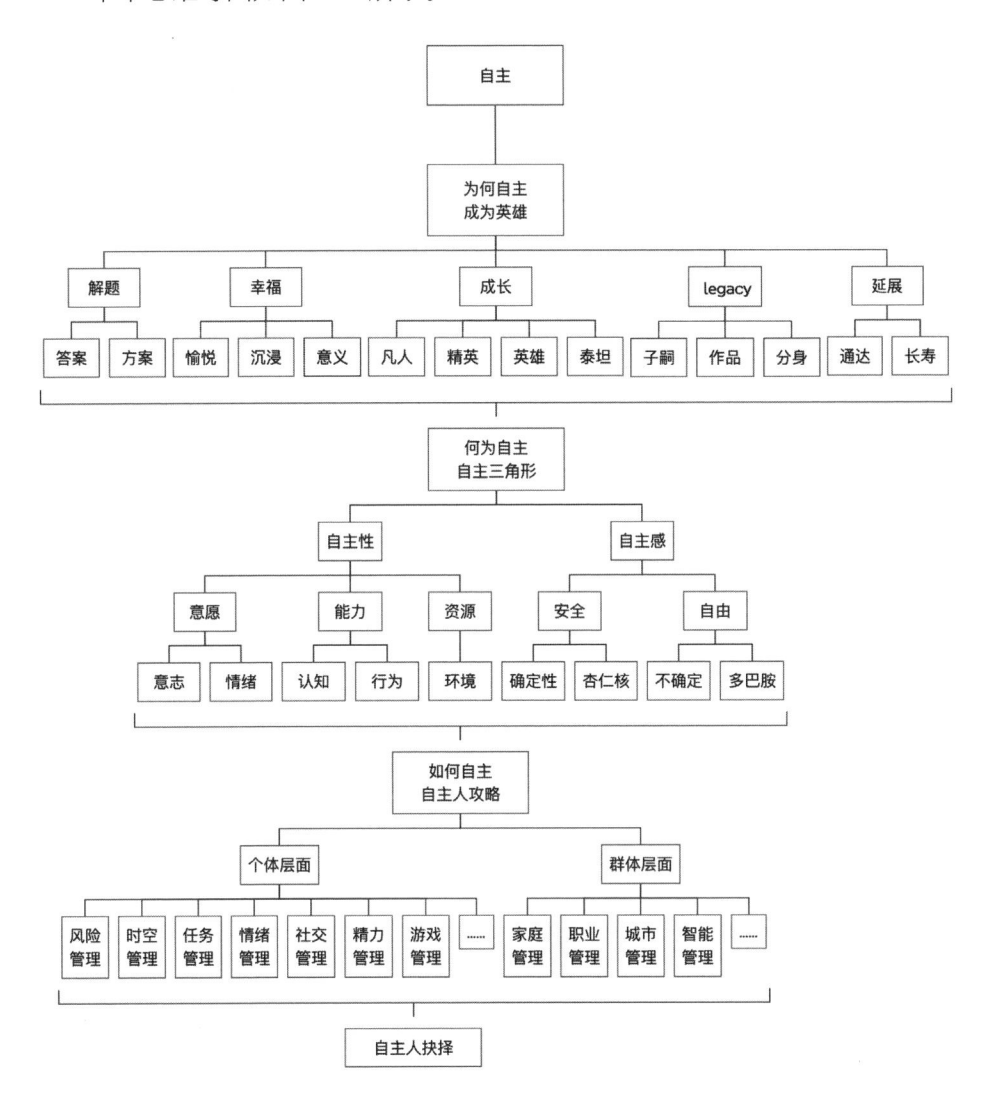

图 3-10　本章思维导图

PART 2
下部

自主人攻略：
自主论的主要建议

> 人是一根绳索，连接在动物和超人之间。
> ——尼采《查拉图斯特拉如是说》

AUTONOMY

自主论：何为自主以及何以自主

古希腊神话中最伟大的英雄赫拉克勒斯曾遇到两位女神，一位许诺他平凡安逸的快乐，一位则给予他充满艰辛的荣耀。赫拉克勒斯毅然选择后者，踏上英雄之旅，历经十二试炼，最终完成伟大征程，飞升天庭，与诸神共伍。[1]

每个自主人都是自己的赫拉克勒斯，都应该踏上自己的英雄之旅，都要直面自己的伟大试炼，都会在勇敢解决自己的现实难题过程中持续提升自己的自主水平，留下伟大的传奇，获得成长和幸福，最后由凡人、精英晋级为英雄乃至泰坦。

为了帮助自主人，特别是年轻人更快完成试炼，我梳理当代青年普遍面对的共性问题，并给出解释问题的参考答案和解决问题的参考方案。下部共十二章，分别讨论风险管理、时空管理、任务管理、精力管理、情绪管理、社交管理、游戏管理、家庭管理、职业管理、城市管理、智能管理等问题，并针对不同难题，分析原因并给出建议。

这些难题看似"福尔图娜之轮"（The Wheel of Fortune），限制自主人追求自主、实现自主，好像背后都有永恒不破的矛盾，没有彻底消解的方法，但又都有另辟蹊径、曲径通幽的办法。自主论试着针对不同阶段、不同段位的读者，提供不同角度、不同维度的答案和方案。

---

[1] 赫拉克勒斯的"十二项试炼"（Labours of Hercules）包括：杀死尼墨亚狮子（Nemean Lion）并剥下其皮，杀死九头水蛇海德拉（Lernaean Hydra），捕获金角鹿（Ceryneian Hind），捕获厄律曼托斯野猪（Erymanthian Boar），清洁奥吉厄斯的牛厩（Augean Stables），驱赶斯廷法洛斯湖的怪鸟（Stymphalian Birds），捕获克里特岛的公牛（Cretan Bull），驯服狄俄墨得斯的食人马群（Mares of Diomedes），取得亚马逊女王希波吕忒的腰带（Girdle of Hippolyta），取得巨人革律翁的牛群（Cattle of Geryon），摘取赫斯珀里得斯的金苹果（Hesperid's Apples），从冥界捉回三头犬刻耳柏洛斯（Cerberus）。

第四章　风险管理

> 除了"无常",一切都不肯停留。
>
> ——珀西·雪莱(Percy Shelley)《无常》(Mutability)

自主人攻略要面对的第一个问题,就是面对充满未知未定的世界,如何做好风险管理,从而活得更久更好。这个问题的答案与我们的外部世界与内心世界的一组必然矛盾直接相关。

我们的外部世界,是确定和不确定、可知与不可知、可说与不可说、可控与不可控、可用与不可用的混搭,是平均斯坦和极端斯坦的合体。随着AI技术的出现,它变得愈发复杂和混沌。它就像诗人约翰·弥尔顿(John Milton)在《失乐园》(Paradiselost)中描绘的万魔殿(Pandemonium),混乱中有机会,机会中有混乱,充满矛盾和挑战。

我们的内心世界,则是安全和自由、杏仁核模块和多巴胺模块的组合。安全和自由是自主的重要组成部分,是自主感的基本心理组件。大脑中的杏仁核模块和多巴胺模块,是自主感的安全需求和自由追求的神经生物基础。自主的安全需求和自由追求一起在前端发挥作用,杏仁核模块和多巴胺模块则在后台默认运行。

安全需求和杏仁核模块喜欢确定性,杏仁核模块督促我们关注安全,害怕意外和新奇可能带来的威胁和伤害。自由追求和多巴胺模块则偏爱不确定性,多巴胺模块怂恿我们追求自由,希望意外和新奇能够带来机会和可能。显然,这里存在一个近乎无解的基本矛盾:

人类渴望安全(确定性)与追求自由(不确定性)之间的矛盾。

这是站在万魔殿的入口,我们必须直面的第一个矛盾。面对这一矛盾的不同选择，将我们分为三种人。三种人在处理确定和不确定、安全和自由关系上的不同立场，决定了他们的风险管理模式。其中，第一种人采取保守策略，坚持安全优先，放弃自由以换取安全。第二种人采取激进策略，坚持自由至上，牺牲安全以争取自由。第三种人采取均衡策略，坚持自主优先，尽力维持两者均衡。下面我们将具体介绍这三种风险管理的策略。

4.1 保守策略：安全优先，无为而治

保守策略的要义是安全优先，努力消除风险点，以确保自己活着。只要活着，就有机会。理论上说，一只长生不老的猴子在一台打字机上胡乱敲打，经过亿万年的尝试后，就有机会写出《莎士比亚全集》。演化的智商近乎零，假以时日却能创造出无比精妙的生命，生命再创造出极其复杂的机器，甚至创造出AI等新物种。因此，只要游戏持续进行下去，保守者终能取得胜利。

为了帮助我们更深入地理解上述逻辑，塔勒布将遍历性（ergodicity）[1]概念引入风险讨论，并教我们区分集合概率（ensemble probability）和时间概率（time probability）。当某人的时间概率与群体的集合概率相等时，他便实现了遍历性。以俄罗斯轮盘赌为例说明，这个疯狂的游戏在6发装的左轮手枪里上1发子弹，随机转动后，由玩家拿起枪挨个朝自己脑袋扣扳机。如果6个人玩1轮游戏，那么会有5个人获胜，胜率为83.33%，这就是集合概率。如果1个人去玩6轮游戏，他的胜率（不确定）就是时间概率。

塔勒布批评了许多经济学家和统计学家，指出他们混淆了群体的集合概率与个体的时间概率，经常用集体概率去指导个人实践，把人带到沟里。经济学家和统计学家的错误在于预设了每个人都会获得遍历性。是的，我们不能因为6个人玩俄罗斯轮盘赌能赢5个，就相信自己玩6次能赢5次。面对不确定，要做好第一轮就可能爆仓出局（ruin）的准备。

---

[1] 遍历性是一个统计学和物理学中的概念，它描述了一个系统在足够长的时间内，其统计特性可以通过观察一个单独的、足够长时间的轨迹来获得。换句话说，如果一个系统是遍历的，那么时间平均等于集合平均。这个概念在热力学、统计物理、信息论、控制理论以及金融数学等领域都有应用。

获得遍历性的关键，就是不出局。不能活着，再高的胜率也与你无关。相反，只要活着，胜率再低，也有成功的一天。正因如此，塔勒布坚定地奉行"生存第一"的法则。在他看来，理性只有一个内涵，就是帮助生存，避免毁灭。

今天活着的所有人类，都是自然演化和社会发展的适应者和幸存者，心智系统中都预安装了许多风险防控手段和自我保护机制，它们反复被时间和实践证明有效，利于生存。最典型的莫过于人类认知偏差中的保守倾向，如零风险偏好、负面偏差、损失厌恶等。在复杂环境中，这些偏好和偏差使我们在面临利害抉择时，倾向于保命，由此提高生存率。

4.1.1 保守策略的特点

如今，人类已经不必再担心冰河时代的寒霜与剑齿虎的利爪，但是保命基因还在默认发挥重要影响，具体表现为我们心理与行为过程中的四个特点。

一是感觉阶段求全。易受FOMO效应困扰，生怕错过重要信息，关注来自各个渠道的信息，导致信息过载，备感焦虑压力。我们总是忍不住拿起手机，查看网络，确保自己没有错过什么。塔勒布认为，这会导致人们盲目自信，产生更多对知识的幻觉。

二是判断阶段求安。对一切可能的坏消息采取"宁可信其有，不可信其无"的消极防备态度。极端者黑化为黑暗森林里的猎手，不惜干掉一切发光的对手。这些做法，都会带来极端化、夸张化的认识和表达。

三是决策阶段求稳。凡是别人干过的，就模仿和追随。凡是过去干过的，就守旧和延续。如果别人和过去都没干过，就慢慢来，先放放，拖延甚至放弃，或者干脆避重就轻，讨论一些无关的问题。美国学者劳伦斯·彼得（Laurence J. Peter）曾调侃，一堆人开会讨论核电站规划问题，核反应堆图纸等大家都看不懂的专业问题被默认通过，反倒是大家都能看明白的停车场雨棚建设问题被反复讨论，成了会议的焦点。很多会议都是如此。

四是行动阶段求多。为了确保搞定问题，宁可多储备一些资源，多投入一些资源，导致冗余和冗员。吉仁泽在《风险与好的决策》（*Risk Savvy*）里指出，93%的医生曾采取防御性医疗行为，还有一些医生会采取积极的防御性医疗，即过度治疗。回家喝喝水睡两天就会好的感冒，一定要让你打两瓶点滴才行。这样可以显示医生很重视，治疗后效果立竿见影。久而久之，类似的做法成了常态。在集体情境下，这种做法会引发连锁反应，带来自上而下的逐级加码。在竞争中，保守主义可能导致彼此以最坏意图假想对方，最高武备提防对方，导致形势恶化和对抗升级。20世纪的美苏冷战，就是一个例子。

4.1.2　保守策略的优势

保守主义在意愿和能力方面要求较低，资源方面要求较高。使用得当，效果不错。以决策为例，模仿和拖延的组合，就是所谓的顺其自然、无为而治，以不变应万变，具体表现为少决策、轻决策、慢决策和不决策。"四策"看似有躺平的嫌疑，实则有躺赢的奇效。

一是少决策，按惯例办事。不管你承认与否，当后视镜中的路是直的时候，前方的路通常也是直的；后视镜里路弯时，前方的路也弯。虽然刻舟求剑在关键时刻会出问题，但多数情况下，用老办法解决问题都会奏效。因为太阳底下没有新鲜事，而且许多问题都是老生常谈或新瓶装旧酒，所以"能不动尽量不动""能不改尽量不改"。

二是轻决策，靠直觉判断。吉仁泽发现，面对高度复杂、不确定的世界，相信直觉，使用启发式思维的简单法则，往往比相信理性，使用逻辑和推演的复杂计算表现更好。复杂计算需要海量的数据和庞大的算力作为基础，而现实世界的问题往往不具备这样的条件。很多时候，小白的直觉判断甚至比那些"半桶水"的逻辑推理质量更高，"少即是多"效应出现。吉仁泽在《简捷启发式让我们更精明》（Simple Hecrristics That Make Us Smart）一书中写道："在给定领域中，拥有较多知识的群体比拥有较少知识的群体经常做出更加不准确的推断。"比如，他让美国和德国的学生去猜圣地亚哥和圣安东尼奥哪个城市更大，结果美国学生不如德国学生猜得准，因为德国学生对美国的城市缺乏了解，完全从城市知名度出发选择（听说过哪个就选哪个），美国学生则知道较多，可以推演思考，反而效果不好。也就是说"让我想一想"输给了"哪个眼熟选哪个"，现实世界就是这么讽刺。

三是慢决策，让子弹飞一会。管理学家彼得·德鲁克（Peter Drucker）曾讲过，日本官僚擅长拖延，把问题拖到自己消解。面对不确定情况，采取有意识或无意识的拖延，是一种编码在生物基因中的原始反应。危机时刻动物装死、人类僵直，都是用时间换空间的思路，通过拖延，创造缓冲，发现机会。先观察后决断，先思考后行动，也都是慢决策的表现。很多时候，时间会让形势更加明朗，条件更加成熟，问题更加清晰，解题更加容易。据此，弗兰克·帕特诺伊（Frank Partnoy）在《慢决策》（*Wait*）一书中提出一个反常识的建议，即延迟道歉，等让受害者充分表达情绪、了解情况后再说"对不起"。其他学者的研究也通过实验发现，道歉的时机与最终的满意度之间存在积极的联系。在冲突中，道歉来得越晚，实验参与者所报告的满意度就越高。帕特诺伊推崇后发制人。他认为，一旦明确了所需的决策时间，就应该尽可能地拖到最后一刻再做出决定。等待越久，结果就越好。为了做出更好决策，最好给未来足够的时间，在你面前充分展开。

四是不决策，让机器代替人脑。决策式AI在影像识别、自动驾驶、智能战争等领域已经取得很大进展。GPT等GenAI出现后，机器必将在更多领域表现出超越凡人的判断和决策能力。随着越来越多的人把决策权交给机器，数字保守主义必然兴起。不过考虑到AI基于人类数据来训练模型，存在放大人类认知偏差、路径依赖和决策失误的可能，所以我反对让机器做决策。另外，机器无法承担法律和伦理责任，所以机器只能辅助决策，不能替代决策。人类必须为最终的结果，尤其是恶果，负全部责任。

上述四种策略，我建议大家根据实际场景，酌情使用，组合使用。特别是延迟模块（慢决策）应该作为一项基本技能，全面掌握。在自主论里，它与前置模块（在开始之前开始）是对立统一的双子星。

4.1.3 保守主义的短板

保守主义绝非万全之策，短板也不少。重点谈三点。

第一，随时可能被出局。在使用保守策略时，我们真需要一颗大心脏，或较好的抗压能力，或干脆愚钝一点，初生牛犊不畏虎、眼不见心不慌。然而，尽管在多数情况下保守策略能让人蒙混过关、侥幸过关、涉险过关，但是再小的风险，重复尝试后也可能累加为爆仓危机。平均一米深的河，趟的人多了，也会淹死几个。尤其是在GenAI降临的技术变革年代，不进则退，因循守旧，无异于坐以待毙。

第二，容易被人割韭菜。保守主义者受认知偏差和路径依赖的影响更大，容易被他人算计。卡尼曼提醒我们，要留意环境中被操控的信息线索。无论是合法的广告宣传，还是违法的电信诈骗，都在利用保守主义者的固化观念和刻板习惯，试图给他们的思想和行动下套。GenAI让量体裁衣地诱骗保守主义者变容易了，所以更要谨慎。对看到、听到的东西要始终留有疑义，有所保留。

第三，放大人类劣根性。世界很复杂，问题很困难，只要稍微放松精神，人就会往后退，暴露、放大三大先天弱点，我称之为"懒""笨""贪"，分别是意志层面的懒散倾向、认知层面的愚笨倾向和情绪层面的贪欲倾向。大家可以自我检查下，平日里面对风险的时候，自己都犯过哪些所有人类都会犯的错。

4.1.4 保守主义的位阶

崇尚保守的日本人认为，"无"本来就是一种超越否定和肯定的存在。我们可以把保守主义者推崇的"无为"分成三个层次，由低到高分别是：

三流的无为，真的什么都不做，睡觉、发呆、完全躺平。这种无为，往往出于无知和无能。无知所以看不到躺平所面临的各种风险，无能所以在看到风险后也不知道怎么做，只能坐以待毙，自求多福。很少有人承认自己是三流的无为，但随着"佛系"群体的崛起，这种低阶无为者正成为这个时代的滥觞。来自GenAI的压力，也可能驱使更多人放弃努力，选择躺平。

二流的无为，根据自由意志来选择不做什么，勇而不敢、强而不为。学会说不，是凡人和孩子拥有自我意识、自由意志的证明。有所为，有所不为的重点在不为，难点在判断。所以，这种无为，对保守主义者的要求不低，要有足够的见识、才能和保障，才敢在可做可不做的时候选择不做。

一流的无为，前期积极谋划和作为，夯实基础后，顺势无为，无为而无不为，全盘躺赢。结合前期引入的 ABC 理论，不难理解，一流的无为在 A 阶段有为，B 阶段无为。中国传统智慧中的无为，应是这种。高阶无为者赢在大局，功在前期，谋划时多用心，执行时放轻松。古希腊神话里，英雄奥德修斯（Odysseus）赢得特洛伊战争之后，决定返回家乡。经过海妖塞壬（Siren）的领地时，水手对奥德修斯说，塞壬的歌声极美，会引得听众坠海身亡，劝他绕道。但对新奇事物充满好奇心的奥德修斯决心体验一把，于是命令手下把自己绑在桅杆上，并要求他们都戴上耳塞，在穿过危险水域之前，无论如何都不要把自己放下来。于是，奥德修斯听到了海妖之歌，也规避了生命威胁。后来罗马人盗版这个神话，把奥德修斯改名尤利西斯，便有了尤利西斯契约（Ulysses Pact）的说法。提前和未来的自己做好约定，然后履约行事，就是一流的无为。

我推断，多数保守主义者羡慕一流无为的境界，自认为达到二流无为的水平，实际上处于三流无为的状态。我个人对三流无为持否定态度，这不是自主人应有的状态。自主人如果选择保守主义策略，那么做到二流无为应是基本要求，做到一流无为则是奋斗目标。

4.2　激进策略：自由至上，积极创新

激进策略的基本思路是自由至上，积极探索未知的可能性，在大胆创新中不断解决问题，不断收获高成长和高回报。激进主义者的关注点，不在于回避爆仓点，而在于找到爆发点，追求指数级增长与回报。

古人曰，"苟日新、日日新、又日新"。今人说，"无创意、不创新、毋宁死"。如果安全优先的保守策略是第一序改变，只想改变系统的组件（要素），那么自由至上的激进策略是引入行动科学创始人克里斯·阿吉里斯（Chris Argyris）提出的第二序改变（Second-Order Change），大胆改变组合

（结构）和组块（功能），改变系统本身。

除去英雄和泰坦等特高阶玩家和特殊存在，安全优先的保守主义者更多是怕事的小孩和怕死的老人，而自由至上的激进主义者则更多是初出茅庐、未经世事的青年。青年有两大特点：一是没有积累，没有包袱，没有什么可以失去的。自由创新打破的只是枷锁，获得的却是全新可能。二是拥有时间，可以持续尝试，即便尝试失败，也还有下次机会。这是青年的特点，时间资源和身体资源多，经济资源、政治资源和社会资源少，可以通过创新做资源交换和投资。所以，每个时代的变革者往往都是青年，他们是重新塑造自己、家庭和社会的创新者。

从短期来看，当人的能力相对稳定时，创新与否的关键在个人意愿强度和资源水平。一方面，创新需要勇气支持。创新虽在中文语境下是褒义词，但在西方语境下是中性词。激进策略催生的创新、实践、试错，本质上都是打破旧组合、创造新秩序的尝试，可能带来好结果，也可能带来坏影响。所以，创新者必须敢于选择和承担可能的后果，这需要坚强意志的支持。同时，认知会为我们助力。自利倾向、参照倾向等偏见会促使我们进行选择性关注，只收罗对自己有利的信息，针对性地与他人的短板作比较，从而贬低他人，抬高自己，构建起良好的自我感知。绝大多数人相信，他们的能力水平高于平均水平，因此，更加乐观和勇敢地进行创新实践。中国人称之为"无知者无畏"，万一创新成功，那就是"傻人有傻福"了。同时，创新也需要物质保障。我的建议很明确：当资源仅够支持一次尝试时，不要去创新。因为守旧能保障基本收入，创新却可能满盘皆输。相反，当资源不足以支持一次尝试，或者可以支持多次尝试时，要大胆创新。对前者而言，没有什么可以失去；对后者而言，就算失败又能怎样？弹药充足时，你可以先开枪后瞄准；弹药充足到一定程度时，你甚至可以对着门板随意乱射一通，然后走上前去画个靶子。GenAI技术降低了创新的门槛，放大了收益，给了人们更多尝鲜创新的机会。

下面介绍重视创新的激进主义的主要特点。

4.2.1 激进主义的特点

相比于保守主义，激进策略在不同阶段的表现如下。

一是感知阶段求新。认知科学家乔治·米勒（George Miller）形容人类是贪婪的"食信息动物"（information seeker）。激进主义者是专吃新信息的动物，永远无法满足。他们中一些人可能是携带DRD4-7R变体基因的"重口味者"，对旧信息和小刺激起不了兴致，必须有持续的意外才能激发快感。

二是判断阶段求大。激进主义者积极乐观，甚至盲目自信。他们似乎更容易想象成功而非失败，收益而非成本。看到芝麻小的机会，就会想起西瓜大的未来。

三是决策阶段求快。他们不会考虑太多，而会凭直觉决断。他们非常果断，甚至极端冒险。他们眼中的万魔殿是一副天堂模样，所见所思都是最新最好的事物，所以决断起来非常迅速。多数时间里，他们的骑象人处于梦游状态，意志力完全不见踪影。

四是行动阶段求变。他们标新立异，爱玩花样，总是把弄一些新理念、新机制和新技术。他们的工作因此多样，生活因此多彩，但是和他们搭伙的家人和同事如果不是同类，会比较辛苦。很多人都在工作中遇到过创新意识特别强、几乎朝令夕改的上司。他们的优点是敢于推翻之前的自己，缺点是太会推翻之前的自己。

在开放世界和开拓时代，激进主义往往备受推崇。2020年之前，国内外主流的声音都倾向于认同创新，认为变革必然带来好结果。因为在很长的一段时间里，世界都处于全球化和上升趋势，乐观主义漫溢于各个领域。同时，虚拟时空的开发、互联网和数字经济的发展，带动科技、文化和商业精英在创业创新中成为开拓者和冒险家，他们中的幸存者，经常把自己的成功归因于自由创新的激进策略，全然不顾失败后在黑暗中沉默的大多数。

但在2020年之后，逆全球化趋势和反对数字化的浪潮出现，经济持续下行，资本寒冬来临。风停了，潮水退去，那些曾经风光无限的"会飞的猪"，原来只是一只只"裸泳的猴子"。特别是2022年GenAI出现后，这种割裂的状态进一步恶化。人们开始切换激进方式，从外向拓展型激进主义向内卷消耗型激进主义转变。2024 年，我们看到这一趋势愈演愈烈。

4.2.2　激进策略的短板

激进策略也有其局限性，主要包括三点。

第一，激进策略倾向于用新办法解决问题，遇到老问题时，可能效果不如成熟的老办法。同时，打磨新办法，也需要付出时间成本和机会成本。所以，保守力量反对这种需要付出代价的自由主张，批评它是一种幼稚的骄傲。多数时候，都是保守主义胜出，因此，历史上只有少数时期是革命年代，多数时间都很稳定，甚至沉闷。

第二，激进策略存在多个风险点，其中不乏爆仓点。这些问题就像阿喀琉斯之踵（Achilles' heel）[1]，众所周知但难以消除。俗话说，常在河边走，哪能不湿鞋。更有甚者，不幸跌入河中，遭遇负面"黑天鹅"[2]，一败涂地，满盘皆输。激进策略的尴尬在于，它许诺的多，兑现的少。你可以用它换取许多小创新、小成果，但一旦失败，可能就是大崩盘、大溃败。

第三，激进策略如果涉及计划和计算，还可能会遇到规划谬误（planning fallacy）[3]，即"计划跟不上变化""人算跟不上天算"等。人脑对未来的计划和问题的计算，通常都偏向于乐观和模糊，所以激进主义在执行过程中受阻甚至受挫是家常便饭。

4.2.3　激进主义的应用

诚如前文所述，激进主义在对外时，容易吃瘪。但是对内时，非常适用。

---

[1] 阿喀琉斯之踵是一个来自古希腊希腊神话的成语，用来比喻即使是最坚强或最有能力的人或物也有其致命的弱点。这个短语指的是希腊英雄阿喀琉斯，他的母亲忒提斯（Thetis）为了让他拥有不死之身，将他浸入冥河。但因为她是抓着他的脚踵使他沉入水中的，所以他的脚踵成了唯一的弱点。后来，阿喀琉斯在特洛伊战争中被帕里斯（Paris）射中脚踵，因此身亡。

[2] 黑天鹅理论是由纳西姆·尼古拉斯·塔勒布提出的，它指的是那些不可预测、影响巨大的稀有事件，这类事件往往在发生后才被人们所理解和解释。黑天鹅事件的特点包括不可预测性、影响重大以及事后可解释性。

[3] 规划谬误是行为决策理论中的一个概念，指的是人们在预测完成一项任务所需时间或资源时，倾向于过分乐观，低估实际所需。这种现象由卡尼曼和阿莫斯·特沃斯基（Amos Tversky）提出，他们指出，人们在进行预测时，往往基于内在的、过于乐观的假设，而忽视了过去的经验或现实世界中更广泛的数据。

第四章 风险管理

自主论认为，自由至上的激进主义非常适合自我革命。在勇气加持下，个人通过意志的反思，实现怀疑、拒绝、创新"三步走"，重构安全的底线，释放自由的可能，人的能力得到提升。这"三步走"构成了自主论的重要心智模块——"通用反思模块"，可以帮助我们重新认识和解读各种问题。它是我基于经验总结的理论假设，与自主三角形一样，未必正确，但是有效。你可以用它逐项反思自己曾经认为是绝对真相、真理的各种人事物，来获得全新认识，从而能力得到提升。

意志反思的第一步是怀疑。意志通过反思，关注并质疑自动加工给出的默认选项，迫使自动加工作出合理化解释。罗素说过，人之所以为人，在于我们具有质疑的能力。怀疑是勇气的起点，让我们重新检视一切过去被认为理所当然的东西，包括内部世界的看法和做法，以及外部世界的事物和关系。留意内心深处每个瞬间的疑惑，努力呵护这个微弱的火种，忍受它的灼烧，任它不断长大，持续发光发热，直至扫尽心中的雾霾。如果你的内心没有疑惑，那就主动钻木取火，通过设问"假如"（What if），开启一段反事实想象（counterfactual thinking）[1]，探索更多可能的平行空间。对个人社会而言，思想文化、科学技术、政治理念领域的许多伟大变革，都是由怀疑旧范式、旧规范开始的。对个人而言，怀疑松动了自主三角形中安全和自由的关系，使之有了重建的可能。

意志反思的第二步是拒绝。意志继续反思，拒绝对旧有默认选项的合理化解释，迫使自动加工给出新的选项。拒绝是勇气的延续，是投给怀疑的支持票。当我们开始怀疑旧事物、旧观念时，旧体系的维护者——左脑解释器

---

[1] 反事实想象是一种心理过程，其中个体考虑了与过去发生的事实相反的情况。换句话说，它涉及想象事情如果以不同的方式发生会怎么样。这种思考方式可以帮助人们理解事件、评估决策，以及从经验中学习。反事实想象可以分为上行反事实想象（upward counterfactual thinking，考虑比实际结果更好的可能结果）和下行反事实想象（downward counterfactual thinking，考虑比实际结果更糟的可能结果）两种。反事实想象对情绪调节、自我改进、问题解决、社会比较都有一定作用，但它并不总是有益的。过度的上行反事实想象可能导致后悔和自责，而过度的下行反事实想象可能导致自满和缺乏动力。因此，平衡这种思考方式以促进积极的情绪和行为改变是非常重要的。

（left-brain interpreter）[1]——就会自动给出合理性解释，解释无效后甚至会采用威胁的方式，逼我们就范，即放弃怀疑，回归信仰。这些解释和威胁就像尝试浇灭怀疑火种的风雨，而拒绝就是我们捍卫火种的盾牌。如果你感觉自己快顶不住了，可以试着反问自己"那又怎样"（So what），即可启动另一种反事实想象，帮助我们缓解部分焦虑和压力。的确，如果我们不接受大脑的辩解和胁迫，继续怀疑原先的观点，最坏的结果是什么？会死人吗？如果不会，那有什么好怕的！还有一种更加简单粗暴的技术——就是我们前文反复提及的"20秒勇气"，顶住一切压力向前冲，不顾一切地改变思想和行动，说不定20秒后你会发现，原本想象的最坏的情况并没有发生，而你已经把不可能变成可能了。对自主而言，拒绝的任务就是给怀疑助力，持续探索安全的底线，为释放自由的可能创造机会。

意志反思的第三步是创新。意志停止反思，接受新的选项，从而间接打破了旧惯性，创造了新可能。创新是勇气的结果，是对怀疑和拒绝的奖赏。创新的结果可能好，可能坏，可能带来福泽，也可能带来破坏，但无论如何，它都会带来改变。参照三重心智理论，怀疑、拒绝属于反省心智，创新则属于算法心智和植物心智。大脑多数时间处于自动驾驶模式，不断在过去经历、环境线索以及偶然因素的作用中，随机生成一些卡片，默认接受并输出，表现为各种思想和行动。唯有骑象人醒来，挥动缰绳去驾驭大象时，卡片才会被迫刷新。怀疑和拒绝就是不断抽卡，直至满意，然后通过不再怀疑和拒绝来接受这种输出，这就是创新的本质。为了刷出符合心意的卡片，你可以持续追问自己"还有什么"（What else），最大程度压榨大脑的余力。对自主而言，创新的任务是探索各种安全和自由的新组合，帮助重建自主三角形的稳态平衡。

---

[1] 左脑解释器是由认知神经科学家迈克尔·加扎尼加（Michael Gazzaniga）提出的一个概念，用来描述大脑左半球的一种功能，即尝试解释和理解行为、事件或信息，尤其是当这些信息不完整或模糊不清时。加扎尼加的研究主要集中在大脑两个半球的功能分工上。传统上认为，左脑主要负责逻辑、语言和顺序处理，而右脑则与直觉、空间感知和创造性思维相关。在裂脑研究（研究那些两个大脑半球之间连接被切断的个体）中，加扎尼加发现左脑在解释和构建事件的叙述方面起着关键作用。例如，在一些实验中，当右脑接收到一个指令或信息，而左脑没有接收到时，左脑解释器会为右脑引起的行为提供一个看似合理的解释，即使这个解释与实际原因不符。

弗洛伊德和我都很喜欢古希腊神话中俄狄浦斯（Oedipus）的故事。这个故事从某种意义上说，就是怀疑、拒绝、创新的故事。俄狄浦斯是带着矛盾降生的，那是一个神谕，预言他要弑父娶母。为了逃避命运，他的父亲试图杀死还是婴儿的他，未果。后来俄狄浦斯阴错阳差地在不知情的情况下杀死了父亲，娶了母亲。本来他可以懵懂地活在假象里，继续保留王位和权势。但他在怀疑和逃避之间，选择了真相。即便怀疑会打开潘多拉之盒，他也在所不惜。结果，俄狄浦斯用怀疑精神撕碎了和谐的谎言，因而接近命运的真相。勇气就是在面对恐惧时仍然能行动的能力。俄狄浦斯是一位勇者，不仅有怀疑一切的勇气，更有拒绝逃避的勇气。他在调查对自己不利的时候，拒绝了妻子兼母亲停止调查的要求，拒绝了用谎言包庇自己的可能。他的勇气让他失去了过去的一切，又获得了未来的一切。勇敢地追寻真相、拒绝向命运妥协的俄狄浦斯，最终来到雅典，死后葬在那里，与代表理性与智慧的雅典娜一道，成为这座自主城邦的守护者。[1]

最后，大家如果觉得通用反思算法的怀疑、拒绝、创新"三步走"还太复杂，可以进一步简化。揪住某个问题，带着怀疑和勇气，反复追问自己3W问题（"What if"，"So what"，"What else"）。第一个问题怀疑过去的平衡，第二个问题拒绝当前的解释，第三个问题创造未来的可能。连续追问几轮，全新的思想和行动便会自然涌现。

---

[1] 俄狄浦斯是古希腊神话中的一个著名悲剧人物，他的故事在索福克勒斯（Sophocles）的悲剧《俄狄浦斯王》（Oedipus Rex）中得到了深刻的艺术表现。根据神话，俄狄浦斯是忒拜（Thebes）国王拉伊俄斯（Laius）和王后约卡斯塔（Jocasta）的儿子。出生时，一个神谕告诉他的父母，他将来会弑父娶母，为了避免这个可怕的预言成真，拉伊俄斯命令仆人将还是婴儿的俄狄浦斯杀死，但仆人出于同情，将他送给了科林斯的牧羊人，后来科林斯国王波吕玻斯（Polybus）和王后墨洛柏（Merope）收养了他。成年后，俄狄浦斯在不知情的情况下，无意中实现了神谕的预言。他在逃离自己养父母的途中，由于一场争执杀死了自己的亲生父亲拉伊俄斯。之后，他解开了斯芬克斯的谜题，拯救了忒拜城，被人民拥戴为王，并在不知情的情况下娶了自己的母亲为妻。当俄狄浦斯最终发现自己身世的真相时，他陷入了深深的自责和痛苦之中。他的母亲约卡斯塔在绝望中自杀，而俄狄浦斯则刺瞎了自己的双眼，并开始了自我放逐的流浪生活，以此来惩罚自己的罪行。俄狄浦斯的故事不仅是古希腊神话中的一个经典悲剧，也深刻影响了西方文化，特别是在心理学领域，弗洛伊德将所谓的恋母情结与俄狄浦斯联系起来。此外，《俄狄浦斯王》这部作品也被视为古希腊悲剧的典范，展现了人与命运的冲突，以及个人意志与不可抗力之间的斗争。

4.3 均衡策略：大小结合，以小搏大

有学者说，我们渴望的是有序的无序。我们在无序中追求有序，在有序中追求无序。自主论认为，我们寻找的是安全的自由、确定的不确定，在安全基础上追求自由，在确定中追求不确定。

弥补激进策略的不足，让自由有安全的底线，需要引入保守策略的长处。同时，改进保守策略的短板，让安全有自由的可能，必须引入激进策略的优势。最后，殊途同归，无论向左转还是向右转，路的尽头都是保守与激进的有机结合，即追求两者均衡的第三条道路。

显然，应对确定性与不确定性的矛盾，均衡策略是更佳选择。它包括两个子策略，分别是大小结合的杠铃策略和以小搏大的杠杆策略。

4.3.1 大小结合的杠铃策略

如何达成安全与自由、保守与激进的对立统一，塔勒布在书中反复讨论相似的问题，并明确提出杠铃策略作为建议：组合面上的极端保守（消除爆仓点）和点上的极端冒险（寻找爆发点），在留有冗余、确保始终有多次机会的基础上，随机漫步，尝试捕捉正面"黑天鹅"。

有效的杠铃策略会带来近似生命体的反脆弱性（Antifragility）[1]——受到冲击后不会毁灭，反而获得更大成长——也就是尼采说的"杀不死我的让我更强大"。这种大局保守、安全优先和局部激进、自由至上的组合策略，主要特点就是大小结合、组合两端。

杠铃策略有较强的适应性。古往今来，许多知名人士靠它逆袭成功，从凡人晋升为精英、英雄甚至泰坦。常见组合是找一份收入稳定的工作，养活自己和家人，维系可靠的安全，同时用业余时间持续创作，争取意外的成功，追求可能的自由。这种组合的优势明显，尝试失败，无伤根本，万一成功，

---

[1] 反脆弱性是塔勒布在其著作《反脆弱》中提出的概念。这个概念与脆弱性相对，描述了一种特殊的性质，即某些系统、事物或个体在面对压力、冲击、混乱、波动或不确定性时，不仅能够抵抗损害，还能从中获益和成长。

咸鱼翻身。最典型的案例是早年上班审专利、下班写论文的诺贝尔物理学奖得主爱因斯坦，以及上班数钱、下班码字的诺贝尔文学奖得主托马斯·艾略特（Thomas Eliot）[1]。

如果你的出身一般，但想复刻前人的成功，可以考虑走"草鞋党路线"——先找一份能赚钱的职业，再搭一个可能留下作品的兴趣——脚踏实地，仰望星空，持续投入，厚积薄发，最差结果是平凡一生、平安一生，最好结果是一飞冲天、一鸣惊人。印度伟大的数学家斯里尼瓦瑟·拉马努金（Srinivasa Ramanujan）曾在小公司当基层办事员，然后用闲暇时间把西方200年的数学理论独立推导出来，后来通过给同时代的大数学家戈弗雷·哈代（Godfrey Hardy）写信，终于把自己弄到了剑桥大学，从此名扬天下。著名作家弗兰兹·卡夫卡（Franz Kafka）也走过基层办事员的路子，也算成功。我父亲青壮年的时候，在单位是一个笔吏，回到家是一个作家，到老了退休的时候，他出了多本小说，还拿了大奖。不少他那个年代的体制内知识分子都会选择类似的道路。

如果你不介意的话，还可以学习卢梭的经验，通过爱情和婚姻关系找到稳定的经济来源。卢梭一路走来很不容易，作为半个"草鞋党"，他16岁跟了28岁的华伦夫人，才有时间阅读大量书籍，自学成才，最终成名。这是典型的以时间资源和身体资源投资文化资源和技术资源。

你也可以考虑学习家境贫寒的德国哲学家康德的做法，不仅当草鞋党，还当单身族。康德一辈子没有出过远门，没有结婚，57年如一日的安排，每天都有近10个小时学习，4个小时写作，终于憋出一堆大招来。

最后，杠铃策略还有一个辅助工具包，就是低调战术。特别是"草鞋党"，为了坚持到胜利的一天，必须沉住气，避免过早曝光，过多出头，导致虚名超越实力，引来不必要的麻烦。请经常复习金玉定律，清楚什么时候做柔和的美玉，什么时候做发光的金子。在充满不确定性的世界里，世事无常。小人物活着就有希望，"草鞋党"坚持就有机会。

---

[1] 艾略特从哈佛大学毕业后，曾在劳埃德银行（Lloyds Bank）工作八年时间。尽管工作与文学无关，但他还是坚持在工作之余继续写作，发表了代表作长诗《荒原》（*The Waste Land*）。

4.3.2 以小博大的杠杆策略

如果你和我一样，也是达·芬奇综合征患者（Da Vinci Syndrome）[1]，兴趣爱好广泛，什么都会一点，但都不是特别精通，或是身兼多项特殊技能的多面手和梦想家，那你最好学会如何把握"关键少数"，抓住主要矛盾和矛盾的主要方面，学会杠杆策略。

杠杆策略就是找到举重若轻的支点，然后反复尝试，以小投入来争取大产出，这是以小博大、四两拨千斤的思路。混沌理论（Chaos Theory）认为，起点上的一点小差异最后会造成不成比例的反应。既然阿基米德可以用支点撬动地球，金融家、投资人可以用杠杆放大自己的风险和收益，你为什么不能找到或创造属于自己的人生支点呢？

我们可以寻找支点。这些支点往往是一举多得的事情。以工作为例，我们可以考虑寻找职业（job）、事业（career）和召唤（calling）三大定位的结合点，或避害、趋利和得道三种价值的结合点，抑或兴趣（interest）、专精（mastery）和利基（niche）三件事情的结合点。假设你选择了最后一套方案，那么首选方案就是找到一份自己喜欢、擅长且有收益的工作，把它作为人生使命，这样每一笔投入都有三重回报。次选方案是找擅长且有收益的本职工作，然后把喜欢的事情作为业余爱好，两者形成杠铃组合，这样至少可以一石二鸟。注意，此间的收益，可以根据你当前的发展需要来定义，可以选择精神价值，也可以选择物质回馈。建议先物质后精神，先活下去再活得更好。最后，支点找到后，我们要做的就是多尝试，不断从小投入大产出的杠杆结构中获益。怀斯曼指出，运气是尝试的结果。所以不要轻易爆仓出局，确保自己有多次尝试机会。可以为杠杆策略搭配杠铃策略，提高支点的稳定性和回报率。

我们也可以创造支点。归根结底，支点是对世间普遍存在的非对称现象的利用。除了前文说过的能力提升比资源增长快，前AI时代生活中常见的非

---

[1] 达·芬奇综合征并非正式医学术语，而是比喻某些人具有类似达·芬奇的特质，如多才多艺、创造力强，但可能伴随着注意力分散或难以完成项目等。

对称性已经包括：坏的影响远比好的大（至少三倍），破坏远比创造容易，失败的概率远比成功高，技术进步比政策制定快，人们证真多过证伪，数量胜过质量，劣币淘汰良币，结果大于过程（参见峰终效应），差异胜过共性，以及少数派控制多数人[1]，等等。到了AI时代，还会出现新现象，如懂AI的人将碾压不懂的人，有AI的人碾压没有的人，用AI的人碾压不用的人。认识和利用好非对称性，可以帮助我们提升竞争力。更高阶的做法，是主动对行为策略进行非对称改造，使之拥有以小搏大的特殊属性。

基于上述理念，我设计了非对称化改造工具，分三步走，可以试着把普通行为改造为非对称行为。当这种非对称性带来的结果利大于弊时，新的支点就诞生了。

第一步，设法增加收益。把目标定为"追求10倍的增长而非10%的提升"，迫使自己做结构性调整和颠覆性创新，通过系统功能调整、结构改变和要素增减，或者理念、机制和技术创新，争取爆发式、指数级的增长。比如，把公众号粉丝量短期内增长10倍作为目标，重新思考公众号的受众定位，并彻底革新内容与形式。

第二步，设法降低成本。从不同角度和阶段出发改造行为，引入ABC、MAP等模型，降低启动和执行的时间、精力、经济、心理成本等。若与他人合作，则努力完善机制，实现风险共担、利益均沾，坚决剿除一切搭便车者。比如，在AI辅助下，对自己的自媒体创作流程进行标准化、流程化和部分自动化，从而降低未来尝试行为的成本。

第三步，设法消除爆点。采用管理学家加里·克莱因（Gary Klein）的预先尸检法（pre-mortem），想象未来该非对称行为可能导致的灾难性后果，然后剖析可能的原因，找到根源后今天提前解决，防患于未然，从而彻底杜绝

---

[1] 塔勒布在《非对称风险》中描绘了一种名为"少数派主导"的非对称现象，即顽固的少数派只要占到总人数的3%~4%，并全身心投入风险共担，捍卫自己的切身利益，就有可能让整个群体服从于他们的偏好和选择。比如，花生过敏的只是少数人，但是学校和飞机上都不提供花生酱。英国穆斯林数量只有总人口数的3%~4%，但是市场上清真食品的比例很高。南非也是如此。少数派主导现象发生需要两个条件：一是平均分散。顽固的少数派不是生活在特定区域，而是平均分散在人群里。二是成本不高。温和的多数人适应顽固的少数派不会带来成本的巨大提高。如果提高，则主导现象就难出现。

爆仓出局的风险，做到"不输"。试着想象，有一天你的自媒体帐号被限流了，可能会是什么原因，然后今天就设立规则和底线，设置尤利西斯契约，避免自己犯错。

谚语说得好，如果你同时追逐两只兔子，那么最后必将一无所获。均衡策略包含杠铃组合与杠杆组合，允许你同时追逐多只动物，但其中必须有一只是今天确定能追上、拿来填肚子的，其他几只则是追上后可以吃一段时间或者吹一辈子牛的。所以，在选定角色和策略后，请精心挑选你的捕猎对象。最后，风险也好，收益也好，确定也好，未知也好，安全也好，自由也好，保守也好，激进也好，杠铃也好，杠杆也好，一切选择权都在你自己。你必须做出选择。

4.3.3　保守与激进的参考配比

我喜欢足球，总爱用足球作类比。如果说保守策略是龟缩防守，激进策略是全员压上，那么杠铃策略应是一种兼顾防守和进攻的平衡战术。但是，平衡不是平均。考虑到激进可能带来收益的同时也可能带来损失，所以最好是两者的配比能扛住这些损耗。

我能找到最好的参考系，是鲍迈斯特在《坏的力量》中指出的那样，正常生活中的好事和坏事的比例是 3∶1，而且 1 件坏事带来的负面影响需要约 4 件好事的积极效果来弥补。参考这个标准，则自主人的杠铃策略应默认采取 4∶1 来配比保守策略和激进策略，即大局用安全导向的保守策略，80%以上的问题和场景求稳；局部用自由导向的激进策略，20%以内的问题和场景求变。按照足球的逻辑，就是 8 名后卫和中卫，2 名前锋。这是一个让我们稳中有进、在不败的前提下争取获胜的防守反击战术。但如果进入经济下行期，遭遇负面"黑天鹅"的概率会增加，那么还要进一步提高保守策略的配比，甚至提高至 9∶1，就是 9 名防守队员和 1 名锋线球员的组合。

参照自主人的均衡策略，我们可以假定社会也存在均衡策略。不同类型的社会都是保守分子和激进分子不同比例的组合体。他们始终是一种时而对抗、时而合作的对立统一关系。历史上，激进分子负责开拓，保守分子负责耕耘。组织中，激进分子负责创业，保守分子负责守成。体制内，激进分子推动改革，保守分子维护发展。

我推测，一个具有反脆弱性的社会，其保守分子和激进分子的配比应为3∶1。我大概有四点参考依据：第一，著名社会心理学家阿希（Solomon Asch）做过一个经典从众实验，测试人们在多数人指鹿为马的情况下，是否会在社会压力下选择歪曲事实。实验发现，四分之三的人会有从众行为，另外四分之一则坚持独立思考，根据自己的判断做出正确的决策。也就是说，行为从众者和独立思考者的比例是3∶1。[1] 第二，"积极心理学之父"马丁·塞利格曼在成名之前做过一个习得性无助实验。该实验旨在测试（最初是小动物，后来是大学生）在恶劣环境下，是否会通过学习形成一种对现实的无望和无奈的行为、心理状态。结果发现，有三分之一的被试永不放弃躲避，不论我们做了什么，多少次实验。也就是说，内心脆弱者和坚强不屈者的比例是2∶1。第三，卡尼曼与阿莫斯·特维斯基（Amos Tversky）在研究预期理论和框架效应时做过一个实验，主要测试人们在不同情境下的选择策略。结果发现，四分之三的人会选择控制风险，另外四分之一则凭着冲动做出冒险选择，更敢于坚持自己的观点，更敢于追求自由，更敢于冒险。两者表现最大的差别在于对待不确定性与未知的态度。也就是说，保守策略者和激进策略者的比例是3∶1。第四，前文我们提过，四分之一的人类携带有DRD4-7R多巴胺受体基因变异，其他人则没有。也就是说，天生安稳者和天生冒险者的比例还是3∶1。

上述研究都暗示，保守分子和激进分子的比例有基因基础，天然配比可

---

[1] 阿希在校园中招聘志愿者，号称这是一个关于视觉感知的心理实验。实验在一间房间内举行，形式非常简单，就是给被试呈现两张纸，一张纸上印着一条线段，被试需要在另一张印有几条线段的纸上找出与刚才那条长度相同的线段。实验需要测试多组不同的被试，7~9人一组，每组人要做18个测试。当志愿者来到实验房间时会发现，屋子里的7个座位已经坐了6个人，只有最后一把椅子空着。你会以为别人都来得比你早，但是你肯定没想到那6个人其实都是阿希的助手，来当托儿的。接着好戏就上演了。测试的答案都是极其简单的，只要是智商正常、没有喝多的人都不太可能答错。在回答问题的过程中，被试们是按座位顺序一个接一个回答问题的，这样每次志愿者总是最后一个回答。在18次测试中，实验助手有12次故意出错，当然他们是一起给出相同的错误答案。结果，这项测试志愿者们的最终正确率为63.2%，而没有干扰、单独测试的对照组正确率是99%。而且，75%的人至少有一次从众行为，也就是选择了跟助手们相同的错误答案。有5%的人甚至从头到尾跟随着大部队一错到底。只有25%的人可以一直坚持自己的观点，同时也是正确的观点。

能是3∶1。显然，我们可以挑战这个观点。因为不同时期、不同地区的社会差异很大，保守分子和激进分子的配比也不同。至少四个因素会影响社会的配比选择。

首先是自然环境。特定的环境吸引特定的人群。新大陆曾经是一块充满机会的地方，所以旧大陆的许多激进分子会往那边跑。同时也因为新大陆有更多资源，所以激进分子在那边更容易扎根，用他们的方式生活，进而繁衍后代，增加冒险者基因在新大陆的比例。例如，温州曾是一块贫瘠的土地，所以温州人自古以来爱做两件事情，一是围海造地，二是出去经商，环境选择了激进分子的基因，使得冒险家在温州更多一些。

其次是文化氛围。特定的人群改造特定的环境。激进分子在某个时段、区域相对集中后，他们会改变该时空的文化氛围，构建起一种外向型文化，鼓励人们积极冒险。这种文化会让激进分子在婚姻市场里更有市场，从而留下更多后代。另外，可以预见，未来激进分子也会更早使用基因编辑技术，更早与AI共舞，更早向碳基与硅基融合的方向发展。人力资源专家珍妮弗·康维勒（Jennifer Kahnweiler）在《安静》（The Art of Ouiet Influence）一书中指出，美国崇尚一种外向理想型的社会文化，以至于内向的人不得不改变自己去适应社会环境。这种氛围在中国却正好相反，迫使外向的人只能去适应。

再次是经济态势。不同时期有不同的动态平衡。以美国为例，早先的移民主要是激进分子，追求的是财富自由和宗教信仰自由等，所以天高皇帝远的新大陆是个好地方。晚期的移民更多的是保守分子，希望到一个安全的国度，享受更有保障的生活。以中国为例，大统一年代显然保守分子的配比更高，大分裂时期显然有利于激进分子。同时，经济波动会改变社会中激进分子和保守分子的比例。经济上行期时，人们更加乐观，一些基因上的保守分子，也会因为财务条件的改善，加入激进分子阵营。2000多年前，商业发展带来的古希腊富裕群体稍加抖擞精神，就在爱琴海岸的米利都（Miletus）撒下了西方哲学的种子。经济下行期时，人们更加悲观，一些基因上的激进分子，也不得不勒紧裤腰带过紧日子，加入保守分子阵营。全球人均收入的下降曾在两次世界大战的间隔时期推动德国和日本转入独裁统治,进而引发全球性的惨烈战争。

最后是教育水平。根据能力水平,保守分子和激进分子还可以继续细分为四类,即高知激进分子、高知保守分子、低知激进分子、低知保守分子。显然,任何一个社会首先需要高知激进分子和高知保守分子,他们从理性出发讨论到底该改革还是维稳,推动社会在交锋中前进,是社会的中流砥柱。其次是低知保守分子,他们是生存第一的信徒,无条件地支持社会稳定,是任何一个时代的主流群体。最后才是低知激进分子,他们是孩童、赌徒和流氓无产阶级。他们为了破坏而破坏,为了冒险而冒险。他们初生牛犊不畏虎,往往知之甚少,有限的认知又支持着他们的狭隘的看法。他们是社会最大的不稳定因素。而且,他们会无知地混淆前个人状态(pre-personal)和超个人状态(transpersonal),陷入超人本主义心理学家肯·威尔伯(Kenneth Wilber)所谓的"前超谬误"(pre-trans fallacy)中。许多低知激进分子会自以为洞悉世间道理,看开一切,所以放下,其实纯属井底之蛙和夜郎自大。心理医生摩根·派克(Morgen Peck)在《少有人走的路》(The Rood Less Traveled)中精准点评道:"为了放弃,首先必须拥有某种事物。你不可能放弃从来没有的事物。"所以,任何一个社会都要设法提高教育水平,尽可能地减少低知激进分子的比例。

所以,在复杂的世界和不确定的未来组成的"万魔殿"里,不存在绝对标准的答案。不管是4:1还是3:1,只是拿来参考的辅助线。任何个人和社会,都要在现实的摸爬滚打中,通过实践检验自己的假说,找到最适合自己的配比和均衡。

4.4 本章小结

本章从构成自主感的安全需求与自由追求之间的矛盾出发,提出在充满确定和不确定的世界里,我们可以采取三种策略来管理风险。一是安全优先、无为而治的保守策略,给出优劣分析和位阶排名。二是自由至上、积极创新的激进策略，分析特点后，建议将激进主义用于自我革命。三是大小结合、以小搏大的均衡策略，包括杠铃组合和杠杆组合，提出了草鞋党路线和非对称改造等实用技术。最后，我们还额外讨论了社会的均衡策略，即保守分子与激进分子应该按照 3∶1 的动态平衡来做配比。

本章思维导图如图 4-1 所示。

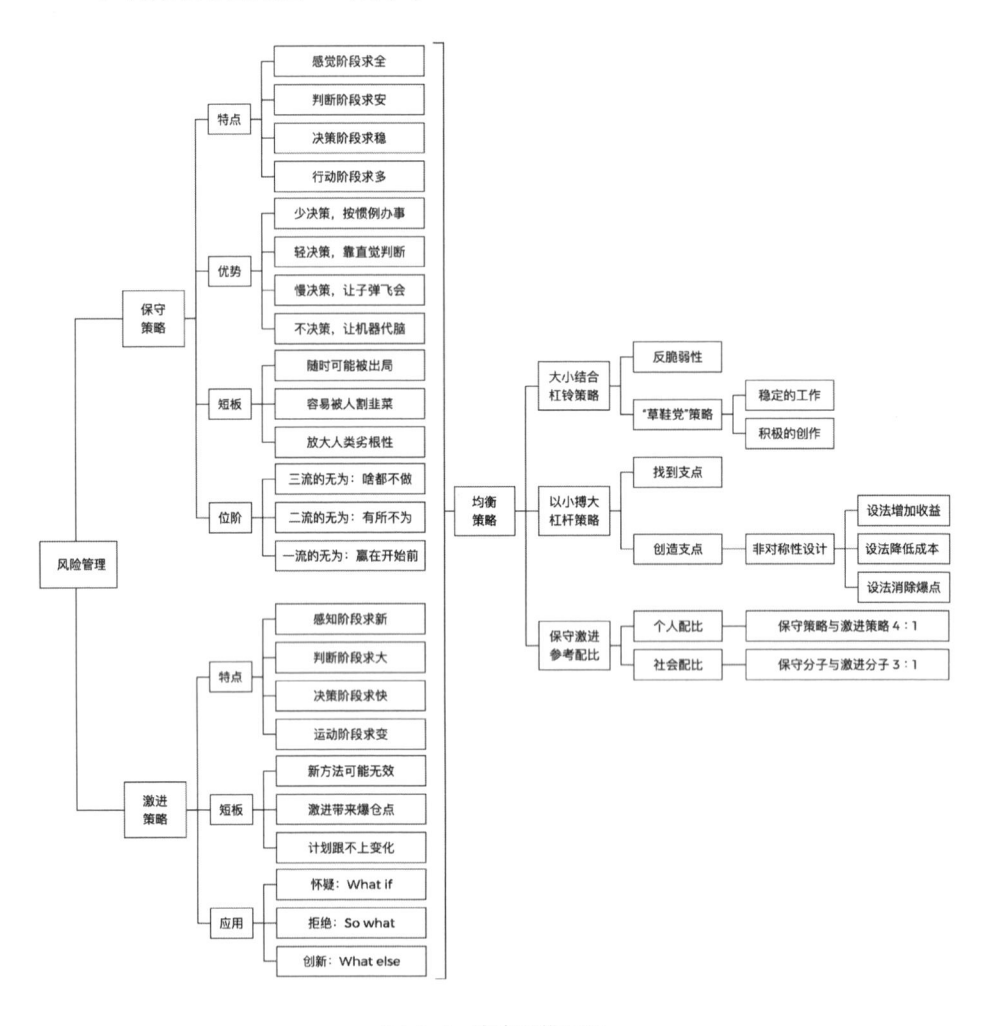

图 4-1　本章思维导图

第五章　时空管理

> 人们既看不到自己来自虚空，也看不到自己身处无穷。
>
> ——布莱士·帕斯卡（Blaise Pascal）《思想录》（Pensées）

年轻人要面对的下一个矛盾同样近乎无解：

有限的时空和无限的问题之间的矛盾。

中国的古人对此有过一段近乎英语的感慨："吾生也有涯，而知也无涯，以有涯随无涯，殆已。"是的，用有限去正面对抗无限，必死无疑。

死亡是唯一严肃的哲学问题，如"宏观经济学之父"约翰·凯恩斯（John Maynard Keynes）所言，从长远看，我们都难逃一死（In the long run, we are all dead）。中国古人想得更多，人固有一死，或重于泰山，或轻于鸿毛。百年之后，后人会如何评价我们？英雄还是废柴？优秀的先祖还是糟糕的前人？

他人和后人很可能会透过我们留下的传奇，来认定我们是什么样的人。我们从未如此接近永恒，AI时代降低了我们留下痕迹的门槛和成本，今天我们所做的一切，都会永远被代码记忆，这给了我们每个人证明自己曾经"来过""活过"的机会。同时，我们也面临前所未有的压力，不得不同所有数字时代的灵魂同台竞争，以期被他人和后人"记得""纪念"。毕竟，不是所有的过去都值得去记忆。传奇是自主性的产物，是我们解决问题、拓展时空、实现成长的记录和凭证。

所以，面对无解的矛盾，我们要做的不是给出完美答卷，而是只要比他人更好一点即可。我们的目标不是彻底消除有限和无限的矛盾，而是把用有限对抗无限变成一场游戏，并努力玩得更好，超越其他玩家。

如何以有限的时空应对无限的问题，取得更好的成绩，留下更大的传奇，我有三种思路：一是升级方法，用时间管理解决更多问题。二是转变视角，用空间思维替代时间思维。三是打开格局，用无限游戏替代有限游戏。

5.1 方法升级：用时间管理解决更多问题

针对问题，设定任务，管理时间，提高效率，这是多数上进青年的常见做法。我在时间管理方面有些经验，总结成三套逐级递进的时间管理解决方案，供大家参考。

5.1.1 时间管理 1.0：通过提高效率来节省时间

在 1.0 阶段，你是初出茅庐的小白，家里有父母，单位有领导，不能完全决定自己做什么、不做什么，也不能判别做什么对你好，做什么不好。这个阶段，我建议你引入经典的 GTD（Get Things Done）工具，按照作家戴维·艾伦（David Allen）的建议，通过记录、梳理、细化，把能做的任务尽量都做掉，推动所有问题的解决。操作时，建议把握三个要点。

要点一：具体化。明确任务的下一步行动（next action，缩写为 NA）。比如"待会饭后去跑步"的 NA 就是"给一起跑步的小伙伴发信息"，或者"提前把跑鞋放在门口正中间容易看到的位置"。明确 NA，是任务计划的核心步骤，是 GTD 奏效的关键。它把目标意图（goal intention）变成执行意图（implementation intention）[1]，把原本含糊的任务变成了清晰的易执行的最小行动。相比于目标意图，执行意图多了一步有意识的预演。NA 引导我们想象未来、思考细节，整合碎片思维，补全任务情境，大幅提高任务的启动概率，改善了执行效果。

---

[1] 目标意图和执行意图是心理学中行动控制理论的两个重要概念，由心理学家彼得·戈尔维策（Peter Gollwitzer）提出。目标意图是指个人对于想要达成的长远目标或愿望的声明，通常以"我想达到……"或"我的目标是……"的形式表达。目标意图的设定有助于提供方向和动力，是实现目标的第一步。执行意图则更加具体，它涉及实现目标的具体行动计划，通常采用"如果……那么……"（If...then...）的模式，明确指出在特定情况下将采取的具体行动。例如，"如果我在下午 5 点完成工作，那么就去健身房锻炼一小时"。执行意图的设定，有助于将目标转化为行动，通过预设特定的触发情境和相应的反应，增强了行动的自动性和实施的可能性。研究表明，与仅仅设定目标意图相比，结合执行意图可以显著提高目标达成的成功率。

要点二：数字化。建议你多用信息工具降本增效，做人机协同的半人马。我用过很多任务管理软件，早期用得最多的是 doit.im，后来改用滴答清单和微信的组合。AI 出现后，未来还可以考虑训练智能体作为助理辅助任务管理。

要点三：晨型化。日本人提出晨型的概念，即早睡早起，错峰行事。此举可以创造独处时间，助推深度工作。每天比人家更早开局、更好开局，可以确保一天的领先优势和良好状态。弗洛伊德点评道："每天早晨醒来时便好像重新降生。"早睡早起是古今中外成功人士的共性经验。中国古人说的闻鸡起舞，那不是一般的早。诺贝尔经济学奖得主、公共选择学派代表人物詹姆斯·布坎南（James Buchanan）家境清贫，大学时每日靠挤牛奶、打工赚取学费，他养成每天清晨四点起床、比他人多工作四个小时的习惯，终身受益。晨型若能额外搭配日记，以思考和写作开局，还可以带来持续的状态加持。另外，早起的人脑子里没那么多杂念，不纠结，不多想，抓起就干，效率奇高，更近于无意无必无故无我的理想状态。最后提醒一句，晨型必须建立在有效的休息之上，否则会导致状态崩塌，事倍功半。

更多关于时间管理 1.0 的讨论，将在下一章"任务管理"中继续展开。

5.1.2　时间管理 2.0：通过精简任务来节省时间

经历 1.0 阶段的努力奋斗后，你的能力水平和资源平台都有所提升。现在你可以部分决定自己做什么，但还是不断有新事务找上门来。"帕金森第一定律"认为，工作会自动膨胀，直至占满所有可用的时间。若不学会拒绝，则可能深陷泥潭。日本人写了一本《断舍离》，鼓励我们舍弃一切当前无用的东西。我推荐你从 GTD 升级到作家格雷戈·麦吉沃恩（Greg McKeown）提出的精要主义（Essentialism）。

麦吉沃恩一针见血地指出，如果我们自己不安排好自己的时间，就会有他人来安排我们的时间。他推崇"90% 法则"，即淘汰 90% 的任务，只做最重要的 10%。

淘汰 90% 的任务，意味着无价值无意义的事情、可做可不做的事情和吃不准的事情不做，或先放放。对于可能带来的心理负担，麦吉沃恩提议逆向试行（reverse pilot），直接实战检验，让子弹飞一会儿，看看结果，如果没事，以后就不做。我的补充是，把主动拖延视作自由意志的体现。你可以在内心焦灼时，试着做个思想实验，反问自己"有什么大不了的""如果这件事情先不做，最差的结果会是什么"。如果结果不是绝对的、必然的、灾难性的，那就先搁置。

最重要的10%如何评出，可以参考TED主理人克里斯·安德森（Chris Anderson）的经验，将感性和理性都认可的事情、该做之事和想做之事的合体，作为最重要的任务来优先处理，也可以等到下章"任务管理"时听下自主论的解决方案。

总之，时间管理2.0的基本做法是优先处理少数最重要的任务，延后甚至不处理其他任务。

5.1.3 时间管理3.0：通过创新模块来节省时间

你的能力和平台继续升级，现在从底层基层升至中层高层。你不一定达到英雄层次，但很可能已是精英段位。现在你可以自己说了算，甚至决定别人做什么。现在的你，不仅要站在自身和个体角度思考问题，还要站在他人和群体立场寻找答案。不仅要站在当下和眼前的角度思考问题，还要站在世界和未来的角度研究对策。这时候，我们需要时间管理3.0来应对新形势新挑战。

遗憾的是，我们已经找不到成熟的理论和方法指导我们下一步的升级。所以时间管理3.0是一个开放式的问题。这里我假定，3.0阶段的时间管理应如未来学家彼得·戴曼迪斯（Peter Diamandis）所言，追求指数型增长（exponential growth），必然是一系列颠覆式创新（disruptive innovation）的组合。那么，下面是一些可能值得探索的方向。

方向一：返璞归真，拥抱自然遗忘。道法自然，无为而治。完全摒弃时间管理的传统观念，采用"备忘+遗忘"模式，每天只用"外脑"随手标记两三件最重要的事情，把其他事情交给人脑中固有的自然遗忘机制。对于习惯了每天记录许多任务，对照提纲做作业的工作狂来说，这种模式很揪心，让人放不下，担心躺赢模式会异化为躺平甚至躺枪。但我相信，对于真正的领导者而言，这将是有益的尝试。

方向二：机器飞升，引入众机思维。彻底放弃纯粹的个人视角和"人脑+电脑"的思路，从领导者视角统揽全局，引入强有力的AI系统和助理团队，进而干预所有团队成员的时间管理。直白地说，就是改用一个或若干个AI加持的半人马秘书，替代传统的人类助理或普通软件，借助机器智能和群体智慧，筛选任务、启动任务、延续任务、完结任务。用秘书是古法，时间和实践证明有效。用半人马秘书，操作门槛不低，效果如何，有待实测。我猜会好。

方向三：思想更新，改变时间观念。彻底放弃过去时间观和当下时间观，改用未来时间观。心理学家大师菲利普·津巴多（Philip Zimbardo）在《时间心理学》（The Time Paradox）中指出，时间观会影响我们的判断和决策。[1] 以未来时间观为基础的管理任务，会更多考虑前一步行动（previous action，简称PA），以此为提示，设计更完整的行为链条。这也符合自主论反复强调的"在开始之前开始"的思路。比如，想象十年后的我们是什么样子，为了变成那样，我们应该做什么，不该做什么。然后更进一步细化，明确今天我们要做什么，即PA。北美东北部安大略湖附近印第安人的《易洛魁大法》（The Great Law of Peace）有言在先："对于每一个细节，我们都必须考虑对未来七代人的影响。"我们应有如此远见。

5.2　视角转变：以空间思维替代时间思维

时间管理的迭代优化，带来了更高的效能和更快的节奏。年轻时我们还

---

[1] 津巴多是一位享誉世界的心理学家，曾担任美国心理学会主席，以其在心理学领域的多项贡献而闻名，包括被广为人知的斯坦福监狱实验和广泛使用的心理学教材《心理学与生活》（Psychology and Life）。津巴多的时间观理论认为，个人对时间的认识决定了看待事物和生活的角度，也决定了个人的生活。为了帮助大家更好地判定自己的时间观，他开发了津巴多时间观念量表（Zimbardo Time Perspective Inventory），并把时间观分为关注过去的消极时间观（Past-Negative）、关注过去的积极时间观（Past-Positive）、关注当下的宿命主义时间观（Present-Fatalistic）、关注当下的享乐主义时间观（Present-Hedonistic）、关注未来的时间观（Future）五种。1997年，他又提出了超未来时间观（Transcendental-Future），包含了从想象中的肉体死亡到永恒/无限的时间阶段。

可以硬扛，中年时难免显露疲态。时间管理终究是一条内卷的不归之路，通往心力枯竭的人生尽头。诗人蓬热（Francis Ponge）在诗歌《树》（L'Arbre）里吟唱道："通过树的途径走不出树。"如何才能未雨绸缪，提前避免悲剧的发生？我百思不得其解，直到 2017 年的一天，缪斯女神带着灵感找到了我。

以空间思维替代时间思维，这就是答案。它是无奈，更是释怀。它给我以有限对抗无限的全新视角，由此生成许多全新的认识和表达。突然间，我的世界豁然开朗。我猛然发现，过去的我思考时间太多，关注空间太少。

用时间思维对抗无限问题，只会让人心力交瘁，茫然无助。因为时间只减不增，单向流动，不为任何人驻留。我们能够做到的极限，无非优化日程节省时间，或者集中注意放大时间，或者放慢心理时间的节拍。

但是，这些努力都是徒劳，且会快速耗尽我们宝贵的意志与精力。身心疲惫之后，道德许可（Moral Licensing）和补偿效应（Compensation Effect）便会趁虚而入，引起混乱，带来浪费。事后，我们又会懊恼、后悔、难过，然后再优化、聚焦、调整，然后再疲乏、再混乱、再流逝。时间就这样，在不经意间快速流逝，加速流失。[1] 庄子不禁发出感慨，人生天地之间，若白驹之过隙，忽然而已。

时间思维下所有解题的尝试，只会换来一句苦涩的"年轻真好"，以及无止尽的时间管理、任务管理、精力管理，没有最卷，只有更卷。然而，无论我们是多高等级的卷王，无论我们如何努力，永远都抓不住时间的尾巴，都永远只能看着时间背影远离我们而去。

更痛苦的是，我们可以预见，我们的后代也要经历这种苦难的轮回。那种绝望和无助，犹如圣斗士们好不容易抵达了暗无天日的冥界深处，却遭遇唯有阳光才能凿穿的叹息之墙。

此时，空间思维犹如天神下凡，带来太阳之光辉，一举击穿时间屏障，

---

[1] 道德许可是心理学概念，指当个体在某个道德维度上做出了积极行为或决策后，可能会在随后行为中允许自己做出一些在道德上较负面的选择。补偿效应也是心理学概念，它描述了个体或系统在一方面失去或缺乏某些东西时，会在另一方面寻求平衡或补充的行为或现象。两者结合后，大概率会出现先好事后坏事的组合，如一个人可能因为今天去健身房锻炼而感到自豪，因此之后可能会允许自己吃更多不健康的食物作为补偿。

给受困的灵魂带来解脱甚至超升。

用空间思维作为支点，可以极大地缓解精神压力。空间相对固定，只增不减。我们很容易让空间停驻。我们错过了今天，就不再有今天这个日子。但是错过了某个空间，回头还可以重新选择它。它就在那里，等着我们。即便特定空间消亡，也会有其他空间补上。我们永远有很多选择、更多选择。

用空间思维指导问题解决，以空间视角作为解题切口，你会感觉眼界被打开，思考的深度和广度明显加强。用空间作为解释问题和解决问题的基本框架，可以给人的思想松绑，摆脱单向、线性、聚合思维的桎梏，获得多向、网状、发散思维的增益。显然，空间思维更利于创新和变革。

空间思维还会引发许多奇思异想。我随便举几个例子。

睡梦，不是一段苟且的时间，而是一个美妙的空间。起初是在床上待着，然后进入无穷的新空间异世界，最终到达变幻万千的梦境深处，体验全然不同的多彩人生。这种体验，完全超越时间，是无数空间的叠加。

驾车，不是一段枯燥的时间，而是一个精妙的空间。内部固定的空间和外部移动的空间反复交织，如果再搭配手机里播放的慕课和音乐，或与GenAI展开一段灵魂的语音对话，以及脑海中由此生成的超越当下的意识空间，至少有四重空间交织。

创作，不是一段客观的时间，而是一个主观的空间。我在特定空间里写作，我所写就的东西是另一个特定的空间。我用文字引导读者进入这个空间，与读者一起体会这个空间的美好。读者也可以在阅读过程中，重构这个空间。AI参与后，空间维度会更多。

情感，不是人与人共处的时间，而是人与人共享的空间。空间是一个个平行的存在，有多重宇宙。我们和家人在一起，和爱人在一起，和朋友在一起，和其他人在一起，所有这些感情，都不是时间，而是不同空间，犹如瓶子里的发光的珠子，相拥在一起，迸发出迷人的色彩。

思考，不是挥霍我们的时间，而是扩展我们的空间，让我们在不计其数的时空里多活了一次又一次。

我们难以改变时间，却可以轻松改变空间。时间对每个人都是公平的，又很不公平。无论如何，最终我们拥有的只是非常有限的时间。空间则不然，空间的分配高度不公，有人拥有许多空间，有人只有很少空间。但我们都有相同的机会，去探索更大的空间。我们重构和挖掘旧空间，发现和开辟新空间，接近无限空间的可能。自主论同样重视时间和空间的拓展，强调两条腿走路。为此，我们每个人作为自己的时空主管（master of space and time），都要查漏补缺，把空间思维的短板补上。在实际操作中，以空间思维替代时间思维，从三个方面着手。

一是改造现实空间。解决好经济资源问题，购买房产并拥有私密空间。解决好交通问题，扩大活动半径，覆盖更多半公共空间和公共空间，获取更多空间选项。学会整理和设计，优化布局，打造良性环境以助推良好表现。尽可能地挖掘空间的可供性，释放有限空间的无限可能。

二是拥抱想象空间。现实世界之外的心智世界和语言世界都是想象空间。对话、音乐、阅读、看片、游戏、冥想、睡梦等，都能将我们带入另一个空间。尤其是电脑游戏，不仅为人们提供愉悦和沉浸的幸福感体验，还为人们提供一种释放自主潜能的虚拟空间，并反向影响现实世界的表现。后面的"游戏管理"章节会深入讨论这个问题。

三是探索混合空间。现实世界和虚拟世界加速融合，是AI时代"正在发生的未来"。未来不太可能是人人后脑插管连线的反乌托邦，更可能是混合现实的平行空间、多重空间和复合空间。我们尚无法断定哪种新技术，或者哪些新技术的组合更能代表未来，只能在猜测和试错中打磨神器，为已经到来、但分布不均的未来做足准备。当下混合空间的高配方案，大概是购置数万元的 Apple Vision Pro 智能头戴式显示器，直接沉浸在混合现实中；中配版本方案，可考虑搭配数千元的 Meta Ray-Ban 智能眼镜，获得大语言模型对当前场景的信息支持；最低成本方案，则是拿起任意智能手机，戴上耳机，让 GenAI 帮你生成一堆适合创作的背景音乐，然后遁入一个现实世界里的想象空间，一个声音场景（soundscaping）和思维宇宙编织出的数字泡泡。

5.3 格局打开：用无限游戏替代有限游戏

如果引入空间思维还不足以解决你当前的困境，那么我们就把格局进一步打开，为心智系统下载安装无限游戏模块。

哲学家詹姆斯·卡斯（James Carse）在《有限的和无限的游戏》（*Finite and Infinite Games*）中提出"有限的游戏"（finite games）和"无限的游戏"（infinite games）的概念划分。

信息哲学家凯文·凯利（Kevin Kelly）读完这本只有几十页的小书后激动不已，评价道："逐页读过去，每一页都让你不禁发出'这正是我以前就知道的，却无法用语言讲出来'之感慨。"的确，这本书是卡斯的封神之作，是他留给世人的伟大的传奇，为我们超越有限时空和无限问题之间的基本矛盾提供了根本指引。可以预见，他未来必将跻身泰坦之列。

有限的游戏，以取得胜利为目的，获胜即结束。有限的游戏有规则和边界，并努力保障规则和边界不被篡改。多数人在家庭、学校、公司里玩的是有限的游戏，有时间界限、空间界限、主体界限、数值界限和获胜条件等。所有规则的设立，说到底，都遵循一条根本规则——暴力最强者说了算。这是一条"元规则"，决定规则的规则。只有当弱者选择不按强者的规则玩游戏时，他们才有机会获胜。

无限的游戏，以延续游戏为目的，没有终点。无限的游戏没有规则和边界，会在游戏过程中不断改变规则，让游戏一直进行下去。文化没有规则和边界，是无限的游戏。而文化的本质是越轨，对传统的突破和创新，重复过去的人都是文化上的赤贫者。

有限游戏的玩家，在规则（边界）之内参与游戏。无限游戏的玩家，参与规则（边界）的游戏。有限的游戏，有剧本、角色和演出。无限的游戏，没有剧本、角色和演出。有限游戏的玩家，扮演英雄角色。无限游戏的玩家，就是英雄本尊。

有限游戏的玩家，消费时间，感知到有限空间里时间的流逝。无限游戏的玩家，生产时间，体会到无限空间里时间的拓展。

卡斯的观点，帮我们开启了新维度，醍醐灌顶、茅塞顿开。套用系统论中要素、结构、功能的三分法，时间管理追求要素改变，空间思维突出结构改变，无限游戏实现功能改变。功能改变带来范式转换，要素配置和结构调整的思路随之彻底革新。

一个无限游戏的玩家，不争一时一世，追求浩瀚永恒，可以不断改变规则和边界，在空间思维和时间管理的辅助下，持续推动各类问题的解决。我们从有规则、有边界的有限游戏里出来，进入了规则可以改变、边界可以调整的无限游戏，这是一种革命性进步，很可能带来爆发式增长。如果说时间管理许诺的是 10% 的改进，空间思维带来的是 100% 的提升，那么无限游戏争取的就是 10 倍的增长。

一个无限游戏的玩家，看有限游戏的玩家，犹如屏幕前的观众看电视中的角色，又如三维空间的人类看二维平面上的线条，满满的降维打击感和战略优越性。

从某种意义上说，那些有信仰有信念，乐于奉献和牺牲，超越自身主体、时间和空间限制的英雄和泰坦，都是无限游戏的玩家。他们不会给自己的人生设限，不断认识、理解并超越现有规则和边界，发明、创造、拓展新的规则和边界，因此他们的人生有近乎无限的可能，拥有更高层级的意愿、能力和资源，安全、自由与自主，愉悦、沉浸与意义。

那么，如何成为一个无限游戏的玩家？

首先，你必须先玩好有限游戏，才有资格参与无限游戏。一个连有限游戏都玩不好的低阶玩家，幻想越级跳级，参与无限游戏的高阶挑战，是痴人说梦，是空想妄想，是自讨苦吃，是混淆自我逃避和自我超越的前超谬误。世上没有空中楼阁，该付出的努力一分都少不了。你必须在有限和无限的厮杀中拼出一条血路，才能在无限游戏里找到立足之地。按照第二章介绍的逻辑，你必须先从凡人升级为精英，才有机会成为英雄和泰坦，才有资格谈奉献和牺牲，超越和意义。无限游戏的玩家，至少要达到精英段位。

其次，你要学会兼顾看似对立的两端，快速切换有限游戏模式和无限游戏模式。现实生活充满未知与不确定，有限游戏和无限游戏的边界模糊，经常相互嵌套。应对之计是组合策略，两手都要抓，两战都要赢。一方面，用有限游戏的思维打闪电战，赢得有限条件下当前的竞争；另一方面，用无限游戏的思维打持久战，争取无限条件下未来的胜利。一方面，从有限游戏的逻辑出发，遵守强者建立的秩序，学习规则，守住边界；另一方面，从无限游戏的逻辑出发，成为建立秩序的强者，改变规则，跨越边界。一个自主的英雄，应该统合有限和无限、成长与超越。他应该是有限世界、世俗社会里的赫拉克勒斯，同时也是无限世界、精神王国的普罗米修斯。

最后，你要守住安全的底线，并探索自由的极限。安全强调避害，划定游戏的下限。这是一张由自然规律和社会规则共同编织而成的安全之网，是世界和他人强加于你的，迫使你留在游戏里。失去安全底线，就不再有游戏。越雷池半步，就可能万劫不复。自由强调趋利，标示游戏的上限。这是一个可以不断被突破和超越的上限，探寻极限的征程里没有强制，你可以努力，也可以躺平，可以奋进，也可以摆烂。只要你守正出新，玩好游戏，就会获得丰厚的奖赏，可能是物质财富，也可能是精神幸福。最后决定我们人生高度的，是我们在安全底线基础上对自由极限的探索。无限游戏仍有底线，有限游戏不设上限。守住底线，突破上限，自我实现、自我超越，才是生命进化的方向，人生游戏的正道。

5.4 本章小结

本章的出发点是一个基本矛盾，即个人的时空资源有限性与问题挑战的无限性之间的矛盾。解题思路有三个：一是改变要素的内卷之路，改进时间管理，提高效率，精简任务，升级模块，在单位时间内解决更多问题。二是改变结构的创新之路，引入空间思维，用空间思维替代时间思维，给自己解压减负，也获取解题的新思路新视角。三是改变功能的进化之路，参与无限游戏，用无限游戏的逻辑去补全有限游戏的不足，在安全的下限之上，标出自由的上限，努力学习规则、遵守规则、建构规则、超越规则，最终留下超越主体和时空的传奇，成为统合成长与超越的英雄与泰坦。

本章思维导图如图 5-1 所示。

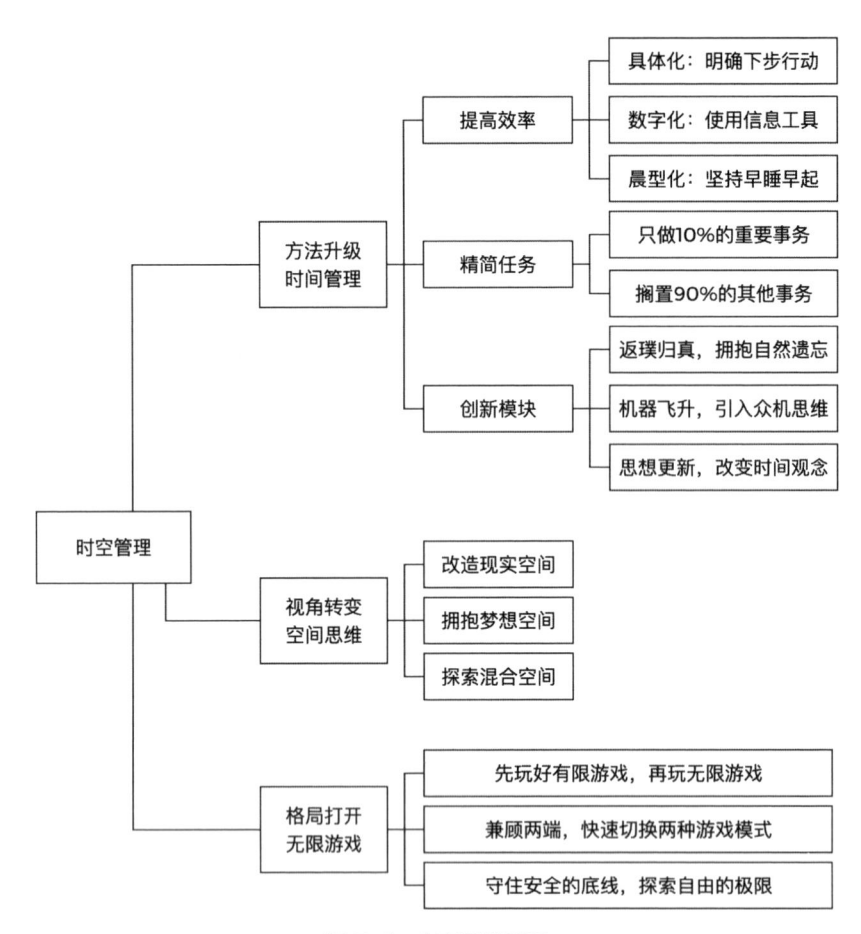

图 5-1　本章思维导图

第六章　任务管理

> 清晰的路线指南，会瓦解人们冥顽不灵的反抗。
>
> ——希思兄弟《瞬变》

自主论强调行动，强调解题。每个问题，从某种意义上说，都是任务。上一章"时空管理"讨论宏观思维，本章"任务管理"讨论具体方法。本章将进一步深化、细化上一章第一节的讨论，提供可落地的技术和工具，缓解多数年轻人眼下的燃眉之急，即：

缓慢提升的能力和快速激增的任务之间的矛盾。

化解该矛盾有两种思路，一是提高能力，二是管理任务。兼顾两种思路的组合是，集中精力升级管理任务的能力，提高任务执行的能效。

遗憾的是，任务管理虽是基础技能，却不登大雅之堂，不在正规教育计划之内，全靠个人参悟和摸索。更遗憾的是，多数年轻人未能找到正确的方法，不会、不懂甚至不知如何管好任务，身心被任务压垮。他们就像一个没有游戏界面的沙盘游戏玩家，一头雾水，一盘散沙，一地鸡毛，一声叹息。

在过去十八年里，我一直学习和研究任务管理。我的结论是：任务管理的本质是行为管理。任务管理即行为管理。人的行为非常复杂，任务管理也非常复杂。不过，参考行为的逻辑，任务管理也有章可循。

一般而言，行为包括主体、客体（对象，自身或者外界的人、事、物等）、载体（方式，做什么、说什么、想什么等）。任务管理也是如此，包括主体、客体和载体。同时，行为包括因、缘、果三部分，因是触发行为的线索，缘是行为发生的环境，果是行为带来的结果，也是触发下一轮行为的线索。任务管理也遵此逻辑，也有因、缘、果。

组合上述两组逻辑，可以得出任务管理的三种不同操作思路，即清单主义（关注行为对象、线索）、精要主义（关注行为主体、结果）和轻松主义（关注行为方式、环境），三者逐级递进。先看清单主义。

6.1 清单主义：做计划，抓执行

以清单为核心的清单主义，从行为对象切入，关注前期线索。清单主义通过计划，提供必要提示的方式，激发特定的任务行为。它用简单而直接的方式，督促必要行为发生。清单主义让我们掏出记事本，卸下思考的负担，转而享受行动的快感。

清单（checklist）是对抗复杂和遗忘最简单也最有效的工具。人类非常健忘，念想稍纵即逝。对于多数时间处于自动加工状态的人脑，最好给它一份清晰的备忘清单。尤其是在复杂环境下，人们需要清单的支持，以避免"有知之错"，即有知识但没用好而犯错。很多时候，我们明明知道这样做是对的，却忙中出错，或忘了去做。

清单也是最初级的人机协同系统。通过提前思考和谋划未来，清单实现了当前有意识的意志对未来无意识的非意志的跨时空调控。这种控制需要通过外部的方法和工具来巩固和强化。

下面介绍清单主义的具体方法和工具。

6.1.1 经典模式：GTD范式及其核心要义

前文提过的GTD，就是最经典的清单主义任务管理工具，核心要义有两点。

要义一是记录碎片想法。小学老师教过我们：好记性不如烂笔头，记下来比不记下来好。GTD认为，如果一件事情是2分钟内可以搞定的，就不要浪费时间去记录，马上搞定它。除此之外，其他时间成本超过2分钟的任务都要做好记录。个人经验是记事可以进一步分成两步。

第一步是记录线索，这是基本操作。任务管理工具大同小异，多数基于 GTD 理念设计，新增任务时默认添加到"收件箱"。大家可以根据喜好来选择工具，建议挑选界面简洁美观的应用。设计心理学权威唐纳德·诺曼（Donald Norman）认为，好看的东西才好用。由于光环效应（Halo Effect）的普遍存在，人类普遍认为颜值即正义，掌握更多资源、睾丸素爆表的男性更是如此。好看的东西更吸睛，更养眼，更可能是好的，更可能被使用。经典的纸笔组合虽然优雅，但是速度较慢，也不利于未来搜索，所以不推荐作为主战工具，可以用于辅助。

第二步是归类线索，这是进阶操作。总体上先分两类，一是具体的事务类线索，把一些与之相关的线索分类放进去，方便未来加工和处理，如书籍阅读、日记反思、推文写作等。二是抽象的模块类线索，都是一些前期思考总结出来的关于特定事物怎么看、怎么办的内容，如一些关于阅读、写作方法的心智模块。概述之，一类记录 What 相关的数据，另一类记录 How 相关的算法。然后，根据自身特点和需要，在分类基础上分组线索，以便后期快速查找和处理。比如，把事务型线索再划分为学习组、生活组、工作组、社交组、公益组等，把模块类线索分为意愿组、能力组、资源组、安全组、自由组等。分类归档，分组对待，效率更高。我曾长期坚持，获益颇丰。

要义二是明确下一步行动（NA）。把目标转化为任务，目标意图变成执行意图，发挥关键作用的是明确下一步行动，让行为具体化、场景化、可操作化。比如，"我要减肥"应该细化为"每天早上晨跑 20 分钟"，再深化为"申请加入小区跑团"等。个人经验是 NA 还可以分两步操作。

第一步是增加提示，这是基本操作。记录是手段，提示才是目的。提示信息可以大致分为时间、空间、主体、对象等几类，其中的时间线索最好用，最符合线性思维习惯。一般的任务管理软件都支持定时、重复提示功能。对于那些时间线索明确的任务，可以设置未来的单次提示，或重复提示。时间线索不明的，先留在项目里，等待未来唤醒。为确保这些线索不被遗忘，可专门设置一个定时任务，提醒自己定期浏览下项目内容。这个设置提醒时间和内容的过程，很像为未来的自己编程，非常有趣，十分有效。好的提示，会成为未来自动触发、助推连续优秀行为的抓手，如晨型写作、日记反思等。

另外，可以把迭代心智模块设为重要的重复任务，我会提示自己每天回顾"普罗米修斯的日课清单"，未必每天都落实，但至少不会完全忘了日课。与时间相比，空间、主体、对象等线索似乎都不太容易落地。当然，提示效果因人而异，建议你结合自身实际设计提示系统。

第二步是优化提示，这是进阶操作。考虑到人有惰性，不太可能认真对待所有提示信息，特别是复杂提示信息，所以在优化任务时，要尽量用最简单的文字和排序来展示任务，让提示一目了然。发明了剪切、复制和粘贴功能的交互设计专家拉里·泰斯勒（Larry Tesler）提出复杂守恒定律（Law of Conservation of Complexity），即问题的复杂总程度保持恒定。你必须把复杂问题留给自己，才能将简洁表达示以他人。如果前期设计者多花时间优化系统，降低了复杂程度，那么后期使用者就可以少花时间。相反，设计者的时间投入不够，会导致使用者的时间花费增加。任务管理也遵循复杂守恒定律——前期多出力，后期多省时。为了降低使用任务管理软件的认知负担，可以从三个方面改进提示内容、优化任务表述。一是精简标题，尽量少于10字，做到一行显示。二是添加描述，附加关于任务的具体要求，追求可行、可量化。三是酌情添加附件，甚至建立任务间链接。部分软件提供内部链接和附加文档等功能，对"做什么"帮助不大，但对"想什么"帮助很大。提前准备好"复习资料"，下一步接续思考就会方便。

对自己有更高要求的朋友，可以尝试上述GTD进阶操作。怕麻烦的读者，可以先从ACP组合做起，即装个应用（App）、记录线索（clue）和添加提示（prompt）。做到这三步，足以让你超过身边80%的人。

6.1.2 加强模式：日记、清单、量表的DCS组合

GTD很经典，但操作中不好应对变化，也容易流于形式，还需改进。于是我在GTD基础上，摸索开发出一个升级套装DCS组合——日记（diary）、清单（checklist）和量表（scale）——可以有序、有效地迭代任务内容，更新任务系统本身。

组件一是日记：反思过去，计划未来。

定时提前思考，谋划要做什么、该做什么、想做什么。日记不仅记录（record）过去，更反思（reflect）过去，发现问题、提出对策，从而更好地计划未来。想明白了，就添加到清单里，作为事务类线索和模块类线索，然后归入特定的项目组。

写日记的时间，可以因地制宜、因人而异。有人喜欢晚间写日记，找一个安静的独处空间，播放音乐并写作日记，回顾一天的得与失，计划明天的知与行。也有人偏爱晨间日记，结合反思日记和晨型学习的优势，以积极乐观的心态回顾过去一天，展望并开启新的一天。我多数时间是晚上写日记，晨型模式就写晨间日记。相比之下，晚间日记回顾过去多一些，想象未来少一些，总体上更务实。晨间日记想象未来多一些，回顾过去少一些，总体上更上进。两者各有利弊。如果我有什么建议的话，就是建议大家选择自己精力充沛的时候写日记，让意志的骑象人能充分发挥作用。

写日记的工具，只需快捷、美观、顺手即可。我早期写日记、做笔记用的是WW组合（Windows + Word），后来调整为MM组合（MacOS + Markdown），现在会高频切换使用Windows和MacOS、Word和Typora，还会用PowerPoint、Scapple、Xmind和白板加马克笔等工具画一些思维导图，把思维过程可视化，增加信息加工的深度和广度。

写日记的坚持，需要环境的助力。坚持写日记是件困难的事情，纵使我有30多年的"日龄"，也会经常忘写或来不及写，需要事后补写。每天写日记记录、反思和计划是件辛苦的事情，最好借助环境设计来助推行动——在任务清单里设置每天重复的提示，提醒自己写日记，督促自己坚持——我就是这么做的，大家也可以试试。在任务标题里写"某月某日日记"，然后在任务内容里备注具体反思什么问题，并提供前期已有的相关资料或链接。另外，不要强求每天都有深刻的思考，只要坚持做到有所思考即可。

组件二是清单：记录线索，提示任务。

DCS组合里的清单，对应发挥经典GTD的基本功能。与传统方式不同，清单里的任务线索大多来自日记反思后的计划。因此，每次日记反思后，清单都会更新。为了让更新过程规范有序,我会增设一个叫"细化明天计划"的重复提示任务,促使自己每天根据日记反思得来的新线索,结合过去已有的任务提示线索,提炼出一份简洁明了的一天安排。

做清单的方式,主要操作包括查询和编辑。先谈查询,即主动搜索任务。这是至关重要的一步,但往往被忽视或轻视。未来清单必然会过载,那时候索引就不如搜索有效。现在清单是我的外脑之一,我现在想到重要任务,会先查询清单,更新清单。查询可以是根据特定关键词搜索前期录入信息,也可以是直接查看表单中今天、明天、未来七天任务的行为,或者收件箱、项目组里的线索。每次查询,必然开启进一步的编辑。再谈编辑,即添加任务、更新任务、删除任务等。添加任务、更新任务主要基于日记反思和随想手记,增加新任务,或者更新旧任务。这里更新旧任务很重要,与时俱进地简化、细化、量化任务,明确下一步行动。我几乎每次打开清单,都会随手更新一轮,由此强化执行意图,提高完成效率。删除任务有两种情况:一种是任务完成后删除;一种是任务过期了删除。这里有一个小技巧,大多数条件不成熟的任务,可以设置为未来特定时间提醒,届时条件成熟就做,不成熟就继续延期,不再可行就删掉。不过,人们容易把计划任务当作完成任务,一旦把纠结于心的念想写成了清单,倒逼任务执行的内心焦灼就会消解,导致蔡氏效应(Zeigarnik effect)失灵。所以,记录加延期也要适度。[1]

做清单的工具,最好选有多客户端的应用,方便快速在电脑、平板、手机、应用、网页间切换,任务编辑和查询、数据备份和同步都更便捷。同时,不要迷信自己的记性和自觉,而要相信系统和环境。这里有两个小窍门:一是把清单工具的图标放在各种设备容易看到、方便触及的地方。比如,我的任务管理App,就是在手机屏幕右下角,和微信等必用工具摆在一起,这样拿起手机后会第一时间看到,然后手指可以随时点击、轻松打开。在电脑端,可以常驻桌面菜单栏、功能栏。二是优化系统的信息推送功能。我会禁止多

---

[1] 蔡氏效应是一个心理学概念,由苏联心理学家布卢玛·蔡格尼克(Bluma Zeigarnik)在20世纪20年代发现,它描述了人们对于未完成的任务记忆更加深刻的倾向。蔡氏效应可以用来解释为什么人们在面对未完成的任务时会感到焦虑和紧张。清单可以缓解蔡氏效应,让我们失去焦虑带来的任务驱动力。

数应用的所有提醒功能，只允许清单工具等极少数生产力工具霸屏显示，主动抢占我的注意力。

最后，推荐一个日记与清单的DC组合技：针对思考型任务（想什么），我们可以在清单里记录思绪，再在日记里加工思绪，最后在清单里更新思绪，形成闭环。这是威力巨大的进阶工具，如果你能掌握，相信会快速升级。

举例说明：第一步，新建任务。我在清单里新增一个任务，标题为"思考如何优化清单系统"，内容为一些前期想到的关于如何优化清单系统的碎片线索，然后归入"思考任务"的项目，并设置为10月1日提醒。第二步，更新任务。我在9月30日整理第二天任务时，看到这个提醒，于是把思考任务并入"10月1日反思日记"任务，作为具体内容。第三步，执行任务。10月1日我根据计划写了反思日记，深化了关于清单系统优化的思考，发现清单系统还存在几个问题，针对性地做出几点改进。第四步，再次更新任务。我把日记中想到的操作性建议全部拆解后新建任务，加入清单，同时，把思考过程全文从日记里复制出来，重新设置为思考任务，并设置为11月1日再提醒。第五步，再次执行任务。一个月后，我又根据提醒，再次思考，再次迭代。再往后，就是周而复始的优化过程。

在很长一段时间里，我有一两百个思考任务不断重复，不断迭代，时不时提醒自己思考，如今这些任务还在定期提醒，但我已经不再高频更新，只是快速浏览、温习，期待灵感的再次降临，或封装为心智模块，或快速写成推文，或汇编成书出版，《普罗米修斯的日课》由此而来。你也可以试着化整为零，把自己希望创作的书籍拆分为若干个问题，载入DC体系，分层分段完成创作。

组件三是量表：统计分析，总结回顾。

量表是DCS闭环的最后一步。十多年前，我在行为主义心理学的教材里学到量表设计，结合富兰克林和曾国藩等先贤做法，在实践中逐步建成自己的量表系统。

我用Excel记录、统计、分析与可视化自己的行为表现，并强化行为本身。我的量表由一张一张计分表组成，通常一年一张表。最近几年会在年中大幅更新一次，实际上就是一年两张表。偶尔也会设置一些特殊表单，专门负责读取计分表里的数据，进行统计和可视化。

每张计分表的纵轴都是日期，横轴则是任务指标，主要基于个人目标来总体设计，再根据日记反思不断更新。环境一直流变，行为也跟着改变，指标也要持续改变。我的指标一般在 50~100 项这一区间内浮动。指标可以检视行为结果，如"读书"，也可以评估心理状态，如"坚毅"。相比之下，看得见的行为及其结果，更适合做指标。即便是心理状态，也应该反映为特定行为后做测量。所以，量表也叫行为量表。注意，行为量表并非只罗列正向指标，也可以设置负向指标，即希望消除的行为。

计分表里纵横交错形成的表格，每格对应某天某项指标的表现得分。计分标准，原则上是所有计分表统计，最利于指标比较和历史比较。但现实中肯定会持续优化改进。现在我大致是一年一更新，一年一标准。

在统一标准内，灵活使用四种计分法则，以便各种不同属性的指标更好地相互比照和汇总计算。一是按件赋分，主要看结果，如写一篇文章计 1 分，写两篇计 2 分，写三篇计 3 分。二是计时赋分，主要看过程，如写一个小时计 1 分，写两个小时计 2 分，写三个小时计 3 分。三是分级赋分，先对行为评级后赋分，如写一小时算一级表现，计 1 分，写两到四个小时为二级表现，计 2 分，写五到十个小时为三级表现，计 3 分。四是定性赋分，按照有和无来计分，做了就给 1 分，不做就不得分。如果是负向指标，参考相同原则计负分，最后加总；或者计正分，最后减掉。行为量表模板见表 6-1。

表 6-1　最简行为量表模板

指标	正面指标 1	……	正面指标 N	负向指标 1	……	负向指标 N	总分
某月某日							
某月某日							
……							

对于初学者而言，量表难在坚持。解决思路是引入统计化、可视化、游戏化等模块，让填写量表变得有用、好玩。首先，在完成制表、计分后，要进行加权汇总和分析研判。在计算总分时，可以引入权重，以修正特定指标

得分的全局影响。分析研判，主要是针对某个或某类指标进行历史比较或横向比较，一比较就能得出结论，什么做得好，什么变得更好，什么没做好，什么可以改进，各种结论，跃然纸上。其次，如果你善于作图，可以考虑给计分表配色，让它看着更顺眼，然后在统计表里引用数据，绘制雷达图、曲线图等，把行为量表变成个人数据面板。再次，如果你觉得数字和图示还不过瘾，可以增加一些游戏化规则，如某个指标连续得分后，授予自己特定称号和荣誉勋章。最后，你甚至可以设计规则，约定积分超过多少后，给予自己现实奖励，如把量表积分按比例折算为现金奖励，累计满多少后一次性兑现。久而久之，AB组合的经典条件反射会生效，就像小狗听到铃铛会流口水那样，你看到量表时也会充满期待。

对于中级用户而言，量表难在更新。如果量表不能同步当前实际，就会失效。解决思路就是反思日记、任务清单和行为量表的联动。量表可以为日记提供反思的内容，为清单提供提示的对象。清单可以为量表提供更新的提示，日记可以为量表提供更新的参考。举个例子，我会设置"每月反思""每年反思"等清单提示，根据计划执行任务时，先做量表分析，再做日记反思，最后分析和反思的结果，用于量表和清单的更新。重复上述过程，又是一个自我强化的闭环。事实上，整个DCS组合都借鉴了游戏设计的逻辑，日记组件就好比游戏里的日志界面，清单系统就好比任务界面，量表系统就好比经验值和技能树界面，一切的目的，都是让我们的行为及其反馈变得可视化、即时化、数量化，从而提高系统迭代的能效。

对于高级玩家而言，量表难在高效。如果你重复运行日记、清单、量表回路，量表会变得极其臃肿繁杂，直至无所不包，全无重点，整表都是正确但抽象的理念，每次填表都会消耗许多时间，却没有多少获得感。随着量表性价比持续走低，你的动力也会渐渐不足。你填表就像走过场，经常忘记，甚至两三天才填一次表。但你又不忍放弃，一来前期投入大，有沉没效应；二来有比没有好，你知道再自律的人也需要系统监督。我现在就是这种状态。解决思路是回归本源，对量表进行简化，让它回归习惯养成的初心。行为量表为行为塑造而生，旨在帮助我们养成好习惯，去除坏习惯。所以，意志要敢于决断，清点已经解决的问题，砍掉对应的指标，腾出空间，给新问题与新指标让位。

6.1.3 补遗模式：微信是最好的任务管理工具

无论你接受与否，微信就是一个伪装成聊天工具的任务管理工具。当其他软件提示我们"做什么""想什么"时，微信在提示我们"说什么""读什么""看什么"。

首先是"说什么"。生活中有大量任务属于对话任务，没法纳入任务清单。一是太多，全部记录的话清单就过载了。二是太小，记录花费的时间比对话所需时间还多。三是太碎，对话往往是分段的，你一句我一句，没法一次性解决，计入清单不可行也不经济。所以，这些对话任务，只能停留在即时通信工具里，主要是微信。

我大胆提出一个假设：每个正在进行的微信对话都是一个未完成的任务。微信通过帮助我们开启、接续和归档一段对话，开启一个交互任务。对话任务可能永无止尽，总有潜力可挖。对话暂停时，可以用微信自带的"提醒"功能，督促自己在未来特定时点继续对话任务。对话完成后，可以把聊天设为"不显示"，既不打搅自己，又能在未来需要时搜索到前情回顾。

用好提醒和不显示的组合，可以有效应对三种特殊问题：一是你发出信息后，对方没有马上回复。你担心对话被忘，导致误事。此时可以长按自己发送的那条信息，把其设为未来某个时点提醒，然后设置为不显示，等未来继续跟进即可。二是你收到信息时，无法马上作出回复。或许是需要时间思考，或许是忙着手头的事情，来不及回复。同样设置一个未来提醒，然后不显示，等未来接续对话即可。三是你收发信息时，已有初步想法，但是犹豫不决，那就发给自己，或者发送到文件传输助手，再设置未来提醒，然后不显示，再等将来作决断。其他本来应该发到清单里提示的简单任务，也可以这么操作。

然后是"读什么""看什么"。微信群、公众号、视频号、朋友圈，几乎是我们大家信息的首要来源。微信搜索也是特别好的信息渠道。腾讯元宝大模型上线后，前述两条又被进一步强化。对于这类问题，没法纳入清单，只能活用收藏、提醒等功能来解决。

综上所述，我建议你把微信打造成一个轻量级任务管理工具，它也是你最可能打开的任务应用。比较合理的组合，是清单记录行为任务，微信记录对话任务。两者各司其职，相互促进。

6.2 精要主义：做减法，抓重点

精要主义从行为主体切入，关注任务的效果。精要主义导向的任务管理，基于评估对任务进行分档、组合和排序，从而抓大放小，优先快速处理真正重要的人、事、物。

"精要主义之父"麦吉沃恩认为，人的能力提高、平台提升后，任务也会越来越多，所以必须作出抉择。我们没有义务也没有办法让所有人满意。精要主义从时间、精力的有限性出发，去思考如何集中力量，把握重点，即对主体而言最有价值的任务。

对此，我们有多种选择。

6.2.1 经典模式：艾森豪威尔矩阵

经典的艾森豪威尔矩阵（Eisenhower Matrix），大家耳熟能详。该矩阵由美国前总统艾森豪威尔（Dwight Eisenhower）提出，核心理念是区分任务的重要性和紧迫性。这位五星上将出身的决策者非常善于决断。他有一句名言，"重要的事情很少是紧急的，紧急的事情很少是重要的"。

艾森豪威尔矩阵把任务分为四个象限。第一象限是重要且紧迫的任务，马上处理，如写领导交办的明天大会的致辞材料。第二象限是重要但不紧迫的任务，延迟处理，如读一本公文写作的书。第三象限是不重要但紧迫的任务，委托处理，如打印领导要的汇报材料。第四象限是不重要也不紧迫的任务，不予处理，如给朋友转发一个搞笑视频。

经典模式很好，值得推荐。这是经受住时间考验的方法，可以优先采纳。

不过也要注意，经典模式预设你是领导者，有权力延后、委托和放弃任务，然而现实中多数人不具备此种条件。

6.2.2 加强模式：基于自主论的任务矩阵

作为对经典模式的致敬，我基于安全和自由因素，设计了自主论的任务矩阵。请按照我的提示尝试这种技术。

第一步：分类。我们从安全需求（need）出发给任务定性，把任务分为必做任务和可选任务。必做任务，是人生游戏的主线情节，必须做，不得不做。如果不做，会有安全风险，招致恶果，轻则挨批挨骂，重则罚款坐牢。可选任务，则是支线情节，可做可不做。做了兴许有收益，不做也没损失，不会有安全风险。我们再从自由追求（want）出发给任务估值，把任务分为高分任务和低分任务。高分任务，就是给我们带来更多物资和精神收益的任务。低分任务，就是带来较少收益的任务。

第二步：分组。结合定性和估值，我们可以把所有任务分成四组，用P代表必做和高分，X代表可选和低分，给每组编号，从而得到四组任务。一是高分必做的PP任务，如上班赚钱、教育孩子等黄金任务；二是高分选做的XP任务，如下班看书、学习技能等白银任务；三是低分必做的PX任务，如开车去单位、替老板倒水等枷锁任务；四是低分选做的XX任务，如回家刷抖音、低头玩手机等垃圾任务。

第三步：分置。根据不同任务的不同特质，采取不同的处置方式。下面详细说明。

XX任务是错上加错的垃圾任务。投入在XX任务上的时间都是浪费生命。对待XX任务，一刀切、断舍离是明智之举。如果可以，起初就不记录。记了就删掉它。如果舍不得删，害怕不敢删，可以先放着，但不要设置具体时间和要求，任由它被遗忘，让时间证明它就是垃圾。

很多XX任务是找上门来的琐事，没有必要，缺乏价值，属于黑暗的时间吞噬者。特别是你达到精英以上段位后，很多人会想请你讲课、吃饭，目的是让你帮忙站台，消费你的实力和名气。这些凡人阶段的XP任务，如今都是

XX任务，最好直接拒绝，或不予回复。克里斯·安德森提出"策略性无能"：为了确保你不再被叫去做某件事，最好第一次就搞砸它。这种极端反感可用于应对极端情况。

PX任务是又恨又怕的枷锁任务。大家都不喜欢PX项目，但又不得不建。人生中有许多看似毫无意义的必答题，PX任务就是其中之一。PX任务作为必做任务，是迟早要做的事情，建议早做，不拖。托夫勒说过："每个时间间距都比上一个时间的间距更加值钱，原因就是从原理上来讲，后一个间隔里会创造出更多的财富。"简单地说，明天永远比今天值钱。所以把PX任务拖到明天，只会增加其成本，造成更大的损失。同时，许多PX任务是组织和上级指派，拖久了会有压力，甚至风险。据此，我们提出三种应对PX任务的思路。最终，面对PX任务的不同态度和方法，将决定我们每个人之间的差距。

上策是向上提升。如果你是领导者，可以考虑改造PX任务，变废为宝，使之变成自己的PP任务与他人的XP任务。比如，团队负责人不再亲力亲为去写报告，而是手把手教会团队成员如何去写。于是，写报告这个PX任务，变成了团队成员的PP任务和团队负责人的XP任务。

中策是对外转移。把PX任务指派给可怜的打工人、工具人和机器人，是领导者的特权。如果你没有政治资源，也可以使用经济资源或者社会资源，花钱或靠面子让别人替你感受作家米兰·昆德拉（Milan Kundera）所谓的生命不可承受之轻（the unbearable lightness of being）。

下策是肉身硬扛。在有毒的环境里设法生存，甚至汲取养料，茁壮成长。这要求你善于意义构建，能为这些干瘪的躯体赋予生命的灵气。但这种策略有个副作用，就是容易中毒、上瘾，使人陷入一个PX任务接一个PX任务的工作痴迷状态。

XP任务是人见人爱的白银任务。大家都喜欢赠送经验值的XP任务，为之痴迷。它们是英雄之旅附赠的DLC，是人生游戏的番外篇和送分题。白银任务没有压力，却有回报，容易上瘾，还有副作用。一旦你沉迷于支线剧情的四处漫游，就会耽搁主线剧情的推进，延误你摘取最终金苹果的时间。因此，处理XP任务，应采取两种方式。

一是拖延任务。让子弹飞一会，谋定而后动。时间会让一些XP任务变得紧迫，升格为PP任务，也会让另一些XP任务失去价值，降格为XX任务，然后被删掉或继续拖延。如果怕自己忘事，你可以先把XP任务的线索纳入清单或微信，再通过设置功能来定期回顾，择机处置，择优推进。

二是组合任务。把XP任务和PX任务组合起来，变成PP任务。比如，2010年到2023年，我要每天开车往返于温州和乐清之间，每天都有近2个小时在路上，显然是个无聊费时的PX任务。后来我把听课等XP任务组合进来，一边开车一边听TED的英文演讲，既学到了知识，练习了听力，也改善了体验，提高了效率。开车（PX）和听课（XP）组合，成了金光闪闪的PP任务。

组合任务有基本套路，可以分成串联和并联两种方式。

并联法是任务基于空间重叠来联结组合，如开车和听课组合就是并联法的典型案例，两个行为发生在同一空间，所以可行。计划并联的行为，为了相互兼容、相互促进，不能占用相同行为（感觉、运动）、认知（判断、决策）等通道，否则会争夺共用的有限的心智资源，导致内耗和低效，造成1+1<2的窘况。比如，开车和听课用的是视觉和听觉两个不同的通道，不会冲突。但如果你一边开车一边看片，两者都用视觉通道，就存在风险隐患。只有极少数任务是百搭型，如XP任务听轻音乐，几乎可以和任何任务搭档形成并联，增加配对任务的回报。此时你就会明白，为什么让音乐如影随形的AirPods是神器，让音乐可以应景而生的Suno是宝物。

串联法是任务基于时间先后来联结组合。如阅读和写作组合，就是串联法的典型案例，先阅读有利于启动和加速大脑运转，然后写作就会容易许多。或者先写相对容易的日记，再写相对难的书稿，前者带来的状态会为后者带来增益。计划串联的行为，为了保持状态、迁移状态，在设计时要遵循最小切换、最少切换原则。比如，先写日记后写书稿，因为只是切换主题，没有切换工具、平台、环境等其他因素，切换较小。但先读书后写作，需要切换主题和工具，切换相对大一些，组合难度就会提高一些。

PP任务是至关重要的黄金任务。PP任务是你人生的主线，决定你生命的高度和宽度。PP任务与PX任务一样，都是必做任务，所以遵循迟早要做的事情，越早完成成本越低、风险越小的原则。同时，PP任务作为高分任务，拖延可能导致其收益贬值。任何价值都有贴现率，时间越久远的兑现，现在看来越不值钱。况且未来有不确定性，兑现越迟，变数越大。因此，拖延PP任务，有百害而无一利。基于上述判断，我们对处理PP任务提出两点建议。

一是优先处理。在任务清单里置顶PP任务，集中力量把PP任务做好，把这关键少数事情做到最好。可以组合精要主义和卓越主义。精要主义是只做90分以上的事情，卓越主义是凡事做到90分以上的效果。相比之下，满意策略推崇80分的完成主义，理想分子追求100分的完美主义。前者要求太低，后者成本太高。对致力于做精英和英雄的自主人来说，90分的标准是合宜的。

二是提前处理。在任务清单里提前PP任务。在条件成熟的前提下，PP任务越早做收益越高，成本越低，风险越小。比如，5年前我就有今天的功力，完全有能力完成本书的写作和出版，如果那时候出书，对我个人的助力会很大，后续的红利和增益也会持续很久。另外，要注意我们的限定语"条件成熟"，绝不可拔苗助长。比如，10年前我功力还略显不足，如果硬要出书，可能投入时间成本会更多，写出来的作品质量也会更低。

最后，如果存在多个黄金任务，先做哪个，没有定论。有人推崇必要难度、挑战心态和成长心态，认为年轻人应该迎难而上，先做较难的任务。也有人呼吁循序渐进，逐步提档，从容易的做起，积累信心。前者适合精英段位，后者适合凡人段位。我倒觉得，与其浪费时间去思考这种排序，不如随便选个先做。

基于有效设计的随机决策系统，在推动决断和执行方面，效率远超基于情绪、认知、意志的人类原生系统。所谓有效设计，是根据当前阶段的发展目标，梳理和优化一批PP和XP选项（如修订自主论），酌情为其配置概率（如10%），全部录入手机应用（类似的App很多），最后丢骰子决定做什么，做多久。反正所有选项都是对的，那就遵从天命，随机漫步。另外，为了保持随机决策系统的"先进性"，你可以在任务清单里加一个"更新随机决策系统"的提示，或者直接把这个选项加入随机决策系统，抽到了就行动。事实证明，随机决策模式非常好玩，可以提高执行效率。

如果随机决策还无法奏效，还有两种老外推荐的技巧：一是"10—10—10"法。想象 10 年后、10 个月后、10 天后的你会如何看待这件事情。二是"为人谋"法，即想象面临抉择的是你最好的朋友，那么你建议他/她如何去做。未来视角和他人视角可以帮助你快速厘清自己真正需要的是什么。

6.2.3 补遗模式：用杠铃杠杆来应对不确定

然而，加强模式的四分法基于"确定世界"假设，即每个任务的最终归宿和回报都是确定的，因此，我们可以在行为结果基础上做任务定性和估值。但是现实世界是不确定的，我们基于对行为结果的预期做判断和分类，犹如刻舟求剑。我们不得不直面一种窘境，即任务划分也有很大的不确定性。两个严重的漏洞导致这套看似完美的自主任务矩阵可能失效。

漏洞一是任务分类存在模糊空间。所谓的 PP 任务、XP 任务、PX 任务和 XX 任务之间的界限是模糊的。实操中很难区分安全和自由。首先，安全和自由本身定义就很抽象。其次，安全和自由的标准会随环境改变而改变。这导致了基于安全和自由来划分必做任务和可选任务、高分任务和低分任务缺乏清晰的标准。而且，现实生活中，必做任务和可选任务往往是相对而言的，在特定条件下还会发生转换。打个比方，父亲跟你说，如果能成功考编上岸，就给你买房作为奖励。此时上班赚钱就成了可选任务，下班看书则成了必做任务。同时，由于世界观、人生观、价值观不同，每个人的任务评分标准差别很大。而且，即便三观统一，也会遭遇认知局限性的精准狙击。人类善于比较相对值，但不善于估算绝对值。即便是相对值比较，人类也更善于辨别好坏，而非区分优良。父亲让你考编，时间有限，只能二选一，那么到底是选择老家小县城的公务员好，还是隔壁大城市的事业编好？说不清楚。总之，实操中我们看不到未来，无法从未来看当下，确定哪个是必做任务，哪个是可选任务，哪个是高分任务，哪个是低分任务。

漏洞二是任务分类存在可塑空间。实操中，当下的选择会影响未来，当下的行动会建构未来。必做任务长期不做，可能退化为可选任务；支线情节玩多了，也可能固化为主线剧情。所有任务似乎都遵循存在主义思想家让·保罗·萨特（Jean-Paul Sartre）在《存在与虚无》（Being and Nothingness）中提出的"存在先于本质"（existence precedes essence）原则。举个例子，2020年初，我带领"高温青年"们给身边的人捐口罩，最初大家就是随便弄弄，都觉得花钱买口罩发给别人是个很不入流的事情，做完了就不做了。谁知道就是这个小事情，经过我们坚持不懈的努力后，成了大事件，最终为我们赢得了2020中国社会企业向光奖组委会大奖，全国只有4个组织获奖，与我们这个当时成立不到9个月的无组织松散型社群一同获奖的，有知名企业家云集的阿拉善基金会、长江商学院和中欧商学院。诗人罗伯特·弗罗斯特（Robert Frost）在《未走过的路》（The Road Not Taken）里吟道："黄色的树林里分出两条路，可惜我不能两条路都走过，……我选择了人迹罕至的那一条，从那一刻起，一切的差别就已铸成。"

面对任务分类的不确定性，我们可以加载"风险管理"章节中讨论过的杠铃策略和杠杆组合。然后进行几步简单操作：第一步，凭借过去的经验做出预测，对任务进行定性和评分，粗略地将它们分为PP、XP、PX、XX四类。第二步，对任务进行重组，直接砍掉XX，把剩余的PP和PX组合为挖掘型（exploit）任务，把XP作为探索型（explore）任务。第三步，根据杠铃策略，给两类任务合理安排时间。我至少想到三套方案。

方案一：八二开。这是杠铃组合的默认比例。用80%的时间完成他人交办、不做不行的规定任务（挖掘型任务），留剩余20%时间做自己选择、想做就做的自选任务（探索型任务）。突然发现有点眼熟，这不就是谷歌当年推崇的20%时间嘛，据说Gmail等的发明，都跟这种鼓励创新的机制设计有关。

方案二：对半分。进一步简化逻辑，每天花一半时间做3~5个必做任务（挖掘型任务），用剩余的一半时间丢骰子后自由试错（探索型任务），争取妙手偶得，努力让美好的意外发生。我试过上班时高强度输出，回家时不带电脑，就可以放轻松随机漫步了。

方案三：三三制。每天只做3项规定任务（挖掘型任务），做到下午3点为止,保证保底收入,后面的时间玩随机决策系统,丢骰子后自由发挥(探索型任务),寻找新的机会。这种模式适合工作时间比较灵活的朋友。

顺便讨论下探索型任务和挖掘型任务孰轻孰重的问题。答案还是非常世故——因时而异。在相对确定的世界和时代里,问题和答案都比较明确,既然知道宝藏在哪里,那么挖掘型任务肯定更高效。但在愈发不确定的世界和时代里,问题和答案都非常模糊,探索型任务就变得更实用。古人说,"故尝终日而思矣,不如须臾之所学。""与君一席话,胜读十年书。"麻省理工学院(MIT)人类动力学实验室主任亚历克斯·彭特兰(Alex Pentland)用科学语言描述道:"在复杂环境中学习的数学模型表明,最佳的学习策略是花90%的精力来探索,即寻找并效仿那些做得好的人,剩下10%的精力应该花在个体试验和透彻思考上。"[1] 最后,无论轻重,单一策略都不如组合策略,探索型任务和挖掘型任务肯定要搭配执行的。

再说孰先孰后的问题。其实也是个先有鸡还是先有蛋的问题,根本说不清楚。不过可以确定的是,探索型任务后面应该接挖掘型任务,挖掘型任务后面应该接探索型任务。从精力出发,一天的最佳安排还是先深度工作,攻坚克难,做挖掘型任务,再冲浪滑水,尝新猎奇,把玩探索型任务。搭配晨型,效果更好。早上起来体力好,先高度聚焦,然后下午精神涣散,就顺势漫游。

本节末尾送个彩蛋,即清单主义和精要主义混搭的任务管理"五步法"。一是"记",能记的都记下来,并标注好细节。二是"提",能提示的就别靠脑子记,重要的事情设成定期重复提醒。三是"砍",可做可不做的都不做,有风险、低回报的都砍掉。四是"放",吃不准的先放会,可外包的要放手,给工具人和机器人做。五是"抓",抓住重点,下大力气,做出精品。举棋不定时,用随机决策。

---

[1] 引自全球大数据领域权威人物、"可穿戴设备之父"、麻省理工学院人类动力学实验室主任亚历克斯·彭特兰的《智慧社会》(*Social Physics*)。这是一本探讨大数据和社交物理学如何影响社会结构和人类行为的书籍。彭特兰在书中提出社会物理学是一门研究想法流的科学,这种想法流有助于提高集体智能和促进智慧社会的形成。

6.3 轻松主义：降成本，提收益

我喜欢的 FIFA 游戏有中文解说，常冒出一句"你必须非常努力，才能看起来毫不费力"。我特别喜欢这句话。的确，若要轻松，必先努力。若要躺赢，必先内卷。天上不会掉馅饼。前期必须积极有为，后期才能轻松无为。自主论反复强调复杂守恒定律，若想赢在开始之前，就得抢跑，在开始之前开始，在别人看不见的地方努力，在非对称化改造上下功夫。

麦吉沃恩后来写了本《轻松主义》，呼吁我们从精要主义向轻松主义升级。他所谓的轻松主义，包括轻松状态、轻松行动、轻松结果三个维度，并搭配一系列建议。

在我看来，清单主义从行为的对象及线索切入，精要主义从行为的主体及结果切入，轻松主义则从行为的方式及环境切入。轻松主义应侧重于任务的重新设计，包括行为设计和环境设计。

下面结合麦吉沃恩的观点，以及我个人的经验，提三方面建议。

6.3.1 转变观念，找准方向

有时候我们深陷任务的泥潭而不能自拔，不是因为不努力，而是努力的方向错了。这里需要转变观念，重点关注五个方向。

方向一，寻找重要问题和省力方法的结合点。重要的事情也可能有轻松的解决方案。更容易的方式一直存在，只是我们没去探寻。若能解放思想、转变观念，放下对复杂困难之法的执念，就有机会找到简单轻松之道、最省力的路径（always seek the easiest path）。要努力做到举重若轻。

方向二，寻找重要事项和愉悦体验的结合点。如果不是为了让彼此过得轻松一点儿，我们活着是为了什么？对于那些真正重要的事，如果我们可以"享受"，又何必"忍受"？我们应该为重要事项提供奖励等强化物，缩短行动和奖励之间的延迟时间，并引入游戏化和仪式化等方法，如边洗澡边回电话，又如边打扫边唱歌。

方向三，寻找努力付出和成果回报的结合点。过度努力可能导致过犹不及的结果。存在一个"收益递减规律",一旦努力越过某个临界点,更多的努力就不再能带来更好的结果了,反而会破坏我们的表现。我很少因为努力不够而失败,我失败常常是因为努力过了头。所以要设置合理目标,避免过度努力。

方向四,寻找个人能力和任务难度的结合点。个人能力和任务难度匹配的时候,心流体验就会出现,人会在输出时沉浸其中,获得满足。不要画蛇添足,增加不必要的东西。从基本要求做起,不要勉强自己。在基本知识还没掌握的时候,总想着多学课外的东西,往往适得其反,得不偿失。那些远超个人能力水平的目标,也有一种用途——变成参照系,让我们的其他任务看起来没有那么难,从而提高其他任务的执行率(我在序言里介绍过这种结构性拖延)。

方向五,寻找最小努力和最大复利的结合点。有些事情,你付出一次,可以重复获利。要多做这样的任务。一要掌握基础原理,通过创新组合方式,获得"相邻可能"(adjacent possible)[1]的复利。所谓的"第一性原理"(first principles thinking)[2],也有这个逻辑在里面。二要引入技术工具,尽可能多地让重要步骤和事项自动化,获得技术元素的复利。通常,所有在信息工具方面的投入,都会带来丰厚的回报。三要建立互信团队,推动集体协作,收获群体智慧的复利。四要破解结构性问题,把时间投入有长期效应的行动,在很长一段时间里持续获得好处。

6.3.2 改造空间,助推行动

人的行为受环境的影响远大于自身,降本增效的重点也在环境再造。有效的环境设计是一种特殊的任务,会让清单里其他待办任务的难度下降,收益提高,隐患消除。

空间是环境的重要元素,我们可以通过改造空间元素,助推预期行为。比较实用的个人经验有三条。

---

[1] 相邻可能是一个生物学和创新理论中的概念,最早由生物学家斯图尔特·考夫曼(Stuart Kauffman)提出。这个概念用来描述在任何给定的复杂系统中,如生物进化、科学发展、技术创新或艺术创作,都存在一种潜在的、未被探索的状态或结构,这些状态或结构是可以通过对现有元素的重新组合达到的。

[2] 第一性原理是一种深度分析和解决问题的方法,它要求我们回溯到问题最基本的真理或假设,并在这些基础上重新构建解决方案。埃隆·马斯克(Elon Musk)是第一性原理思考的著名倡导者,他经常使用这种方法来推动 SpaceX 和 Tesla 等公司的创新和发展。

经验一，打造独处空间，追求深度工作。许多优秀的创作者都会为自己的深度工作任务寻找一些独处空间。据说《哈利·波特》（*Harry Potter*）的作者乔安妮·罗琳（Joanne Rowling）喜欢在豪华酒店里写作，畅销书作家丹尼尔·平克（Daniel Pink）是在后院修建小木屋，甚至有位大咖是在飞机上创作。每个人对独处空间的定义有所不同，可以因地制宜。这个独处空间甚至不是一个固定场所，我曾经连续一段时间，每天中午或晚上找一个城市书房自学、读书和写作，体验很好，效率很高。你甚至可以把寻找独处空间这件事情本身，变成一个体验化、游戏化的打卡任务，用清单定时重复提示。除了现实空间，还有虚拟空间，最简单的方式是用 AirPods 和 Suno 组合打造美妙音乐的声音场景（Soundscape），让独处空间如影随行。[1]

经验二，减少噪声干扰，增加触发提示。独处空间把我们跟他人分开，但这还不够，还要调控独处空间内的各类元素。简单原则就是减少可能触发非预期行为的线索，增加该行为的启动成本；同时，增加可能触发预期行为的线索，减少该行为的启动成本。我们不可能每时每刻都看着手机里的任务管理软件，所以需要环境里许多线索来提示我们启动任务。比如，如果你希望自己多看书少看手机，就在所有触手可及的地方放置希望读的好书，并把手机放到比较远的地方充电。还记得那个粗鄙但管用的"20 秒原则"吗？如果要起身 20 秒才能拿到手机，多数人就会放弃。相反，如果 20 秒内能开始阅读，那么阅读的可能性会大幅提高。

经验三，利用意外元素，争取妙手偶得。我们的生活中有许多意外，甚至有些是无法避免的，空间改造时就要考虑提前跟自己和他人签订尤利西斯契约，设法让这些意外为我所用。还记得奥德修斯的故事吗？我们在设计空间环境时，在保证安全的前提下，要留有一定的开放性，设法提高美好意外发生的频次，降低坏的意外发生的概率。比如，对于一些需要创意的任务而

---

[1] 声音场景是一个涉及声音环境和声音生态学的概念，描述了人们在特定时间和地点听到的所有声音的总和。这个概念强调了声音在塑造我们对环境的感知和情感体验中的作用。声音场景的概念也与声景学（soundscape ecology）紧密相关，后者是一门研究声音环境以及人类如何与之互动的学科。通过理解和改善声音场景，我们可以提高生活质量，保护环境，并增强我们对周围世界的感知。我最早是 2017 年在湛庐文化翻译出版的《音爆》一书中读到这个概念，大受启发。

言，在人群流动的户外空间采风，更容易激发灵感。再比如，你想恋爱，就多去帅哥美女集聚的地方旅游。

6.3.3 管理时机，把握先机

曾经我相信时机就是一切，现在我相信一切都是时机（I used to believe that timing was everything. Now I believe that everything is timing）。平克在《时机管理》开头写的这句话，深得我心。

为了提高任务管理和执行的效率，做到举重若轻，除了前期找准方向、改造空间，还要把握时机，在合适的时间做合适的事情。人在高峰和低谷的状态差别相当于喝没喝酒，有高达20%的差别。《时机管理》（Timing Management）认为，何时做（when）比如何做（how）更重要。可参考的经验也有三点。

经验一，顺应个人生物钟。不同的任务适合不同的时间点来做。一般而言，早上要做喝水、晒太阳和锻炼的任务。条件允许的话，可以早起，晨型阅读和写作。研究显示，创造者中早起者的数量是晚起者的3倍。前文说过，上午精力充足，适合深度工作和有效沟通，做挖掘型的PP和PX任务更好。中午要好好吃饭，可以的话，花个10多分钟小睡，产生持续近3个小时的积极效果。下午人的精力下降后，更适合做发散型思考，所以做拓展和创新更合适，做探索型的XP任务更好。晚上体力会有所恢复，可以考虑做一些深度工作，但不要做重大决策，特别是深夜。历史、实践、实验以及自主论反复告诫我们，人在深夜意志力最薄弱，最容易犯浑和阴沟里翻船。睡前可以考虑写日记或者做总结，重温日课也是一种不错的选择。

经验二，学会恢复性休息。醒着的时间里，作息时间的黄金比例是3∶1。恢复性休息可以重置人的状态，懂得休息的人效率更高。除了躺下来休息，还有三种恢复性休息的方式：一是微型运动，动起来比坐着有效。如果喜欢动，就每小时走5分钟，假装自己在户外，效果更好。如果想偷懒，就多喝水，喝水了就会时不时想上厕所，迫使自己起身。二是社交休息，就是主动找人聊天。人是群体动物，群居比独处更利于恢复。如果想偷懒，就打开微信，找感兴趣的人聊几句，可以快速恢复心力。三是放空自己，从复杂任务中抽身出来，静下来冥想或者反思，彻底放空自己的思绪。如果想偷懒，就直接躺下来。恢复性休息是我的短板，我这个人受传统教育影响比较多，无意识地认为休息就是偷懒，所以总想着更努力一点，再坚持一会儿，结果总是努力过度，疲劳过度，但效果未必好。知易行难，大家共勉。

经验三，利用时间点效应。的确存在一些有趣的时间点效应，我们可以在任务设计时，设置一批重要节点，激发自己的动力。一要用好"新起点效应"（fresh start effect）。每周的第一天、每月的第一天、每年的第一天，或者过完生日后的第一天，人都会有几天热情，效率特别高，所以可以利用这些时点，来完成重要的任务，提高执行率。二要用好"中间点效应"（midpoint effect）。作为重要里程碑，这些节点也会激发我们的干事的热情，你可以给重要任务多设置几个中间节点，使之成为行动的爆发点，争取实现全程高能。三要用好"终点冲刺现象"，也叫"快速完成效应"（fast finish effect）。人们在临近终点时就会加速冲刺，效率会大幅提高。读书也是如此，看到最后几页时感觉特别快。你可以通过把任务切分为许多片段，把一次长跑变成许多次冲刺的方式，获得红利。四要用好"9龄效应"（9-ender effect）。19岁、29岁、39岁、49岁时，人们会更有紧迫感，有冲动做一些事情，甚至做一些之前从没做过的事情，来突破自己，上一个台阶。

6.4 本章小结

以上就是我的任务管理经验，包括三个层次。一是清单主义，用清单做好记录和计划，确保不忘事，侧重于工具的讨论。二是精要主义，对任务进行分级处理，抓住重点做出实效，侧重于方法的讨论。三是轻松主义，通过找准方向、设计空间和把握时间，降低成本提高效率，侧重于理念的讨论。希望大家从自己现阶段的情况出发，选择合适的模块做拼图，搭建起适合自己的任务管理体系，促成更多正面行动，带来更多积极成果。

本章思维导图如图 6-1 所示。

自.主.论. AUTONOMY
何为自主以及何以自主

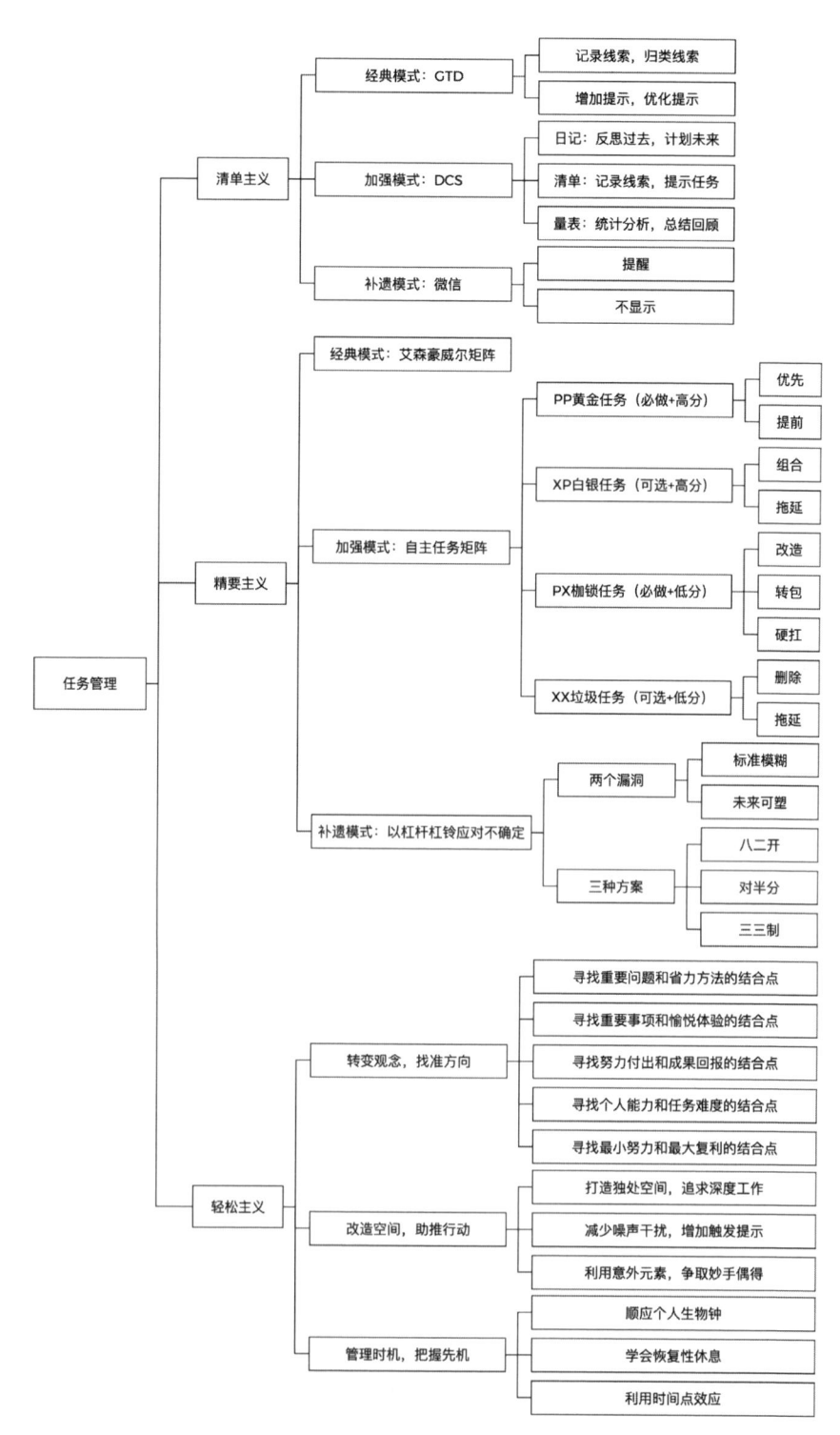

```
任务管理
├── 清单主义
│   ├── 经典模式：GTD
│   │   ├── 记录线索，归类线索
│   │   └── 增加提示，优化提示
│   ├── 加强模式：DCS
│   │   ├── 日记：反思过去，计划未来
│   │   ├── 清单：记录线索，提示任务
│   │   └── 量表：统计分析，总结回顾
│   └── 补遗模式：微信
│       ├── 提醒
│       └── 不显示
├── 精要主义
│   ├── 经典模式：艾森豪威尔矩阵
│   ├── 加强模式：自主任务矩阵
│   │   ├── PP黄金任务（必做+高分）
│   │   │   ├── 优先
│   │   │   └── 提前
│   │   ├── XP白银任务（可选+高分）
│   │   │   ├── 组合
│   │   │   └── 拖延
│   │   ├── PX枷锁任务（必做+低分）
│   │   │   ├── 改造
│   │   │   ├── 转包
│   │   │   └── 硬扛
│   │   └── XX垃圾任务（可选+低分）
│   │       ├── 删除
│   │       └── 拖延
│   └── 补遗模式：以杠杆杠铃应对不确定
│       ├── 两个漏洞
│       │   ├── 标准模糊
│       │   └── 未来可塑
│       └── 三种方案
│           ├── 八二开
│           ├── 对半分
│           └── 三三制
└── 轻松主义
    ├── 转变观念，找准方向
    │   ├── 寻找重要问题和省力方法的结合点
    │   ├── 寻找重要事项和愉悦体验的结合点
    │   ├── 寻找努力付出和成果回报的结合点
    │   ├── 寻找个人能力和任务难度的结合点
    │   └── 寻找最小努力和最大复利的结合点
    ├── 改造空间，助推行动
    │   ├── 打造独处空间，追求深度工作
    │   ├── 减少噪声干扰，增加触发提示
    │   └── 利用意外元素，争取妙手偶得
    └── 管理时机，把握先机
        ├── 顺应个人生物钟
        ├── 学会恢复性休息
        └── 利用时间点效应
```

图 6-1　本章思维导图

第七章　精力管理

> 饥来吃饭，困来即眠。
>
> ——大珠慧海《大珠禅师语录》

精力管理影响意志强度、情绪状态，甚至直接影响自主意愿。精力管理也和自主资源密切相关。精力管理的本质是身体管理。身体管理是一种约束优先。身体是革命的本钱，没有身体就没有时间。

自主论推崇长寿。自主的长度和厚度一样重要。长寿意味着有更多时间追求愉悦、心流和意义，留下更多子嗣、作品和分身等传奇。

技术进步可能创造长寿一族甚至永生一族，你活得足够久，就有足够多的积累用以支付身体修复（体检、诊断、治疗、康复）和身体增强（人造器官、外骨骼、脑机接口甚至基因改造等）的成本，由此获得更多的时间，这些时间又会带来更多自主，更多自主又带来更多时间，相互促进。[1]

因此，精力管理的目标是精力充沛，延年益寿。但理想与现实是有差距的。多数人精力管理的现状是精力透支，未老先衰。

如果说成功的精力管理是一个正向强化的过程，那么失败的精力管理就是一个负向削弱的过程。由于精力的持续透支，衰老的速度会更快，癌症等疾病也会更早降临，可能会因病致贫，影响自己和家人。贫困又会进一步缩短人的预期寿命。最终，精力的透支、时间的丧失，会带来自主的消亡。

因此，自主人必须解决一个问题，即：

---

[1] 研究长寿问题的哈佛医学院遗传学教授大卫·辛克莱（David A.Sinclair）在《长寿》（Lifespan）中指出，存在三种主要的长寿路径，即mTOR、AMPK和沉默信息调节因子。它们逐步演化，通过激活生存机制在逆境中保护身体。当通过低热量或低氨基酸饮食，或者通过运动使它们被激活时，生物体会变得更加健康、抗疾病能力更强、更长寿。调节这些路径的分子，比如雷帕霉素、二甲双胍、白黎芦醇和NAD促进剂，可以模拟低热量饮食和运动的好处，延长各种生物的寿命。

雄心壮志和精力匮乏之间的矛盾。

理论上，精力管理有两种方式：一是节流，搞需求侧管理，无为、不折腾、清心寡欲、知足常乐，减少精力消耗。二是开源，搞供给侧改革，有为、要折腾、投资身体、全情投入，增加精力供给。现实中，精力管理要采取组合策略，在节流基础上抓开源，建立起体能消耗和恢复的节奏性平衡，确保精力储备保持相对稳定。

遗憾的是，精力管理似简实繁，知易行难。道理看似简单，实践却很困难。多数人一知半解、半途而废，只有少数人学懂弄通，持之以恒。问题背后的根本原因在于，精力管理是个系统工程，表面简单，内部复杂。

精力管理的基础是身体，先天基因决定可供性，后天环境决定兑现率。你暂时无法改变当前自己的基因，只能通过发挥主观能动性，积极调节环境，以激活基因的不同表现形式，让身体涌现不同水平的精力。

然而，基因与环境的失配，给我们的精力管理带来极大的挑战。进化生物学家丹尼尔·利伯曼（Daniel Lieberman）高屋建瓴地指出，人类现有的旧石器时代的身体不能适应或不能充分适应某些现代行为和环境条件，导致失配性疾病出现。[1]

一是"富贵病"。在有一顿没一顿的冰河时代，能多吃、易长肥是优秀的基因特质，传承到高热量食物满天飞的现代社会，就带来肥胖、糖尿病、心血管疾病等问题。

二是"废用病"。人类天生没有进化出锻炼的本能，过去为了生存而暴走，只要有空闲就要偷懒，最好不动，保存体力，这种基因特质，遗传到今日，就催生了一批"沙发土豆"（Couch Potato），带来身体机能弱化、免疫力下降、力量削弱、骨质疏松等问题。

比富贵病、废用病更深层的，是我们必然走向衰老和死亡的身体，随着

---

[1] 利伯曼是著名生物学专家，美国艺术与科学院院士，哈佛大学人类进化系主任。他的研究成果涵盖了古生物学、解剖学、生理学和实验生物力学等多个学科，以对人类头部与身体的进化研究而闻名。他在研究方法上既注重实验室研究，也频繁进行田野调查。他的著作《人体的故事》(The Story of Human Body)和《锻炼》(Exercised) 广受关注和好评。

年龄的增长，"衰老病"等慢性疾病最终必将摧毁我们精力的根基。只要你活得足够长，癌症很可能站在生命终点等你。

年轻人若要自主，必须重视精力和身体，要在抵达中年的精力分水岭之前，看清横亘在前方的"富贵病""废用病""衰老病"三座大山，接受逆水行舟的现实，早做准备。

我认为，精力（身体）主要受呼吸、饮食、睡眠、运动等行为因素的直接影响和情绪、认知、意志等心理因素的间接影响。开源节流的具体实践，都是这七大因素的不同组合。可以根据自身实际，因地制宜地创新组合。

7.1 行为层面的四种直接干预

7.1.1 呼吸

呼吸是恢复精力的最基本方法。从生理学的角度看，精力来源于氧气和血糖的化学反应。呼吸提供氧气、能量以维持生命。你可以尝试以下几种恢复性呼吸。

一是静息呼吸。静息，停下来，感受呼吸。无所事事意味着支出减少，正念感受自己的呼吸，感受活着的状态，精力恢复效果更好。刻意地、有意识地停顿片刻，留意呼吸和身体感觉，尽可能回到当下，这就是"神圣停顿法"。

二是延缓呼吸。如果不能停下来，就延长呼气时间。一般认为，深呼吸、腹式呼吸等有节律的呼吸，可以调节身体状态。

三是反思呼吸。闭上眼睛，反思自己。《普罗米修斯的日课》清单可作索引，在呼吸的同时，回顾 26 个手势及其相应的心智模块，检视自己是否身体力行。或者使用语音版，边听边呼吸。

四是冥想呼吸。冥想被传得神乎其神，据说长期的冥想练习会导致大脑的许多结构性改变，是否真有效果，值得怀疑。有本书甚至以"冥想 5 分钟等于熟睡一个小时"为题，我只能说"信则有，不信则无"，或许更多是安慰剂效应。如果你想尝试，请远离卧室。

7.1.2 睡眠

哲学家阿图尔·叔本华（Arthur Schopenhauer）有段描述很合我意："每天都是一段小生命，每日醒来起身是一次小出生，每个新鲜的早晨是一次小青春，每晚休息睡去是一次小死亡。"为了珍惜好每段小生命，我们最好认识、适应甚至优化生物钟（circadian rhythm），尤其是抓好睡眠这件最大的小事。生物钟决定人的身体在一天中会经历若干个精力的峰值和低谷。保证精力状态的理想做法是每工作 90~120 分钟就休息片刻。实践中我们很难做到这点，主观上容易遗忘，客观上有时候条件也不允许。建议抓住睡眠这个关键。睡眠是对长寿事业的投资，是补充精力的最重要方式。每天要睡足，才能恢复足够的体力、耐力和动力。不睡觉，大脑顶叶和前额叶皮质会失去 12%~14% 的葡萄糖。缺觉 24 小时后，到达大脑的葡萄糖含量会整体下降 6%。

关于睡眠，有三点提醒：第一，别在熬夜时做决断（重要的事情说第三次了）。熬夜会让人做出糟糕的决策。夜晚工作的时间越长、越连续、结束得越晚，你会变得越低效，也更容易犯错误。第二，别等困了才去睡觉。当你感到困意时，其实身体已经很疲惫了。第三，别幻想补觉有效果。研究发现，平日里不睡觉，节假日乱睡觉的做法会进一步打乱生物节律。

通过睡眠恢复精力，你要做三件事。

一是早睡早起。杜绝熬夜，尽量早睡，争取在产生睡意之前上床。对多数人而言，晚上 9 点到 11 点是入睡的黄金时间，晚上 10 点到凌晨 2 点处于睡眠状态，可以获得最佳的褪黑激素、人类生长激素（HGH）分泌，身体得到修补、恢复和强化。大脑也在睡眠期间得到清理，淋巴系统里由新陈代谢产生的废物和毒素等被高效排出。而且，早睡意味着早起，结合晨间学习，开启一天的良好状态。有几点小注意：第一，睡眠以 90 分钟为一个完整周期，所以建议睡 6 小时或 7.5 小时，效果更好。第二，睡前在床头放水，方便早起后喝水，手机则要调好闹钟并放远一些，助推自己起床。第三，如果可以的话，早起后做运动，哪怕只锻炼几分钟，也将大大提升你的精气神。第四，在晨型学习之后吃早餐，因为消化食物是身体每天最消耗能量的活动之一，吃得越多，越容易感到疲惫。

二是午睡小憩。小憩让人重启，把一天掰作两天用。美国航空航天局在对抗疲劳的实验中发现，小睡 40 分钟效能可提高 34%，并达到完全的清醒。哈佛大学研究也发现，参加多项任务的受试者精力可能会降低 50%，而只需午睡 1 个小时就能重新达到效能顶峰。小憩最好控制在 15 分钟左右。90 分钟睡眠周期分为入睡阶段、浅睡阶段、深睡阶段和快速眼动阶段（通常在做梦）四段，小憩超过 30 分钟，进入深睡阶段后，被叫醒就会感觉眩晕无力，甚至比不睡更加疲倦。或者午休，睡足 90 分钟。《如何学习》（*How We Learn*）的作者本迪尼克特·凯里（Benedict Carey）引用加州大学圣迭戈分校的萨拉·梅德尼克（Sara Mednick）的实验发现：在傍晚的考试中，那些白天睡过一个小时午觉的人，成绩比没有睡过的人高出约 30%。那些有午睡习惯的国家和民族，似乎学习成绩都要好一些，这大概跟午睡改善精力水平，梦境参与情绪梳理和记忆巩固有关。另外，要学会享受睡眠和梦境，有意识地留出时间来做梦。梦是自产自销式的信息输入方式，绝对独一无二的精神体验，BAGC（大脑自动生成内容）比任何游戏和电影都更曼妙丰盈。用心去感受梦境，享受故事、释放情绪、获得启发。

三是想睡就睡。传统农业社会对睡眠行为的污名化，导致不少人在睡觉时有负罪感，我本人就是如此，每天都想多熬一会，无意识地认为睡早了就是偷懒。要彻底消除这种错误观念，坚决克服睡眠的心理障碍，把睡眠当成权利，把睡梦当成福利。你可以试着从"困了才去睡"改为"没事就去睡"。睡眠是解决一切问题的助燃剂。状态不好的时候，睡会儿，脑子清楚了再干。睡得多，状态好，效率高，做得就更好，睡觉时间也更多，进入良性循环。不争一时，睡出未来，此乃躺赢之道。当然，若想做到想睡就睡，必须前期做足功课。在时间允许的情况下，必须解决随地睡觉的硬件问题。如果是在办公室，就要考虑是否备置一张轻便舒服的折叠床，备好眼罩、耳塞和靠枕，脑袋不要枕得太高。条件特别好的，给自己准备个独立的睡间。当然，还要注意睡姿，维持脊柱稳定性。侧卧最好，可养成习惯。另外，睡眠与饮食也有关联，尤其是不能缺镁（推荐吃香蕉），否则会导致慢性失眠。失眠会带来肥胖，肥胖又会影响睡眠，很糟糕。

7.1.3 饮食

我们的身体是吃出来的。如何塑造我们的身体。食物虽然种类繁多，但归根结底都是六大营养素的不同组合。六大营养素即水、糖（碳水化合物/膳食纤维素）、蛋白质（完全、半完全、不完全）、脂肪、维生素、矿物质（常量元素、微量元素）。有人认为，天然的东西更好，天然营养素比合成营养素好，天然食材比人工食材好，因为更适合人体吸收。对此我表示怀疑，我也怀疑所谓的有机、野生等概念。家里老人不懂科学，常说什么有营养，什么没营养，年轻人不能犯这种错误。利于精力恢复和增强的饮食方案应是营养均衡、规律适度的摄入。这里讨论几个常见的问题。

一是适度饮水。不管是男人还是女人，都是水做的。肌肉若缺水3%就会失去10%的力量和8%的速度。多喝水可以预防便秘，也促使自己经常起身上厕所，增加走动频率，避免久坐。但是过犹不及，过度饮水会带来血液变稀、血量增加、心脏负担加重等问题。建议每天摄入2000毫升水（约4瓶矿泉水，10杯水）。多数是你喝的，少数是食物里来的。喜欢喝茶的人要节制，茶水摄入过多会增加肾脏负担，带来结石。咖啡因摄入也要适度，容易产生依赖，也影响睡眠质量。"真理之水"酒的话，除有利社交外，对身体几乎是有百害而无一利，建议节制。而且，饮酒往往与应酬相关，应酬时总是与各种海吃海喝、熬夜熬战绑定在一起。所以，尽量少应酬，不得不应酬的，多喝水，多聊天，少进食，少饮酒，别把自己的身体当成处理过剩食物的垃圾堆。

二是控制糖分。所谓糖分，就是碳水化合物，包括各种谷物，其不合理摄入会导致血糖水平的大起大落，给胰腺带来压力，最终导致胰岛素抵抗和糖尿病。人类靠吃水果而智能飞跃（一种假说），又因为谷物而人口激增，但因为过多的糖而面临失配疾病的困扰（慢性炎症等）。控制糖分摄入的关键是尽量减少单糖化合物摄入，减轻肝脏负担，避免肥胖。富含单糖的食物，主要是米饭、米粉、面包、面条以及其他精加工的淀粉制品。但是老人家不知道，经常在早餐时克扣掉年轻人豆奶里的几粒白糖，又给他们盛上满满一大碗白米饭，或塞上几个白馒头，美其名曰"健康"，搭配一句"人参不如米心"（温州俚语），让人哭笑不得。

三是大鱼大肉。大鱼大肉里富含蛋白质和脂肪。其中，脂肪是人体内含热量最高的物质，主要有四大功能：维持正常体重、保护内脏和关节、滋润皮肤和提供能量。特别是长期被污名化的胆固醇，是性激素和去甲肾上腺激素的原材料。缺乏胆固醇是身心老化的根源。一般人体日需脂肪占食物总热量的15%~30%。遗憾的是，许多人为了减肥，想当然地认为要控油，所以不吃脂肪，反而造成身体问题。建议提防反式脂肪酸（人造奶油），接纳饱和脂肪酸（牛猪油脂）、不饱和脂肪酸（鱼虾油脂）和顺式脂肪酸（植物油脂）。大鱼大肉的确有用，增加蛋白质摄入会提升减肥效果，改善血脂水平。蛋白质和健康脂肪会促使胰腺产生更多胰高血糖素，刺激储存脂肪酸的分解和燃烧。如果你怕这种方式会造成便秘，可考虑引入"三高一低"理念（高蛋白、高脂肪、高纤维、低糖分），适度增加蔬菜和水果的摄入。

四是多吃果蔬。增加水果和蔬菜的摄入不仅提供膳食纤维，还有利于肠道中有益菌群的繁殖。被誉为"第二大脑"的人体肠道中大约有3公斤的细菌，这些细菌通过神经网络中最长的迷走神经（Vagus Nerve）与大脑通信——迷走神经中大约90%的纤维负责这种通信。肠道细菌可以影响情绪，因为它们帮助产生血清素等神经递质。适量的益生菌摄入可以改善情绪和认知功能，使人更加乐观和积极社交。肠道健康受到睡眠的影响，反过来肠道健康也影响睡眠过程。素食要搭配合理，口味好才能吃长久。基本原则就是种类越多越好，颜色越多越好，把粗粮、豆类、蔬菜、水果等组合起来。我曾预定过蔬菜沙拉作工作午餐，坚持一段时间后体重明显下降，精力也有所改善。

五是少食多餐。有观点认为，最丰富的食物也不足以支持4~8小时的高效表现，所以一天内应吃5~6餐低热量而高营养的食物，从而为精力提供稳定的能量供给。也就是说，除早中晚3顿正餐之外，还要穿插2~3次零食。

正餐建议用小碗打饭，小盘盛菜，实验证明这样可以有效减少能量摄入；也建议慢食品尝，大脑需要10分钟才能体会到饱腹感，吃太快就容易吃多吃撑；还建议早上多吃点，晚上少吃点。研究者比较了每日摄入2000大卡的人群，早餐吃饱的人一天中的疲劳感更少，总体上的减重效果更佳。零食建议热量控制在100~150大卡（相当于1个鸡蛋），并尽量选择低升糖指数（GI值0~45）的食物，如坚果、水果、牛奶等。低升糖食物摄入后，不会造成大脑葡萄糖水平的大起大落，有利于精力水平的稳定。中国人的"饭软"，其实就是米、面、粉等高升糖食物在作怪。

六是偶尔断食。自古以来就有禁食的做法，许多人相信禁食有利身心。当前有一种流行的节俭假说（thrifty hypothesis）认为，我们是在有一餐、没一餐的年代完成进化，因此最佳的饮食方式便是模拟那个年代的生活。身体能量充足，会选择成长、性爱、繁衍；身体能量暂时短缺，反而会激发潜力来自我修复。即便只是短暂地停止进食，也能激活基因修复，带来长期益处。该假说的信奉者发明了"轻断食"方法，建议采取间歇式断食（intermittent fasting）来促成身体修复。我曾尝试每隔一天禁食一次，禁食当天只吃一餐，或者其他几餐只吃一个苹果，感觉有一定效果。老人家肯定要问，这样做会不会把胃搞坏掉，其实我也有类似的疑惑。你感兴趣，可以试试。建议把断食排在工作日，不影响周末与家人共享美食。或者，一周五天节食，一天禁食，一天美食。也有观点认为，采用生酮饮食，即大鱼大肉的高脂肪、高蛋白质和低碳水化合物组合，也会产生与禁食类似的效果。该方法是否普适，有待观察。

7.1.4 运动

运动让人健康和长寿。没有锻炼习惯的人只要增加一点点运动量，就可以获得显著的增效，运动量增加越多，效果越好。一是延缓衰老。运动多的人，端粒（telomere）[1]似乎年轻一些，不知是相关还是因果。但可以确定的是，

---

[1] 端粒是染色体末端的DNA重复序列和相关蛋白质组成的结构。端粒的主要功能是保护染色体不被磨损和损伤，同时防止染色体之间的融合。随着细胞的分裂，每次复制都会使端粒变短，这被认为是细胞老化的一个主要原因。

有规律的身体活动可以延缓衰老进程。一般而言，锻炼越多，寿命越长；年龄越大，效果越好。相反，过了40岁，如果没有日常力量训练，人们平均每年会失去约半斤肌肉，导致老龄化虚弱。不客气地说，人不是死于衰老，而是死于不运动。二是修复身体。适量运动好似游戏里的回血机制，启动身体修复过程，不仅修复锻炼时的损伤，还修复其他累积的损伤，由此带来超量补偿和超值修复。这个过程相当于你在厨房打翻了东西，然后把厨房彻底清理了一遍，最后整个厨房变得比之前更干净了。这个逻辑听起来很像塔勒布的反脆弱性，也像心理学说的创伤后成长，运动专家总结为"无疼痛，无收获"（No pain no gain）。三是改善大脑。每一次短暂的中等强度到高强度的锻炼都能改善记忆力和注意力。运动刺激大脑分泌内啡肽（endorphin），让人心情愉悦。四是控制体重。无论你靠哪种方式减重，要想保持体重，只能依靠运动。每天至少进行60分钟中等强度到高强度的身体活动，可以降低患肥胖症的风险。

当然，运动也有其问题。一是门槛太高。在所有的锻炼建议中，到目前为止最常见、应用最广泛的方案，就是每周进行至少150分钟中等强度运动，或者进行至少75分钟高强度运动，再辅以每周两次的力量训练，这一方案同时也得到了世界上几乎所有健康机构的倡导。但是对我和我的多数读者而言，这太难了，主观意志难坚持，客观环境也难支持。二是带来伤痛。不常运动的人，在运动之前若没有做好热身运动，或者方式方法不得当，可能造成运动损伤。三是容易反弹。运动后的精力下滑可能导致意志力弱化，催生暴饮暴食等"补偿效应"。

诚如利伯曼在《锻炼》一书中所言："生命需要运动，但锻炼不是本能。"一方面，人类的进化要求我们的身体必须终生保持运动的状态，各方面的机能才可以达到最优；另一方面，人类的进化也要求我们的大脑控制身体尽量避免运动，除非是要做的、愉悦的、有回报的事情。跑步大师乔治·希恩（George Sheehan）直言：锻炼是反人性的，人们能够坚持，是因为不锻炼的感觉更加糟糕。我就是一个不锻炼的人，感觉很糟糕。久坐之后全身都觉得不自在。如何锻炼，我没有发言权，但我很明白：运动比不运动好，年龄越大，越要锻炼，而且要科学地锻炼。这里罗列一些我找到的和想到的懒人的办法。

一是有活力地坐。从小我们就被教育要坐着别动，其实这是非常有害的。久坐不动是致命杀手。在久坐期间频繁起身的人，即使只是短暂起身，出现炎症的可能性也比坐着的总时间相同但是几乎不起身的人低25%。打破久坐状态，哪怕只是很短的时间，比如每半小时起身100秒，人们血液中的血糖、血脂和所谓的坏胆固醇的浓度也会降低。外国人提出一种理念，叫"有活力地坐"，换句话说就是动来动去，坐着时多一些无意识的身体活动。坐着的时候仅靠身体的小动作，每小时就能多消耗20大卡能量，对身体更为有利的是，这些小动作还有助于血液加快流向不停活动的四肢。相较于那些安静坐着的被试，坐不住的被试每天多消耗100~800大卡能量。是的，你坐不住的孩子其实是对的，而不让你抖脚的老爸是错的。但你现在还不能告诉孩子，只能告诉自己，坐着的时候，时不时动下身体，每隔90分钟起身休息片刻。一种有效的策略是多喝水，身体的自然反馈会督促其起身走动。另一种策略是买按摩椅。温州医科大学基于大学生实验研究的结论是，按摩椅的被动运动效果与其他主动运动效果相当。

二是尝试间歇性运动。高强度间歇训练（high intensity interval training，HIIT）是提高运动能力的有效方式。一般来说，高强度间歇训练包括多组10~60秒的短时极限冲刺，每组都会让训练者跑到窒息。参与方式有很多，包括短跑、爬楼梯、骑自行车甚至举重，只要能够节奏性地提高和降低心率即可。不过，高强度间歇训练需要你极其严苛地逼迫自己，才能达到效果，而且这种训练确实会给人造成强烈的不适感，所以对于那些体能状况不佳，或者存在关节疼痛和心血管功能缺陷等健康问题的人，一般不建议采用这种方式。每周也不宜进行太多次的高强度间歇训练，这样反而不会燃烧更多的能量，只会增加受伤的风险。最重要的是，高强度间歇训练给人体带来的好处不及常规有氧运动多样。由于高强度间歇性运动有门槛，我建议把高强度拿掉，先从间歇性运动做起，每天抽时间分几组，动几下。打算一天跑1公里的，就分两次，每次跑500米；打算做20个仰卧起坐的，就分两次，每次做10个。劳逸结合，效果更好。

三是培养体育爱好。体育是有组织的玩耍，是锻炼身体和强健身心的完美组合，是整合了游戏化思维的运动形式。以足球为例，体育要求遵守规则，控制应激性攻击行为（不能踢人），掌握并运用有节制的主动性攻击技巧（可以踢球）。如果你觉得足球、篮球等大球的对抗性太强，可考虑羽毛球、乒乓球等小球。如果你跟我一样是宅男，希望在客厅里完成运动锻炼，那可以考虑购买划船机，边看片边运动；或配全VR装备，试试《节奏光剑》（*Beat Saber*）等运动游戏。另外，你最好结对体育和联网游戏同伴，同侪压力可以助你更好地坚持。最后，健身房门槛高、条件多，容易半途而废，除非你家里有设备和帅哥美女教练。

四是生活即运动。一要把通勤变成运动。条件允许的话，把开车变成散步或者骑行。路边比比皆是的共享单车就是最好的锻炼工具。如果一个人每天步行1小时且在饮食方面不对此做出任何补偿，那么理论上说，两年下来可以减掉惊人的18公斤体重。二要把劳动看成运动。我们的祖先和长辈不去健身房，但身体都很好，跟"劳动即运动"有关。一个成年男性（按体重均值82公斤计算），如果躺着不动，大概消耗1500大卡（基础代谢）；坐着不动，约1700大卡；站着不动，约1900大卡。如果做一些杂务，则每小时增加100大卡消耗（相当于散步的效果）。所以，不管你是否承认，劳动都是最大的耗能（减重）方式。而且，实验发现，当人们接纳"劳动即运动"时，运动带来的锻炼效果更好。如果是休息日，你可以听着音乐，打扫卫生，整理房间，效果好过无目的的漫步。三要把做爱当作运动。性行为是一种高强度间歇性训练，又带来更好的睡眠，然后更好的睡眠又增加人的性欲。性高潮是多数人的镇静剂，提升人体的催产素、血清素等诸多激素和神经递质水平。

7.2 心理层面的三种间接调节

身心一体，好的心理状态会带来好的身体状态和好的精神状态。下面我们从情绪、认知和意志三个角度来梳理可做之事。

7.2.1 情绪

自主论认为,身体状态作为一种感觉输入,会影响情绪评价,情绪评价又影响认知建构和行为表达,进而改变身体状态。与此同时,情绪状态也直接影响身体状态。美国心理学会前主席莉莎·巴瑞特(Lisa Feldman Barrett)的情绪建构论认为,内心看法源于身体状态,又改变身体状态。我们的身体感受部分来自真实体验,部分来自情绪参与的认知建构。[1]

从我们的主观体验来说,精力充沛和心情愉悦同时发生时,我们的身心状态最好,好的身体感觉建构良好的情绪状态,良好的情绪状态又强化好的身体感觉,我们可以做到全情投入(full engagement)。相反,如果情绪和身体不能同步,如精力充沛但心情低落,或者精力耗尽但心情愉悦,都会影响我们潜能的释放。

调节情绪是下一章的核心内容,本节只分享简单思路。

一是升华和缓解负面情绪。你需要了解和接受一些精神分析的理论和技术,将负面情绪升华为建设力量。最适合年轻人的是阅读和写作等方式。不管你有多少消极情绪,阅读名人传记、撰写个人日记,都会有明显效果。另外,睡梦是与负面情绪和解的有力方式。难以控制自己的时候,可以考虑去睡觉,然后记录梦境,解读梦境,在梦境中获得更多启示和释放,拥抱梦神的祝福。现代社会还有一种可以贩售的"清醒梦"叫电子游戏,真的需要帮助的你也可以在医生和专业人士的帮助下,选择功能性游戏。进入AI时代后,还可以使用各种GenAI工具进行劳动和创作,从而升华情绪,形成作品,产出价值。

二是建构和激发正面情绪。若你希望有意识地创造正面情绪,此时你必须接纳一个基本假设,相信情绪是可以主观建构的。你首先要保证自己的身体处于放松和舒服的状态,然后尝试想象未来法:深呼吸,想象未来美好的样子,想象自己实现梦想后的感受和体验,这一方法会激发你的斗志和激情,

---

[1] 莉莎·巴瑞特是情绪建构论的提出者,也是杰出的神经科学家,以其在情感神经科学领域的贡献而闻名。她曾担任美国心理学会(American Psychological Association, APA)的主席。下一章我们会讨论她的观点。

顺着继续思考目前阻碍你实现这些目标的问题是什么，并列出解决这些问题的行动计划，就是WOOP技术了。[1] 如果你缺乏想象力或者勇气，需要具象的物件来激活情绪，就试着引入一些寄托情绪的载体，如翻看过去成功时刻的照片，或者自己崇拜的伟人的事迹，找到感同身受的情绪同步状态。当然，最简单的办法就是坐下来和孩子交流，或者看一部轻松愉快的电影，或者跟你的GenAI一起生成可爱的小动物照片。

7.2.2　认知

认知和身体精力的关系很复杂。首先，认知是耗能大户。思考会耗费巨大的精力。只占体重2%的大脑需要人体25%的氧气供给。其次，认知构建人生观、价值观、世界观，为身体的努力提供目标和意义。没有目标和意义，我们容易陷入两种状态。一是颓废不前，对任何事情都打不起精神，没有价值感，不愿意投入，宁可躺平等死，也不想有所作为。二是过度工作，不知道为什么而努力，只是盲目坚持，严重透支自己的身体和精力。工作痴迷是这个时代的"可卡因"。

尼采说过："知晓生命的意义，方能忍受一切。"深层的价值取向所带来的生活方式不仅是生活的主心骨，还能帮助我们更好地应对各种挑战。我们唯有知道什么是最重要的，才能做到全情投入，我们身体和情绪才能进入最佳同步状态。在一个生存和繁衍已经不再是主要矛盾的时代，人类需要价值观和使命感驱动。意义（为什么）和目标（做什么）给了我们全情投入的理由，给了我们用好精力、恢复精力的理由，让我们改短期为长期，看长远而非当下。目标和意义也成为人在精疲力竭时强势反弹、满血复活的关键，它们是精神的食粮、精力的火种。集中营幸存者弗兰克尔在《活出生命的意

---

[1] WOOP是一种心理工具，由心理学家加布里埃尔·厄廷根（Gabriele Oettingen）开发，用于帮助人们实现他们的愿望和目标。WOOP代表以下四个内容：Wish（愿望）：明确你的愿望或目标；Outcome（结果）：想象实现愿望后的最佳结果；Obstacle（障碍）：识别可能阻碍你实现愿望的障碍；Plan（计划）：制订一个行动计划来克服这些障碍。WOOP方法强调了积极想象和现实障碍之间的平衡，帮助人们更清晰地认识到实现目标的潜在障碍，并提前准备应对策略。这种方法已被证明可以提高目标实现的可能性，尤其是在个人发展、健康和职业目标方面。

义》[1]中探讨了这一问题。这里也谈谈我的建议。

一是认命但不认输。德国马斯克·普朗克研究院人类研究所所长项飙老师说过，我们应该"认命"，但不能"认输"，我很喜欢这句话。具体如何做？一方面，认清自己的"命"，尝试基因检测、定期体检，评估健康状况，了解自己的身体有哪些使用须知和注意事项。生命科学正在突飞猛进，只要活下去，就有新希望。另一方面，努力改变"运"，基于客观现实设置合宜的目标，关心自己所做的事情，认定自己认为真正有意义的事情，努力不懈，绝不放弃。成功的话，收获喜悦；失败的话，没有遗憾。阿尔贝·加缪（Albert Camus）写道："在西西弗斯的神话中，奋力推石上山的行为本身是一种抗争而非逆来顺受，实现了一个人存在的尊严和意义。从这个角度来说，西西弗斯是幸福的。"

二是把困难当作挑战。费奥多尔·陀思妥耶夫斯基（Fyodor Dostoevsky）说过，"谁能战胜疼痛与恐惧，他自己就会成为上帝"。要树立一种成长心态和挑战心态，相信所有努力都会转化为积累，所有尝试都会带来愉悦。保持自尊自信、开放包容的态度，承认自己的局限，降低自我防御，从而增强积极精力。用游戏化思维去看待世界，结合有限游戏和无限游戏两种视角看问题想未来。认知视角转变后，一切皆为游戏，十分有趣，且有收获。

三是破解固见和执念。在精力管理的道路上，除了人类认知固有的偏差、谬误、噪声，有许多错误的成见需要去克服，这些迷信不破除，就会造成不必要的消耗，阻拦我们发现正确的道路和方法。前文在讨论呼吸、睡眠、饮食和运动时，已经列举过一些。建议学习科学的原理和方法，坚持阅读思考和实践检验，勇敢地质疑和打破身边的固见。还要努力打破自己心中的执念，为精力管理扫除障碍。对我而言，曾经最大的执念就是"舍不得睡觉"和"吃饭不能浪费"。这两天我吃得多，睡得少，身体严重变形。如果能换成"睡觉是对时间的投资"和"吃到肚子里也是浪费"，估计行为表现就会好很多。

---

1 维克多·弗兰克尔（Viktor Frankl）是一位奥地利著名的精神医学家和心理学家，他以其在纳粹集中营的生存经历和基于此经历发展的意义疗法（Logotherapy）而闻名于世。弗兰克尔的理论强调人类对生命意义的追求，他认为这是人类最基本的精神需求，并将这种追求定义为"意志的自由""意义意志"以及"生命意义"。弗兰克尔的工作和理念对心理学和精神疗法产生了深远的影响，他的存在分析学说被视为西方心理治疗的重要流派之一。

7.2.3 意志

精力与意志之间存在强正相关。精力充沛则意志坚定，精力耗竭则意志薄弱。鲍迈斯特认为，意志力就像肌肉，会损耗，会恢复，它跟大脑里的葡萄糖水平成正比，葡萄糖水平跟我们的精力水平成正比。因此，不要在精力耗竭甚至透支的时候做重大决断，此时是骑象人最弱小的时候，容易被大象带偏带歪。

反过来，意志坚定促进精力恢复，意志薄弱附带精力耗损。老话说得好，只要精神不滑坡，办法总比困难多。意志坚定时，我们更容易做出正确决断，指引身体正确地呼吸、睡眠、饮食和运动，从而恢复更多精力。合理的选择应该在开始之前开始，比如在犯困之前睡觉，在口渴之前喝水，在饥饿之前进食，在疲惫之前运动，这样效果最好。等到我们反应迟钝的身体给出自然反馈时，往往是身体已经过度消耗，急需恢复补充的时候，是迟到的信号。如果身体透支但没有及时补充，意志力就随着精力下滑而进入薄弱的状态，此时骑象人就难以驾驭大象合理行事。饥渴过度后无心饮食，疲劳过度后无力运动，困乏过度后无意入眠，大家应该都有类似的体验。

如果你过度自律，在意志薄弱和精力耗竭时过度努力，则容易发生过度补偿甚至过度放纵现象。我曾经喜欢在晚上用游戏犒劳自己，但精力下滑势必带来表现不佳和情绪不好，于是陷入爆肝熬夜的结构性困局。熬夜后不得不早起上班，睡眠时间就严重不足，次日情绪、身体状态都不佳。还有一些人喜欢强制运动，导致体力透支，意志力塌方，发生暴饮暴食。运动半天只消耗 100~200 卡路里，动完一顿吃下去就吸收 500~1000 卡路里。也有人靠意志力节食减肥，却不知道此举会降低基础代谢和静息代谢，导致体力下降和意志力弱化，更容易被美食诱惑，导致报复性饮食。上述几种现象还会带来循环伤害，就是事后懊悔带来再运动再节食，然后再补偿再反弹，周而复始，恶性循环。

推动意志和精力的双向强化，关键在提前谋划和设计。生活中每一件可能重复的事情，都值得认真对待。生活只要投入时间去思考，就能抓住重点，降低成本，做到举重若轻。与其过程中盲目消耗，不如前期多花时间谋划。这里有两个与时间相关的基本原理要再次强调：一是复杂守恒定律。前文说过，事物复杂程度相对固定，设计师多花功夫，则用户少花精力。记忆事物（编码存储）投入时间越多，则回忆事物（解码提取）花费时间越少。同理，前期研究精力管理付出时间越多，则后期执行落地所需时间越少。二是频率不对称性。前期图纸只需要一次设计，后期生产却可以千万次调用；前期可能就是一两个设计师的努力，后期却可以有千万人的受益。因此，我们要把有限的意志力用于前期谋划、投资未来（一劳永逸、一本万利），而非后期执行、决断琐事（一事一议，一分付出一分收获）。

这里推荐三件在你意志坚定时应该去做的环境改造工作，它们将有利于改善你的精力状态。一是远离电子产品。把手机、平板、电脑等放在自己不能触手可及的地方。世界卫生组织把手机辐射列为2B类致癌物，不宜放床头，如果要放，建议开启飞行模式。睡觉前把手机放置远点，还可以迫使自己起床（按掉闹钟）。二是靠窗和绿植坐下。办公室里可以放常春藤、吊兰等植物，桌子最好靠近窗户。光照有利于睡眠。白天多晒太阳（分泌血清素、皮质醇等），晚上少点人造光（分泌褪黑素），睡眠质量更好。在无法到户外去的情况下，不靠窗的人和靠窗的人比，接收的自然光减少了173%，每晚会因此少睡46分钟。三是打造个性化空间。呼吸、睡眠、饮食和运动，如果有独处空间，都会更容易发生。如果你有自己独立的办公室，就更可能选择午休，更可能选择电话等方式交流。如果你还没有独立办公室，那就用好带降噪功能的耳机和机器生成的音乐，为自己打造舒适的声音场景。

7.3　本章小结

精力管理关乎人的身体状态，决定我们有多少可用于追逐自主的时间。成功的精力管理应该帮助我们解决雄心壮志与精力匮乏之间的矛盾，最终帮助我们活得更久，更成功，更幸福。本章先从行为层面的呼吸、睡眠、饮食、运动切入，提出了一些操作建议；又从心理层面的情绪、认知、意志出发，讨论了一些调控思路。

本章思维导图如图7-1所示。

第七章 精力管理

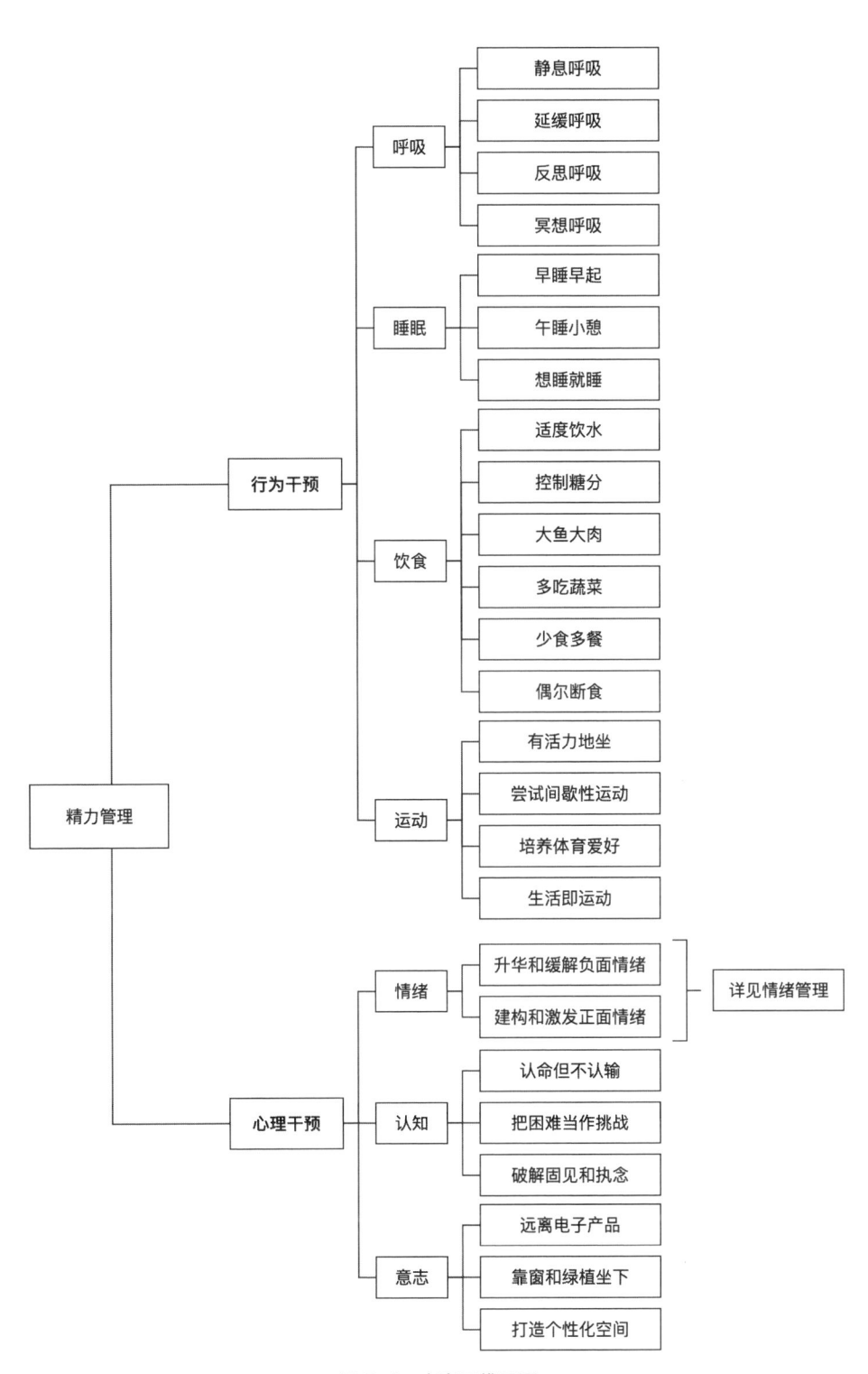

```
精力管理
├── 行为干预
│   ├── 呼吸
│   │   ├── 静息呼吸
│   │   ├── 延缓呼吸
│   │   ├── 反思呼吸
│   │   └── 冥想呼吸
│   ├── 睡眠
│   │   ├── 早睡早起
│   │   ├── 午睡小憩
│   │   └── 想睡就睡
│   ├── 饮食
│   │   ├── 适度饮水
│   │   ├── 控制糖分
│   │   ├── 大鱼大肉
│   │   ├── 多吃蔬菜
│   │   ├── 少食多餐
│   │   └── 偶尔断食
│   └── 运动
│       ├── 有活力地坐
│       ├── 尝试间歇性运动
│       ├── 培养体育爱好
│       └── 生活即运动
└── 心理干预
    ├── 情绪
    │   ├── 升华和缓解负面情绪 ┐
    │   └── 建构和激发正面情绪 ┘ 详见情绪管理
    ├── 认知
    │   ├── 认命但不认输
    │   ├── 把困难当作挑战
    │   └── 破解固见和执念
    └── 意志
        ├── 远离电子产品
        ├── 靠窗和绿植坐下
        └── 打造个性化空间
```

图 7-1 本章思维导图

第八章　情绪管理

> 哲学家看到影子，发现了光明，再引导其他人走向光明。
>
> ——柏拉图（Plato）《理想国》（*The Republic*）

情绪有两面性，它是动力之源，也是问题之渊。西方人用天使的神性和魔鬼的兽性来形容情绪的复杂，中国人或许更容易接受水与火的比喻。情绪是水，水可载舟，亦可覆舟。情绪是火，可以创造，也可以毁灭。

先哲大多劝诫我们用意志的勇气和认知的理性去压制情绪的冲动，如孔子说"三戒"：少之时，血气未定，戒之在色；及其壮也，血气方刚，戒之在斗；及其老也，血气既衰，戒之在得。又如德尔斐神殿"三言"：认识你自己，凡事需有度，承诺带来痛苦。也有少数人推崇纵容欲望的膨胀，美其名曰"人性的解放"。当代的思考者观点趋于辩证，行动者实践趋于务实。我们要认识情绪，调节情绪，转化情绪，让它为我所用。

情绪管理是获得自主必须掌握的技能。自主论认为，情绪管理的核心问题是：

情绪（情感）与认知（理智）的矛盾。

解决这个问题，只能依靠意志的调和。所以情绪管理的本质是意志调和情绪和认知的矛盾，实现安全和自由的平衡，达成心理和行为的统一。

下面我们先介绍精神分析学、积极心理学和情绪建构论三种范式的理论与实践，最后介绍自主论的情绪管理思路与建议。我必须先作声明，没有绝对正确的理念和完全通用的方法，不过有理论方法总比没有理论方法好。建议大家根据自身实际，各取所需，举一反三。

8.1 精神分析学范式

我和多数小白一样,刚起步时错把弗洛伊德的精神分析学作为严肃的心理学著作来读。而且,我选择了最大部头的《梦的解析》(*The Interpretation of Dreams*),作为学习心理学的第一本入门书籍。原因仅仅是它的英文名字就是我名字"考梦"的意译。

8.1.1 精神分析的理论

精神分析学诞生在一个压抑的年代,创始人弗洛伊德在治疗和研究精神病患者过程中,逐步搭建起一套话语体系,解释看到的现象,解决遇到的问题,成为当时的显学。从某种意义上说,在宗教信仰缺位、教会力量退出的时代背景下,精神分析学派的分析师及其咨询室就是世俗世界里凡人的救赎之道,迎合人们追求精神满足、实现情绪释放的需求。

精神分析的短板也很突出,它太像宗教和文学。创始人弗洛伊德是个犹太裔的思想家,其传承人中的卡尔·荣格(Carl Jung)[1]有神秘主义传统,弗洛姆则推崇佛教,其他许多后期代表人物也都有强烈的宗教情怀。这种"集体无意识"让他们倾向于给情绪贴上冲动和焦虑等负面标签。

精神分析学讨论情绪的核心关键词是"力比多"。

尽管弗洛伊德不承认,但在他最初的著作里,力比多的确只是狭隘地指代"爱欲",后来才逐渐拓展边界。我更喜欢荣格的定义,力比多应是一种"生命力",一种情绪能量。人的内心好似一个容器,力比多如泉水般从底部不断喷涌而出,压力、焦虑和痛苦随之增长。人的不同行为方式、爱恨情仇、有意识无意识,都是为了释放力比多。把力比多倒掉,才会带来平和、舒展和快乐。

从今天的眼光看来,诞生于 20 世纪初的精神分析学可谓漏洞百出,但它

---

[1] 荣格是一位瑞士心理学家和精神分析医师,分析心理学学派的创始人。他的理论以集体无意识和心理类型理论而闻名。荣格认为,人们从出生起就带有集体无意识的内容,这为人们的行为提供了一套预先形成的模式,决定了知觉和行为的选择性。荣格曾经是弗洛伊德的弟子,但后来因为理论上的分歧而与弗洛伊德决裂,形成了自己的分析心理学理论。

的模因已深入人类社会的每个细胞。我们会无意识地用它的方式去看待问题，甚至连"无意识"这个词本身也是它的发明。精神分析学好比西方人的中医，理论经不起推敲，但实践有一定效果，所以信徒众多。按照阿瑟对技术的定义，精神分析技术就是对人类情感现象和功能有目的的编程。精神分析有用，不仅是因为信则有，更是因为实践出真知，它是诸多精神分析师共同经验的总结，建立在临床实践的基础上，所以在情绪管理领域永远有一席之地。

8.1.2 精神分析的实践

精神分析式情绪管理的关键在于调控力比多，使之输出好行为，进而催生好情绪。弗洛伊德的女儿安娜（Anna Freud）提出数十种自我调控情绪的技术，我觉得不好记，就结合弗洛伊德的观点，将其合并为四类。

一是爱神（eros）的表达。这是力比多的正面表达，通过爱和友善的方式表达情绪。如一个男生努力对一个女生好，倾其所有地付出，并在过程中感受美好。弗洛伊德称之为生命本能。问候你的父母，亲吻你的爱人，拥抱你的孩子，善待你的朋友，都是爱神的表达，都是生命本能的体现。

二是死神（thanatos）的宣泄。这是力比多的负面表达，通过恨和暴力的方式宣泄情绪。如男生追求女生不得，因爱生恨，甚至施暴。弗洛伊德称之为死亡本能，这是他在第一次世界大战和第二次世界大战间提出的悲观想象。事实上，死神宣泄未必都是坏事，工具性暴力（正当防卫）和规则化暴力（体育竞技）是可取的。弗洛伊德还认为，性行为是爱神和死神的合体，这是多么诗化的写意。向父母抱怨，和爱人争吵，对孩子发火，把他人假想成敌人去对待，都是死神的宣泄。

三是幻梦（illusion）的慰藉。这是力比多的退行（regression）满足，通过梦和幻想的方式获得情绪的舒缓，这是孩童逃避现实的怯懦。如男生思而不得，于是梦里有非分之想。幻梦可以是睡梦，也可以是清醒梦，如玩游戏、看电影、读小说等。幻梦也未必都是坏的，没有面包和游戏，多数人很难熬过痛苦的压抑年代。在正常人的生活中，功能性音乐和游戏也可以发挥较好的情绪抚慰和疗愈效果。从某种意义上说，整个文化产业就是一个巨型造梦工厂，创造一些可以共享的集体梦境。

四是文明（civilization）的构建。这是力比多的升华（sublimation）实现，通过劳动和创造等方式获得情绪的实现，这是成人改造世界的志气。如男生将思念之情化为创作之力，谱写许多爱的诗歌，最后抱得美人归。遗憾的是，文明不是本能，需要后天努力和技能支持。凡人可以通过劳动的方式，留下物质产品，从而把情绪变成财富；精英、英雄和泰坦可以通过创造的方式，留下文化作品，从而把情绪变成印记。GenAI出现后，内容创作的门槛被拉得很低，而且越来越低。普通人的理性选择应该是学习掌握新的GenAI工具，在AI时代的劳动和创造中，享受升华带来的幸福，并留下个人的作品。如Suno能够帮助大家快速创作优秀的AI音乐，既能抒发情绪，又能传递情感。此外，AIGC创作是个开盲盒的过程，兼顾了游戏和创作的功能，而且有变频变量激励，极其容易令人上瘾。有时我甚至觉得，幻梦和文明正在GenAI所催生的AIGC大潮中合流。

基于上述四分法，我鼓励精神分析的支持者们坚持爱神和文明取向的情绪管理，把情绪能量转化为温情和作品。

8.1.3　精神分析的联想

早期的精神分析学研究者满足于指导个体的情绪再造，后期的精神分析社会学家则有更大的雄心，渴望用其重新解读历史和重新设计社会。受他们的启发，我用四大路径解析历史，看到了一些不同的东西。

一是以爱治国。古典时代的墨子追求兼爱社会，基督教初期布道者追求的人间天国，颓废一代的嬉皮士推崇性解放，都是纯粹的爱治，轻视了人类的复杂，只在莫尔等空想家的乌托邦梦境里成功过。

二是以死治国。通过暴力获取政权，通过战争动员社会、组织力量和消耗资源，从而维持威权统治，凯撒这么做，波斯帝国这么干，日本军国主义也这么干。其极端状态，是阿兹特克式的死亡献祭。死治的变形是穷治，即以穷治国，不是通过战争，而是通过修建金字塔等超级项目，一方面彰显统治者的权威和力量，另一方面大量消耗社会资源，让被统治者保持在一种相对穷困和平均的状态，从而维持并扩大统治者相对于被统治者的优势和控制。或者，人为制造矛盾和恐惧，迫使人们放弃自由，极端状态就是奥威尔的《一九八四》。显然，任何一个正常人都会反对这种暴政。

三是以梦治国。用意识形态动员社会、统御民众，最典型案例是中世纪欧洲，教会升级为教廷，教父升级为教皇，维持了近千年的统治。一些政教合一的国家，也是这个套路。梦治在现代社会有种变形叫富治，即以富治国，其成熟形态是社会学家让·鲍德里亚（Jean Baudrillard）提出的"消费社会"（The Consumer Society），推崇物欲享乐和信用透支，让人们渴望和拥有并不需要的东西，为其预支未来和背负债务，从而变得老实听话。富治和爱治的结合体，是人被异化的反乌托邦，是阿尔杜斯·赫胥黎（Aldous Huxley）笔下纸醉金迷的《美丽新世界》（*Brave New World*）。

四是以文治国。以文明和升华作为基底，进行治理。文治是中国人的理想，是富有人文精神的大同世界，每个人都在劳动创造，每个人都能发挥价值，每个人都是马克思口中获得终极自由的个体。这是最接近进托邦（Protopia）[1]的世界。

8.2 积极心理学范式

8.2.1 积极心理学的理论

与精神分析重视情绪的负面因素不同，积极心理学关注情绪的积极因素。它是向上发展阶段美国梦和美国人性格的镜像呈现，与更早的人本主义一样，信奉人定胜天的乐观主义。积极心理学的关键词是幸福，希望把人们从精神分析的问题倾向中拯救出来，为普罗大众提供一条通向幸福的康庄大道。

积极心理学家认为，关注问题和解决问题无法让人获得幸福。我们应该关注和培养优点，拥抱积极情绪，追求主观幸福。一个人的积极情绪最好是

---

[1] "进托邦"是由"进步"（progress）与"地方"（topia）组合而成。凯文·凯利（Kevin Kelly）认为："明天不会像我们想象的那样完美，但会变得比今天更加美好一些。"

消极情绪的3倍以上，即"仁率"（Jen Ratio）应为3∶1。这个仁率完全是基于观察，拍脑袋得出的。为数不多的理论支持，可能还是鲍迈斯特关于"坏比好强"的论文和著作。这个好心情和坏心情必须3∶1的说法，跟我们在"风险管理"章节末尾提出的保守策略与激进策略应该3∶1的配比一样，都只能作为参考，不要当真。

至于如何获得幸福，塞利格曼提出复杂的PERMA模型，即积极情绪（positive emotion）、参与（engagement）、关系（relationships）、意义（meaning）和成就（accomplishment），指出只要人在这些方面采取行动，就可能提高自己的幸福感和生活满意度。

我个人认为，PERMA模型不如前文我们谈过的愉悦、沉浸和意义三分法。在第二章结合李晓煦的"三生有幸"模型进行过解读，这里简单回顾。

初级的幸福是秒钟级的愉悦。愉悦与多巴胺等神经递质及情绪系统相关，当我们品尝美食、观看美景时，会产生短暂的快感。愉悦来得快，去得也快，而且持续体验后，阈值会不断提高，下次想要获得相同的愉悦体验，必须得到更大刺激，付出更高成本。这是一种可以花钱购买的幸福。凡人的幸福往往更多来自愉悦。

中等的幸福是分钟和小时级的沉浸。沉浸是我们全神贯注、全情投入、全力以赴，能力和任务难度刚好匹配的时候进入的一种无意识的自动、自然、自流的状态，在西方叫"心流"，在中国叫"无我"。获得沉浸体验的最古老的方式是正念呼吸，最经典的模式是阅读与写作，最方便的捷径是运动、游戏和刷短视频。总有一种行为让你沉浸其中，忽略时间。这是一种用时间换来的幸福。精英的幸福往往更多来自沉浸。

至高的幸福是超越主体、时间和空间的意义。这种最高层级的幸福只有少数人体验过，他们是革命者、布道者、牺牲者和殉道者，即便肉身痛苦，他们的内心也有极大的喜悦，这就是理想和信念的力量。这些人找到了自己存在的意义，为崇高的目标、伟大的事业和光荣的使命奋发努力，无私付出。英雄和泰坦的幸福往往来自意义。

8.2.2 积极心理学的实践

从积极心理学出发，情绪管理的要点在于努力找到愉悦、沉浸和意义的结合点，从而获得更大的幸福。在具体实践中，主要是多关注好的方面，认识和放大自己的优势，然后努力找到一个可以立言、立功、立德的机会点，全力以赴，过程中获得沉浸和心流，结果是获得作品和意义。

不过遗憾的是，积极心理学主要强调视角转变，并没有创造性地提出太多实操技术和工具，属于理念多于行动、缺乏专有抓手的一种理论。也正因如此，积极心理学容易变成每天对着镜子说三遍"你真棒"的心灵鸡汤。

积极心理学的部分理念，被用于 21 世纪初的管理咨询。平克在他的《驱动力》（*Drive*）一书中结合自我决定论和积极心理学的观点，指出人有三种驱动力。驱动力 1.0 是本能驱动，人类天生趋利避害、追求愉悦、逃避痛苦，而且逃避痛苦的冲动要强于追求愉悦的冲动。古人深谙此道，常用刀剑征服、皮鞭统治。可以用一顿鞭子解决的问题，绝不搞"三顾茅庐"。驱动力 2.0 是利益驱动，人类行为很容易通过事后给予激励来强化，现代社会发明计件工资，干得多拿得多，不干活扣工资。古人先用黄金，后用货币来收买他人劳力，他人再用金钱购买愉悦。驱动力 3.0 是价值驱动，相信人们能在自主的创造性工作中找到价值意义，并在劳动过程中获得沉浸体验，所以工作本身就是激励。公益团体往往用愿景和使命指引大众去做艰难但正确之事，并从中获得崇高的自我满足。

经受住历史选择和实践检验的领导者们大多精通此三道，从而以少数人的力量推动多数人行动。其中的强势者用暴力威逼他人劳作，仁慈者用财富利诱他人工作，崇高者用信仰感召他人付出，而真正杰出的领导者，懂得立足实际，灵活使用，融合三者，形成合力。

不过，我们必须承认，强调优势发挥和意义感召的积极心理学，主要是经济上行期乐观主义的表现和反映。时过境迁，随着 GenAI 的强势崛起，未来人类的生产与发展压力可能变大。作为世间多数的凡人和精英，其安全需求会变得比自由追求更紧迫，使得驱动力 1.0 和驱动力 2.0 在组织管理中变得比驱动力 3.0 更加有效。

8.3 情绪建构论范式

8.3.1 情绪建构论的理论

情绪建构论是巴瑞特教授提出的一套全新的情绪理论，整合了神经建构论、心理建构论和社会建构论等最新思想理论。如果说精神分析学是暗黑情绪理论，积极心理学是阳光情绪理论，那么情绪建构论就是中立情绪理论。不像精神分析学和积极心理学，情绪建构论无需回答时代之问，或迎合社会情绪，它只是一种纯粹的科学探索。

情绪建构论认为，传统情绪理论在抽象概念上讨论情绪会带来许多问题，所以使用一套更为精准（以至于烦琐）的概念和表述，如身体预算、情感现实、情绪概念、情绪类别、情绪实例等。简单说，情绪建构就是从身体感觉出发，构建某个情绪概念的情绪实例，生成相应的情绪体验（输入）和身体反应（输出）。身体感觉是情绪建构（情绪实例和情绪体验生成）的原料，同时也被情绪建构所改变；情绪概念和社会角色是情绪建构的配方，每个人的配方不同，相同的原料可以做出不同的蛋糕来。

一个人掌握情绪概念和词汇的多少，决定其情绪能力的强弱。假设你只知道两个情绪词汇："感觉棒极了"和"感觉糟透了"，那么无论什么时候你体验情绪，或者感知他人情绪时，你只能用这两个词笼统地概括，你的情绪能力不可能高。相反，如果你的情绪颗粒度更高，能把"棒极了"细分为快乐、满意、激动、放松、喜悦、充满希望、备受鼓舞、骄傲、崇拜、感激、欣喜若狂等，把"糟透了"拆分为生气、愤怒、惊恐、憎恶、暴躁、懊悔、阴郁、窘迫、焦虑、恐惧、不满、害怕、妒忌、悲伤、惆怅等，那么在预测、分类、感知情绪时就有更多的选择，可以建构出更精准的体验、更灵活的反应。我甚至可以断言，如果没有情绪概念，一个人可能有情感体验，但不会有情绪认知。

8.3.2 情绪建构论的实践

情绪建构论说来复杂，用来简单。按照其逻辑，身体、认知和情绪相互影响。个人情绪管理就是做三件事。

一是身体状态调节。做好精力管理，改善身体感觉，给情绪的蛋糕提供一些好原料。多数情绪问题，完全可以通过调节身体来有效化解。比如，心情不好的时候，先别急于在认知层面或者他人身上找原因，可以找朋友聊会儿天，吃点美食，洗个热水澡，好好睡一觉，醒来后心情就会好很多；或者起身跑步、散步，甚至可以在虚拟现实的数字空间里，用运动游戏来改变身体感受。哪怕只是微笑一下，你的心情也会变好。

二是认知模块更新。学习更多情绪概念，增加情绪颗粒度，确保有身体感觉时，自己有更好的情绪概念去解读和建构体验。还是前面的例子，给自己的心情不好找个对应表述，用"低落"替代"抑郁"，可以减少不良体验。据温瑞特说，多看情绪描写类的文学作品会有一些帮助。我建议多写日记，记录和描写自己的情绪状态。到了GenAI时代，你可以和自己的AI伙伴尽情交流情感，通过大量的叙述，请AI帮你用更精巧细致的词汇形容概括你的体会。

三是情绪实例重建。同样的身体感受，可以是压抑带来的焦虑，也可以是兴奋带来的欣喜，最后形成什么样的情绪表达，取决于我们情绪认知的加工方式。用兴奋叙事替代焦虑叙事，可以化压力为动力，改善表现。比如，你马上要见到一个重要的人，你的心跳加快。这时候，你可以在心里用"我有些兴奋"的叙事来替代"我非常紧张"的构建，这样有利于更好地管理情绪。

情绪建构论还可用于医疗领域和教育领域的情绪实践。在医疗领域，许多心病要从身来治。疼痛、抑郁和焦虑等明显和心理有关的疾病都可能源于身体预算的长期失衡，以及泛滥的炎症侵袭。调节身体状态、回归预算平衡是解决许多情绪问题的可选途径。在教育领域，我们要指导孩子掌握更多情绪概念。评价父母陪伴孩子质量的最简单有效的标准是，父母跟孩子说了多少"大人话"。父母可以和孩子讨论情绪产生的原因和后果，使用尽可能多的情绪词汇，把自己想象成孩子的情绪向导，帮助孩子建立完整的情绪概念系统。

8.4 自主论观点

8.4.1 自主论的理论

自主论的情绪管理观，是前人观点的整合提升，除了前述的精神分析学、积极心理学和情绪建构论模块，还融合了鲍迈斯特的意志心理学、乔纳森·海特的"象与骑象人"假设，以及斯坦诺维奇、卡尼曼等的认知理论及脑科学领域的研究。

表 8-1　自主论视野下的哲学与心理学概念对应表

系统	功能	加工	心智	意志	意识	海特	弗洛伊德	尼采
意志系统	反思功能	控制加工（系统2）	反思心智	有意志	有意识	骑象人	自我	狮子
认知系统	判断功能 决策功能	自动加工（系统1）	算法心智	无意志	有意识	缰绳	超我	骆驼
情绪系统	评价功能	自动加工（系统1）	植物心智	无意志	无意识	象	本我	婴儿
行为系统	运动功能 感觉功能							

参考表 8-1，我们很容易定位各家学说讨论的主题：情绪建构论覆盖整个心理过程，精神分析学聚焦情绪、认知和意志的关系，积极心理学侧重从认知判断到情绪评价的过程，意志心理学针对意志调节情绪的过程，行为主义范式只关注行为问题，认知主义方式只讨论认知话题。

自主论倾向于认为，意志、认知、情绪等是大脑不同的功能涌现。完整的心理过程包括行为（身体）的感觉获取外界和内部的刺激，再通过认知的判断，形成情绪的评价，然后建构出认知的判断，最后输出为行为（身体）的反应。

意志处于核心位置，它可以通过反思，刻意干预认知判断和决策的自动加工过程，尝试着建构自己想要的情绪评价和行为反应。因此，认知和情绪出现分歧时，可通过两者间的协调来实现，也可通过意志的干预来实现。

这部分内容在上部"如何自主"章节的"意愿"小节已经讲得非常清楚了，这里不再赘述。

8.4.2 自主论的实践

自主论导向的情绪管理主角是意志。有三套方案。

方案一：意志通过反思改变认知，调节情绪。

意志干预认知和情绪加工过程，促成爱神、文明等好的行为。这些好的行为既是情绪能量的产物，又带来情绪能量，形成正向循环。

再次推荐并重温刻意反思的"三步走""三问法"。第一步是怀疑，问自己"假如"（What if）。弗洛姆说过："怀疑是现代哲学的起点；平息怀疑的需求是现代哲学及科学发展的最强大刺激。"某个刹那，你怀疑此刻自己的情绪和认知是否正确，这一瞬一丝的怀疑，足以中断当前大脑无意识的、没有意志参与的自动加工过程，开启有意识的、意志参与的控制加工过程。卡斯帕说过："探索未知，固然勇敢；质疑已知，更需勇气。"怀疑需要勇气，我希望你做尼采口中的狮子。第二步是拒绝，问自己"那又怎样"（So what）。拒绝之前习以为常的情绪实例和情绪体验及其背后的情绪概念，同时也拒绝那种强烈的要把自己拉回原有情绪轨道和认知惯性里去的冲动。当我们怀疑自己时，会焦虑甚至恐惧，因此你必须保持勇敢，扛住压力。勇气是人类品质之首，因为它是其他所有品质之源。你必须勇敢地拔出亚历山大之剑，斩断戈尔迪之结（Cut the Gordian knot）。第三步是创新，问自己"还有什么"（What else）。当你坚定不移地拒绝原有情绪概念一段时间后，无意识的自动加工过程会给出一个新的替代概念。如果你就此停止反思，那么这个新的情绪概念就会参与建构新的情绪体验。如果你继续怀疑和拒绝，则大脑会继续给出新的候选。还记得抽卡隐喻吗？我们的大脑就像一副纸牌，假设时间不是问题，你可以不断通过反思以随机洗牌发牌，直至抽到满意答案。这个过程跟 GenAI 的内容生成与创作过程无异。

最后，GenAI 技术可以增强和放大怀疑、拒绝、创新的作用。我们可以按"三步走""三问法"方式与 GenAI 对话，或者设置按"三步走""三问法"规则工作的智能体，引导自己解构与重构情绪问题，找到积极的情绪概念，建构正向的情绪状态，走上爱神与文明之道，感受愉悦、心流和意义交融的幸福。

方案二：意志改造行为，进而调和情绪。

有些情绪问题源于错误认知及其带来的错误行为。此时，改变具体的行为会比改变抽象的认知和飘渺的情绪更容易一些。这里有两种做法。

一是比较委婉和温和的做法，即助推行为改变。从环境和长期看，我们有限的意志力不足以直接推动持久的行为改变，意志反思的灵光一现要堆叠在环境设计和行为塑造上，才可能带来内部世界和外部世界的结构性变革。套用ABC理论来解释，意志在A阶段发力，通过改变前置条件，助推B阶段的特定行为，进而带来C阶段的结果，即身体感受和情绪体验的改变。前文说过的反思日记、任务清单和行为量表的DCS组合，可以帮助我们提高这一操作的能效。

二是相对大胆和激进的做法，即强行改变行为。尝试禁忌或敏感之事，故意制造认知失调（Cognitive Dissonance）[1]，引发认知重建，从而解构旧认知，创造新认知。试错需要勇气，这里必须再次引入前文反复推荐的"下一步行动"和"20秒勇气"等方法。如果你一直不敢吃某种食物，甚至认为自己厌恶这种食物，那就"暴走"20秒，吃一口试试，如果觉得还是不好吃，就作罢。但如果试了觉得还行，那就再来20秒，再吃一口。逐步升级，分段脱敏，直到量变引起质变，行为改变认知。行为和认知改变后，被构建出来的情绪也会随之改变。

方案三，打造超级意志，强势改变情绪。

对于那些有志于成为英雄乃至泰坦的自主人来说，驾驭情绪需要超人意志，为此，他们必须摈弃之前的弱意志假设，采取新的强意志假设。这意味着彻底失去弱意志这块遮羞布，直面自己的懦弱和无力。但是，自主人失去的只会是枷锁，得到的会是整个世界。我们马克思主义者强调自我革命，其中很重要的一块就是用意志来管理和调控自己的情绪和认知，使之为伟大的目标和意义服务，这就是一种超人意志。当你向超越主体、时间和空间的无

---

[1] 认知失调是心理学中的一个概念，由心理学家莱昂·费斯汀格（Leon Festinger）在1957年提出。它描述了一个人同时持有两个或多个相互矛盾的信念、观念或价值观时所经历的心理不适感。这种不适感会促使个体采取行动，以减少或消除这种不一致。

限游戏迈进时，超人意志会是你的入场券和军功章。

近年来，有不少研究质疑鲍迈斯特的自我耗损理论，或者指出其影响并没有之前专家断言的那么强烈。自我损耗或许也是一个自我实现预言。有时候，我们可以假设自己拥有无限意志，由此展现出更强有力的意志。

柔弱的骑象人要敢于梦想，想象自己是强壮的装甲战车驾驶员，无坚不摧，所向披靡。我们要按照上部"意愿"末尾提出的"六个转变"，用"自决说"替代"否决说"，用"骨骼说"替代"肌肉说"，用"长跑说"替代"冲刺说"，用"斗争说"替代"妥协说"，用"微操说"替代"大局说"，用"驾车说"替代"骑象说"。这就像是给显卡安装新的驱动程序，或许能实现其之前隐藏的潜能。升级完六个模块后，你便有机会升级成"六边形战士"。

8.5 本章小结

星星之火可以燎原，百年恰是风华正茂。为了拥有自主，我们必须驾驭情绪，让情绪真正成为意愿中为骑象人服务的大象，变成我们解决问题、改造世界的动力源泉，成为我们缔造传奇的原料。本章介绍的精神分析学、积极心理学、情绪建构论和自主情绪观，都不是绝对真理，但是相对有用，希望能给你启发。祝你早日破解情绪的基本矛盾，释放情绪的洪荒之力。

本章思维导图如图 8-1 所示。

第八章 情绪管理

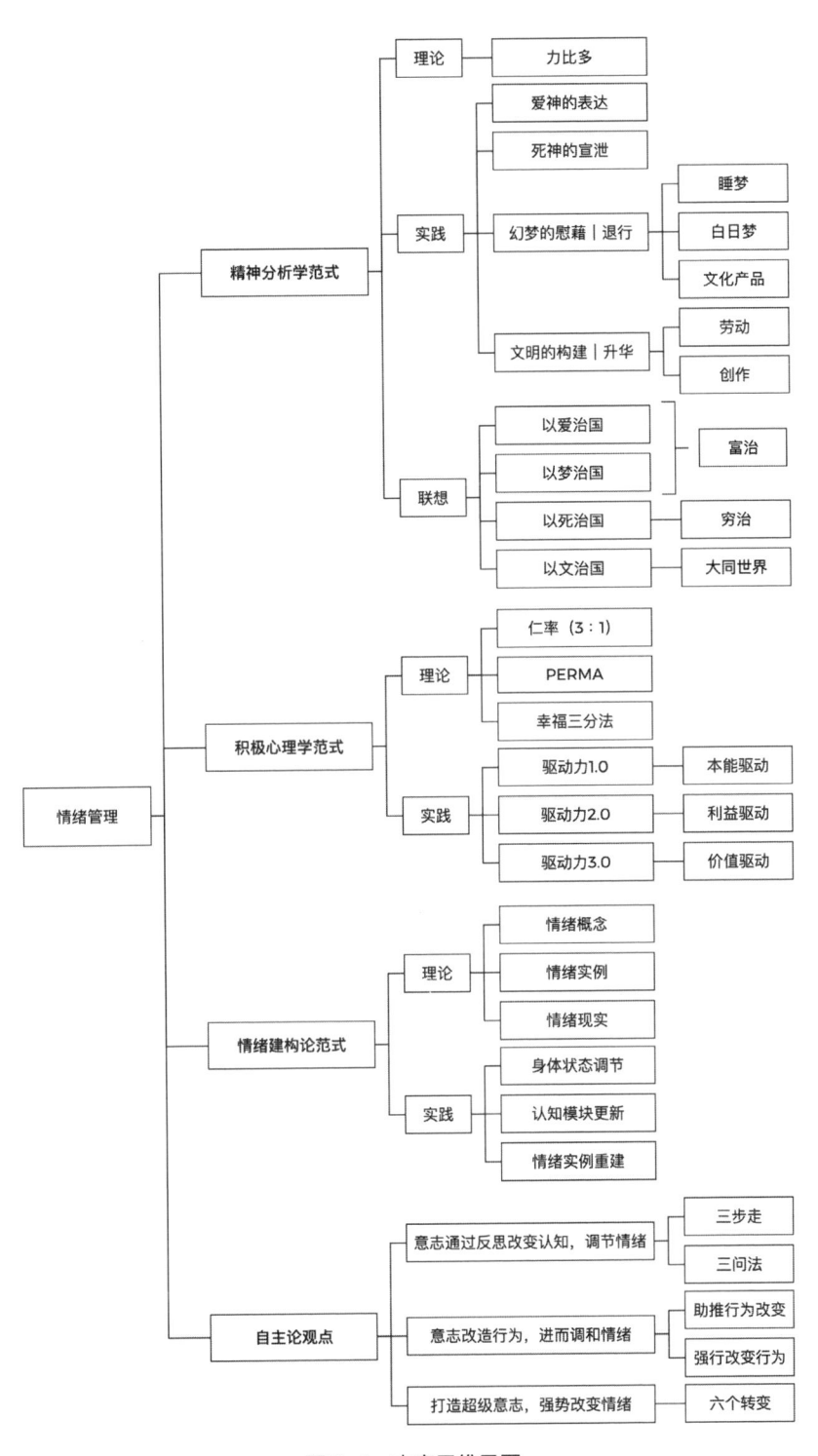

```
情绪管理
├─ 精神分析学范式
│   ├─ 理论 ── 力比多
│   ├─ 实践
│   │   ├─ 爱神的表达
│   │   ├─ 死神的宣泄
│   │   ├─ 幻梦的慰藉｜退行
│   │   │   ├─ 睡梦
│   │   │   ├─ 白日梦
│   │   │   └─ 文化产品
│   │   └─ 文明的构建｜升华
│   │       ├─ 劳动
│   │       └─ 创作
│   └─ 联想
│       ├─ 以爱治国
│       ├─ 以梦治国 ── 富治
│       ├─ 以死治国 ── 穷治
│       └─ 以文治国 ── 大同世界
├─ 积极心理学范式
│   ├─ 理论
│   │   ├─ 仁率（3∶1）
│   │   ├─ PERMA
│   │   └─ 幸福三分法
│   └─ 实践
│       ├─ 驱动力1.0 ── 本能驱动
│       ├─ 驱动力2.0 ── 利益驱动
│       └─ 驱动力3.0 ── 价值驱动
├─ 情绪建构论范式
│   ├─ 理论
│   │   ├─ 情绪概念
│   │   ├─ 情绪实例
│   │   └─ 情绪现实
│   └─ 实践
│       ├─ 身体状态调节
│       ├─ 认知模块更新
│       └─ 情绪实例重建
└─ 自主论观点
    ├─ 意志通过反思改变认知，调节情绪
    │   ├─ 三步走
    │   └─ 三问法
    ├─ 意志改造行为，进而调和情绪
    │   ├─ 助推行为改变
    │   └─ 强行改变行为
    └─ 打造超级意志，强势改变情绪 ── 六个转变
```

图 8-1　本章思维导图

第九章　社交管理

> 你有五个朋友？那还不够。你有一个敌人？那太多了。
>
> ——意大利谚语

结交朋友，组建社群，合为社交。社交是大脑的默认模式。社会认知神经科学家马修·利伯曼（Matthew D. Lieberman）[1]认为，社交对于群居动物生存发展极为重要，人类的社交天性刻在大脑深处。我们在走神发呆的时候，大脑会无意识地进行社交思考。

社交管理通过交友结社，帮助我们解决现实问题，获取社会资源，然后依靠社会网络，实现更大自主。在本章后续的内容里，我将分享个人思考和经验，指导大家在自尊自爱的前提下，通过有意识、有策略的社交，拓展关系网络，赢得他人认可，维护个人表现与社会回报之间的平衡。

先简单概述下我们的核心观点和建议：初级阶段结交朋友，以边缘人为自我定位，努力找到有潜力、有实力和有魅力的人，跟他们做朋友，获取他们的帮助，努力走到社交舞台中央去。高级阶段组建社群，以中间人为自我定位，努力连接这些有潜力、有实力、有魅力的人，让他们彼此成为朋友，给予更多人帮助，使之形成自主的群体，释放群体智慧和群体力量。

---

[1] 马修·利伯曼是社会认知神经科学领域最重要的学者之一，在加利福尼亚大学洛杉矶分校担任心理学教授和社会认知神经科学实验室（SCN Lab）主任，著作《社交天性》（*Social*）深入探讨了人类社交行为的神经科学基础，并提供了如何更有效地与他人沟通和社交的科学建议。

9.1 初级阶段的边缘人策略：结交朋友，建立和强化一对一的关系

很少有人教我们如何交友，它是写在基因里的源代码。人人都会的事情，想做得比别人更好，就需要有更深的认识。重新思考如何交友这个问题，我倾向于把它分为对象、方式、场景三个层面讨论。

9.1.1 对象选择：找到正确的对象交朋友

我提出四条选择对象的参考原则，希望对你有用。一是独立原则。交友的目的是建立平等的沟通，不能为了交友而丢失人格，切勿陷入控制与被控制的"煤气灯探戈"（Gaslighting Tango）[1]中去。二是实用原则。多和有潜力、有实力、有魅力的人交流，他们可以更好地帮助你解决问题，带来更好的沟通体验和社会认可。三是对称原则。帮助他人的同时也寻求他人的帮助，彼此互利共赢，力求风险共担，利益均沾。四是精要原则。宁缺毋滥，道不同不相为谋。交友不是给自己找麻烦、找罪受，选择权在你自己手中。

如果你觉得这四条原则太过抽象，下面从对象的年龄段出发，给你三点建议：一是与晚辈交友，参考1%原则，和百里挑一的人做朋友，和细分领域拥有较高造诣或较大潜力的晚辈做朋友。跟晚辈交流，应该放眼未来，而不是只顾当下。因为晚辈层出不穷，所以可以审慎一点，慢慢发现，慢慢结交。二是与同辈交友，参考弱关系原则，和那些与你处于不同领域或者跨界的同辈做朋友。同辈间因为存在同性相斥、同质竞争，所以"远交近攻"或许是更好的策略，同平日里打交道不多、不存在直接利害关系的人做朋友，更容易享受打通结构洞后的社交红利。三是与前辈交友，参考"双山"原则，和那些同领域且能力远超你的前辈（高山）做朋友，跟那些与你身处不同地域但能力超群的前辈（远山）做朋友。这些人是交友的重点，可遇而不可求，

---

[1] 煤气灯探戈是一种心理操纵手段，这种手段源自1944年的电影《煤气灯下》（*Gas Light*）。在这部作品中，一个男子通过操纵家中的煤气灯以及其他物品，使他的妻子怀疑自己的记忆和感知能力，从而实现控制妻子的目的。这种操纵行为后来被称为"煤气灯操纵"（Gaslighting），是一种心理虐待的形式。

但必须设法找到并建立联系。他们是特定圈子的中间人，你若能获得他们的认可，将会开启全新的未来。

上述三类人，都是我们应该主动结交的对象。可以随机寻找，也可以刻意发现；可以借助信息网络，也可以利用社会网络。关键是养成源头意识，主动寻找许多高质量信息的源头，这些源头往往都是厉害的人物，而且他们经常是成群出现的，有自己的圈子，找到一个也就找到了一群。所以，要尽可能多地参加高水平会议，或者加入高水平社群，努力在时间和空间上接近他们，与之发生信息、物质和能量的交换，并提高频率，最终，你就会拥有自己的由牛人组成的圈子。

最后，还有一个空间视角。对多数人而言，他们更容易结交的对象应该是所在的家族、就读的学校、在岗的单位、居住的社区里的牛人。这种由内而外的交友思路，会导致你的社会资源与身边的人高度一致，无法带来资源差异和优势。所以，你可以试着做少数人，反其道而行之，由外而内，直接跳出自己所在的圈层，去连接圈层之外远距离关系的牛人。一般来说，空间距离越远，关系也越远，有利于造就弱连接，带来结构洞。

9.1.2 方法组合：用正确的方式作沟通

交友时的沟通技巧很多，但万变不离其宗。早年我自学心理咨询不同流派的技巧，发现其内核都是更好的沟通。这里简单重申三个要点。

一是问：学会提问，敢于追问，偶尔质问。提问时，首先主动问好。与对方打招呼，从加微信做起。要诚恳地写段子，学会给陌生人发冷消息，打冷电话，聊冷话题，努力破冰。其次是主动互助。主动询问对方是否需要自己的帮助（学学老外，What can I do for you），主动询问对方能否帮助自己（再学学老外，Would you do me a favor）。通过提问，引起对方的兴趣，用最短的时间来打开话匣子。后面我们会具体讨论，这里先不展开。

二是听：耐心倾听，不作评价，适度引导。这是罗杰斯人本主义推崇的非评价性倾听（non-judgmental listening）[1]的主要思路，如果提问有效，对方给出反馈，则提问者耐心倾听对方把话说完，在对方说完之前，尽量不做任何评价，并时不时地重复对方的关键词，或归纳总结对方的观点——"你的意思是……""我的理解正确吗"，或纯粹地"嗯""是的""还有吗"，引导对方充分表达。人们都喜欢倾听自己的人。在交友初期，如果你有时间，先做一个人见人爱的倾听者。

三是说：明确表态，解释原因，给出建议。提问和倾听之后，你不能做"木头人"，而是要做出有效反馈。如果你支持对方的观点，就明确表明立场，然后阐述自己为什么支持，讲道理、摆数字、举例子，并提出下一步的操作建议，让对方知道你是一个有辨别力、思考力和行动力的人。如果不赞同对方观点，也表明立场、解释原因和给出建议，特别是能够缓解分歧的建议。这种做法，总结自一些专家的观点和个人的实践，也比较符合我所喜欢的弗洛伊德经典精神分析的传统，可以向对方传递有意思有意义的信息、观点和建议，给对方留下深刻的印象。

当然，沟通要有度，绝不能让他人觉得你的沟通是单向的炫耀，是自大的张扬。牢记的金玉定律，绝不可让你的言行突破他人对你的容忍限度。

9.1.3　场景设计：找到合适的场景谈事情

所谓场景设计，就是从对象和方法的组合出发，选择合适的时间、空间和主题，做好沟通。

从时间上看，首推早上和晚上。因为身体感受影响情绪认知，所以吃饱睡足后沟通效果更好。当然，条件不允许时，择日不如撞日。

从空间上看，首推私密线下空间。一般而言，线下比线上好，私密比公开好。线下当面交流可以动用更多非言语性沟通信号，如姿势手势、语音语调等。尽量选择宽敞舒适的空间，避免他人和环境干扰。不过，在数字社交时代，线上空间也很重要。由于多数人的多数沟通发生在微信里，所以有必

---

[1] 非评价性倾听是一种沟通技巧，它要求倾听者在交流过程中保持中立，不表达个人的评价、判断或批评。这种倾听方式在心理咨询、冲突解决和日常交流中都非常有用。

要熟悉掌握微信沟通技巧。

从主题上看，首推助人求助话题。在我看来，讨论一些互助共赢的话题，是解决问题、强化关系的最好思路。社交网络与人脑网络存在共性，对节点和链接的态度都是用进废退，都遵循赫布定律（Hebb's rule）[1]，经常一起发力的节点间的关系会被强化。

前面三者的交集，是在早上或者晚上的某个私密空间，向他人提供帮助或请求帮助。听起来是不是似曾相识？

从务实的角度出发，在自身实力有限的社交初期，应该即时求助与延后助人。与反向的即时助人与延后求助相比，该组合效果更好。在成功获得他人帮助后，你才有足够的自主性去帮助他人。下面重点讨论即时求助的几个话题。

第一，人们为什么要向上求助？

在你成长的初期，没有什么放不下的身段，要学会放低姿态，向晚辈、同辈和前辈求助。有以下几个理由：首先，人们会喜欢自己帮助过的人。帮助他人是一种投资行为。人们因为自己有投入，与自己有关联，所以爱屋及乌，高估自己帮助过的人。这大概是自利偏差和宜家效应的变形，也有人称之为"富兰克林效应"。富兰克林的原话是："如果你想交一个朋友，那就请他帮你一个忙。"其次，求助是笔一本万利的生意。如果对方帮你，你赚了；如果不帮，你也不亏。只赚不亏的非对称性摆在那里，为何不去尝试？最后，每次求助都会提高下次获助的概率。每次求助都是对他人投资能力的一种认可，是求助者兜售给施与者的优越感福利。另外，没有人能持续拒绝一个人，每次拒绝都会增加心理负担。因此，帮得了最好，帮不了也是对未来的助力。

所以，遇到问题时，要敢于第一时间求助，向上求助，找强者帮忙。他们更可能是你的伯乐和贵人，真正的强者是乐意投资他人的，因为彼此间存在明显的能力和地位差距，所以他们更可能容忍你的积极进取。相比之下，晚辈和同辈会担心你得到帮助后成为他的竞争威胁。

1　赫布定律是神经科学中一个重要的理论，由加拿大心理学家唐纳德·奥尔兹·赫布（Donald Olding Hebb）于1949年提出，该理论的核心观点可以概括为"一起激发的神经元连在一起"（Cells that fire together, wire together）。

第二，人们为什么不敢向上求助？如何消除这些疑虑？

一些人从小接受的教育就是"自己的事情不要麻烦别人"。对这些人，我想说，与其开局时打肿脸充胖子，后来一路吃瘪，最后不得已去求人，不如一开始就麻烦别人。自主论不止一次跟大家强调，迟早要做的事情应该早做。而且，如果较早获得投资，较好实现发展，将来会有更多自主盈余去实实在在地回馈早期投资者。另一些人觉得"面子挂不住"。对这些人，我想说，在那些能够帮你的人眼中，你真有所谓的面子吗？古代的宰相都懂得"敏而好学、不耻下问"的道理，你有什么放不下的大牌呢？要敢于对自己内心的疑惑和解释说不，提醒自己没什么大不了的。最坏的结果无非是被拒绝，跟你没问一样，都是得不到帮助。但万一成功了，那就是实实在在收益。所以，向上求助是拥有非对称性的优势策略，不吝于向人启齿救助是所有权力游戏中的最高境界。

第三，有效向上求助的参考原则有哪些？

我想到几点：一是有话直说，可能帮你的贵人都是强者，一般都很忙，没时间跟你拐弯抹角，所以，尽量直接表达诉求。而且，最好面谈或电话，可以更好抓住对方的注意力。二是提供细节，不要浪费时间说太多的理想和愿景，而要提供更多求助的细节，包括做什么、为什么、如何做等。因为强者一般不知道你需要什么样的帮助，你必须主动提出候选方案，帮助他节省时间。三是争取同步，在语言沟通和非言语沟通方面，尽量与对方保持同频共振，使用对方的语言和话语，模仿对方的语调和姿势，找到或创造共同点，做得好的话，会增加认同感。四是快速反馈，对方答应帮忙或者给予实质性帮助后，马上表达谢意，并持续反馈后续进展，不管最后成功还是失败，都诚挚地感恩。请客、送礼物、当面致谢看上去很土，却是经受住时间考验的实在法子。

第四，哪些因素决定贵人是否助我？

向他人求助，就是给贵人一次投资你的机会。遵循前文所述的建议，可以提高你作为一个投资候选项的卖相，却不能决定对方是否施予援手。事实上，对方是否投资于你，有偶然因素，也有必然因素。

一方面是偶然因素，与瞬时决断有关。

如果对方很忙，来不及理性分析，只能靠直觉快速决断，那么帮与不帮就在一念之间，存在严重的即时偏差（immediacy bias），运气成分比较大。如对方刚好睡了个好觉，吃了顿好饭，听了首好歌，看了场好球，心情好，看什么都爽，或许就会高估你、投资你、帮助你。如果凑巧相反，那你就倒霉了。

发挥决定性作用的偶然因素中，你最能把握的是时空场景因素和个人形象因素。时空场景前面讨论过了，环境影响身体，身体决定心情。另外，让自己看上去形象更端正、特征更突出，都有利于引起对方重视。而且，线上和线下都存在光环作用，线下请保持衣着整洁、谈吐清晰，线上请确保头像昵称得体、文字干净。研究发现，人们一般会认为平均、对称的东西更美。但若想与众不同，就意味着偏离常态。所以最好的组合就是保持主体的端正，结合少许跳跃的点缀。文字、画面都是如此。到了GenAI时代，修饰技术升级，能否做到全看是否用心。

建议你经常站在他人视角检视自己，看看自己能否给他人留下积极正面的第一印象。在他人投资你之前，自己至少看上去像一笔值得投资的优质资产。此外，在数字时代，很少有人能脱离自己的数字分身而单独存在。你在互联网上留下的痕迹，以及你的所有作品等，都是你数字公共形象的一部分。为了构建并掌控自己的公共形象，我建议主动公开信息，建立起完整正确的、与线下同步的数字人设。

此外，笔者认为，在线上表态时要立足实际，不要话说得很大，最后做不起来。这样会给人感觉言过其实、名不副实。建议"挖坑"时量力而行，"填坑"时尽力而为。

另一方面是必然因素，与理性分析有关。

假设强者有时间做理性思考，那么他可能会关注两点：一是你是否值得投资。这主要取决于他对你的了解程度。如果他对你不了解，就可能会参考他人的意见，由此再次陷入"好评带来好评，差评带来差评"的误区。所以，你最好找一个可靠、可信的人为自己的价值背书。二是你是否必须投资。这主要取决于他和你的关系远近。如果是血亲挚友，当然一切都好说。如果不是，那要看看推荐人是谁、这人跟自己关系如何。所以，推荐人很重要，永远很重要。

事实上，不管是推荐人还是评定者，他们都是社会关系网络里的中间人。不管是做瞬时决断，还是理性分析，优秀中间人的作用都是举足轻重。发展前期，我们需要中间人；发展后期，我们成为中间人。

9.2 高级阶段的中间人策略：组建社群，建立和强化多对多的关系

与边缘人不同，中间人处于社会网络中心。我们在完成交友阶段的任务，建立并强化许多优质的一对一关系之后，就可以开始从边缘人向中间人跃进，试着组建社群，建立和强化多对多的关系。此时，我们不再加入圈层，而是创建圈层。我们不再只是认识牛人，而是开始连接牛人，并让他们通过我们，成为朋友，彼此互助。最后，我们自己成了牛人。

9.2.1 中间人的三种能力和六种角色

你若想成为一个优秀的中间人，按照社会物理学的观点，首先必须成为社群中自由走动、穿针引线的那个"想法流"（idea flow）编织者，一个魅力型连接者（charismatic connector）。你是勤劳的蜜蜂，在采集花蜜的过程中，为群体言行的鲜花授粉。你确立社群的进入门槛，并建立起自己的比较优势，使得自己不可替代。根据俄裔美国作家玛丽娜·克拉科夫斯基（Marina Krakovsky）所著的《中间人经济》（*The Middleman Economy*）一书的观点，中间人共有六种作用，我将其改造为三种能力六种角色。

一是提供信息的能力。好的中间人是社会网络中的"连接器"和"过滤器"。所谓"连接器"，就是在信息匮乏的时候，通过连接不同圈层的人，提供大而全、更加多元的信息，为此，你要在力所能及的情况下做好信息核实，并慎重转发信息。所谓"过滤器"，就是在信息过载的时候，通过有效的信息组织、整理、提炼信息，提供小而美、更为精准的信息，为此，你要对相

关问题有一定的思考和理解，必要的时候还要附加"提词器"和"笔杆子"等服务。大家都希望自己身边有这么一个人，他是"百科全书"和"全能机器"，像AI一样，无所不知，知无不言，言无不尽，问他什么问题，都能得到一些有用的线索。成为优秀中间人的第一步，是你必须拥有庞大的关系网络以及较强的情报能力，并且乐意投入精力去服务他人的需求。

二是解决难题的能力。好的中间人是社会网络中的"缓冲带"和"传送带"。所谓"缓冲带"，就是在有风险的时候，做一个风险分摊者，坚定地站在需要帮助的人的一边，如那些经销商，就是批发商的缓冲带，帮助批发商分摊风险，并从中获益。所谓"传送带"，则是在有矛盾的方面，把双方分开，创造空间，传递声音，把双方直接矛盾变成三段间接关系。有时候要帮忙做和事佬，说好话；有时候要帮忙唱黑脸，说脏话；同时也接受来自另一方的好话和脏话，你可以参考明星经理人的角色来设计自己的策略，甚至要随时准备着做某些人的"好人墙""传声筒""扩音器""狗腿子""替罪羊"。成为优秀中间人的第二步，是你要有风险共担、利益均沾的参与进去的决心，能与社群成员同甘苦共患难。

三是维护秩序的能力。好的中间人是社会网络中的认证者和强制者。所谓认证者，就是在信任缺乏的时候，你可以通过自己的专业能力，对某个人的水平做出认定和背书，此时你是信任代理和推荐人，你的意见会决定某人的初始社会评价。所谓强制者，就是在与你有关的人违背正式规则或者潜规则时，可以强制其履约，或者在违约后予以惩罚。由于你不能采取非法的暴力手段，所以你主要是依靠个人的权威，以及社会压力，来迫使某人就范。如果对方不就范，则像中世纪的教皇开除封建君王教籍那样，将犯事者彻底从群里圈内除名，使之面临"社会性死亡"的威胁。当你拥有这种能力时，多半也已"媳妇熬成婆"，混成一个"说谁行谁就行""让谁干谁就干"的仲裁者了。成为优秀中间人的第三步，是你要有相当的专业能力和社会威望作为基础，以此维持社群成员之间的信任和信心，并在必要时认证和确保他人的可靠性。

拥有上述三种能力的中间人是"甘为人梯、乐作人桥"的强者、贵人和施与者，他们主动帮助他人。为了把资源留给更值得投资的对象，优秀的中间人要对自己的投资策略进行非对称性改造。

一是增加回报。优先帮助那些高潜力的对象（一本万利）和低成本的对象（举手之劳），对于其他求助者先放放，让时间做出选择。因为如果大家都采取向上求助策略，那么必然会有很多求助者采取"广撒网"策略，到处随便求助，希望从中捞取好处。屏蔽和过滤这些人最好的办法，就是延后助人。收到消息后，冷处理、慢决策。如果对方真心求助，可能会再次尝试，届时再做回复也不迟。

二是控制成本。优先帮助那些利益相关且专业相关的对象，然后是利益相关或专业相关的对象，舍弃那些利益无关且专业无关的对象。

三是规避风险。不能因为帮助他人而伤害自己或者第三方的权益，更不能有损于社会公德。所以必须对求助者的品行进行判断。我用"说做比"和"爆肝率"把人分为四种：高说做比、低爆肝率的赢家（winner），高说做比、高爆肝率的战士（warrior），低说做比、高爆肝率的输家（loser），低说做比、低爆肝率的骗子（liar）（图 9-1）。

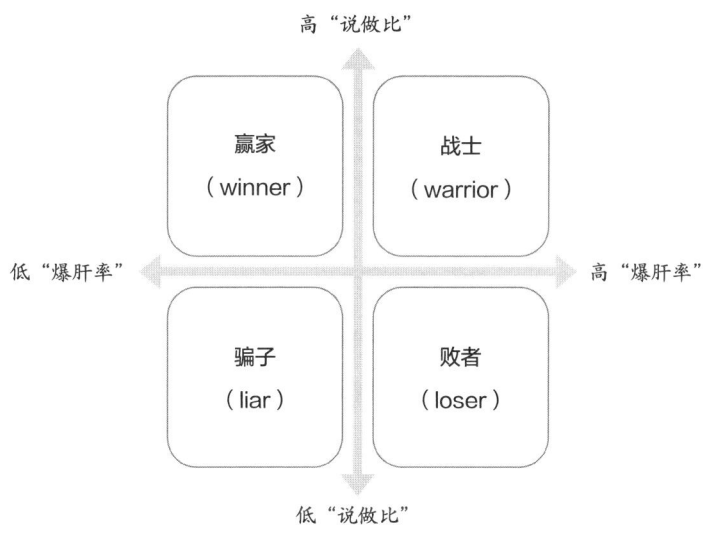

图 9-1 说做比与爆肝率矩阵

9.2.2 社群构建的四个阶段

中间人构建社群要经历四个阶段，在此期间地位不断提升和巩固，最终成为社群的核心节点。理想化的社群，在我看来，应该是参与者的自主性得到相互提升的社会关系网络。理想化的社群，应该是一个绝对优秀、绝对坦率、绝对透明、绝对授权的自主组织，它由自主的个体组成，促进个体的自主提升。

第一阶段要集聚人才。组建社群时要设置门槛，提高人才密度。与善人居，天下英雄不召自来。可参考网飞（Netflix）的绝对优秀原则，挑选最聪明的脑袋加入，宁缺毋滥，少即是多。为兼顾规模和质量，可以从专业性、多样性和独立性角度精选成员。如果数量比较多，则可以再细分领域，建立专题性的社群。古人说同声相应、同气相求，社群要有人群定位和目标定位，这是大家当前和未来的共识基础。中间人也是大家的共识基础，他是线上平台的管理员，也是线下活动的召集人。最早加入社群的人，都是中间人的朋友。之后经由他人介绍加入的，也经过中间人的审核把关。最初的成员，应当实力高于社群创始人（中间人）；之后加入的新成员，应当实力高于社群平均水平。所以中间人决定社群成员的总体水平。中间人也发挥了认证者的角色，以自己的信用为社群成员背书，使得他们可以在信任的基础上交换信息，拥有安全的自由。

第二阶段要营造氛围。社群建立后，需要投放合适的话题，促成大家交流讨论，确保社群处于高能而温暖的状态。中间人要做好强制者，杜绝低质量的内容和讨论；还要做好连接器和过滤器，提供高质量的信息和建议，启发大家的思考和行动；还要做好隔离带和传送带，以开放包容的心态，在给予社群成员个人关怀的基础上，鼓励大家有话直说，做批判性思考，提建设性意见，即"绝对坦率"（radical candor）。桥水基金会的"极端求真、极端透明"的原则可以参考。面对他人的批评，中间人要做到有则改之，无则加勉。为提高中间人管理社群的效率，还要用好数字工具，推动线上与线下的互动融合。如2020年新冠疫情初期，我在管理大量防疫志愿者社群时，使用了微信群+石墨文档+机器人助手的组合，用微信群联系志愿者，用石墨文档记录大家讨论得来的重要内容，用机器人助手做好简单的人员维护和内容推送等。

2022年疫情再次爆发，我们又测试了视频号+虚拟人技术，感觉效果也很好。2024年管理AIGC公益社群，我计划用碳基人和硅基人的组合。类似的组合，相信未来会不断涌现，最终实现人机协同的社群管理。

第三阶段要助力发展。当人们加入社群比不加入有更多收益的时候，社群的存在才是有价值和意义的。社群可以给成员带来两个好处，帮助自己和他人解决问题。一个是群体智慧。有效组织起来的群体，在讨论过程中，可以促成大家掌握的智力碎片聚沙成塔，解决个体智慧无法解决的复杂问题。群体智慧建立在高质量的社群沟通之上，为避免群体极化（Group Polarization）或群体迷思等问题，驾驭不同的社会情绪，建议使用决策架构工具，充分利用流程与合作的积极作用。另一个是群体力量。有效动员起来的群体，涌现出超越个体之和的集体之力。中间人为了促成群体行动，可遵循我提出的"合力法则"：首先是共识，找到共同目标，目标越是一致，动员越是容易。其次是共创，策划共同行动，行动越是开放，动员越是容易。最后是共享，分享集体成果，分配越是公平，动员越是容易。此外，发布关键信号，找到关键支持者非常重要，他们让移山的愚公变成值得追随的领袖。[1]

第四阶段要新陈代谢。社群就像细胞，有新陈代谢，不断诞生，不断消亡。细胞分裂出细胞，社群也孕育社群。为了孵化更多社群，老一代的中间人要孵化新一代的中间人。

同时，任何社群似乎都难逃热力学第二定律的宿命，都会从活跃走向平静，从平静走向死亡。我们每个人的社交对象理论上近乎无限，但是脑容量和邓巴数字的限制要求我们必须经常对社群及其关系进行修剪。

社群和人脑一样，其节点和连接长久不用，会逐渐瓦解。那些不再发挥作用的社群，会逐步消亡，减轻我们的负担，为创新提供机会。中间人要尊重社群发展的自然规律，要允许社群成员自愿退出，并在适当的时候主动解

---

[1] TED上有个经典演讲，演讲者展示了一个视频，在一块草坪上，最初大家都在无所事事地躺着，突然来了一个人跳舞，其他人都看着他，笑话他，觉得他是"疯子"。然后突然来了一个人跟着他跳舞（应该是试验者安排的"托"），然后前面那个"疯子"看起来就不再孤单了。接着某个好事的人也跟着跳了起来，那个"疯子"现在看起来像是一个领舞者。再往后他们继续跳，开始有越来越多人加入，最后整个草坪上所有人都跳了起来。此处，第一个追随的人就是关键支持者，他决定了挑头者是领袖还是傻瓜。

散社群。一个半死不活的社群所带来的收益，远低于其对每个人信心的伤害。所以，当断则断。

9.2.3 群体智慧的两种打开方式

这里重点讨论群体智慧的话题。有效组织起来的群体，可以涌现出超越个体的智慧，为个体提供加持。相反，组织失败会带来群体压力、群体迷思、群体极化等反向作用。一个优秀的中间人，要学会区分不同类型的问题，有针对性地采用不同的群体组织方式，有效整合他人智慧，为我所用。总体上我们可以把问题和社群分为两大类。

第一大类是应对常态化问题的专门化团队。

常态化问题，反复发生，值得组建专门团队，持续提供群体支持，特别是观点和建议。这个团队由你打造，为你服务，也向你负责。由于这些常态化问题大概率就是你的工作，所以这个顾问团队也是你工作团队的重要组成部分。这些人不仅是你大脑的拓展和延续，还是你的秘书、助理和参谋，形成一个强大的生物计算机集群。

专门化团队的建设思路，可参考"三个绝对"原则。

原则一是绝对优秀。要保证团队的人才密度，每个人都应该是某个领域的绝对专家，兼具专业性、独立性，且成员之间有丰富的多样性。要发现和邀请那些出类拔萃的人加入，尤其是那些在你短板方面优势突出的人。比尔·盖茨有句名言："一名优秀车工的工资是一名普通车工的好几倍；而一名优秀程序员写出来的代码比一名普通程序员写出来的要贵上一万倍。"在软件行业，这种说法虽有争议，但也算是一条尽人皆知的原则。网飞公司把这条原则落到实处，把员工分为操作型和创造型，后者一定要高薪聘用业内细分领域最顶尖的人，同时劝退不再优秀的成员。最后，物以类聚、人以群分，一个绝对优秀的团队还会吸引更多绝对优秀的人才，从而不断自我强化。

原则二是绝对坦率。在绝对优秀的基础上，营造自由包容的讨论氛围，鼓励专业人士发表不同意见，甚至设置"魔鬼代言人"（devil's advocate）专职唱反调，刻意提出不同意见。同时，安排魅力型连接者做主持人，给话题穿针引线，确保大家在主线话题上高频互动。彭特兰所言甚是："拥有最好想法的人并不是最聪明的人，而是那些最擅长从别人那里获取想法的人。"绝对坦率是一种建立在个体关怀之上的直接挑战，促使团队成员之间相互关心、有话直说，因而有利于汲取群体智慧之花的蜜果。

原则三是绝对信任。在绝对优秀的成员进行绝对坦率的讨论之后，对于一般性的问题，可以直接接受他们给出答案，以此表达对团队的绝对信任。如果是更加重要的问题，则可以考虑桥水基金会做法，量化评估大家的表现，听多数人意见，跟少数人商量，自己做决断。桥水基金会创始人瑞·达利欧（Ray Dalio）推崇"创意择优"（idea meritocracy），招募各界牛人，组建内部智库，倡导"极度求真"（radical truth）、"极度透明"（radical transparency），推动内部信息的充分流动，然后用数字工具——点收集器（dot collector）记录表现，按实战结果为专家赋分，评估预测能力，最后对不同项目作加权计算，以此提高决策质量。相同的逻辑，美国科技公司Palantir更进一步，尝试推动群体智慧（专家系统）与机器智能结合，让AI基于大数据给出初步判断，然后专家系统作出判断，实现机器集群和专家集群的众机协同。十多年前，我还看到过更加惊悚的版本：美军试图把人脑与电脑联网，让头戴脑机接口的一帮美国大兵眼前快速扫过卫星图片，如果某张图片在多个大兵的大脑有反应，则停下来细看，通常这样就会找到那些隐藏在阿富汗山区里的恐怖分子巢穴。这也可能是AI时代中人脑演进的另一种方向。

显然，专门化团队建设的关键是专家资源。专门化团队的数量和规模，在把握质量和控制成本的前提下，多多益善，不设上限。底线要求是至少有2~3个自己信任的专家，可以随时接受单独请教。

为了拥有这样的专家，你可以做几件事情：一是在亲戚、同学、同乡、同事中寻找具备知识和技能、与你没有利益冲突的专家。他们是信得过、免费的专家，是首选对象。二是在学校、医院、律所等专业机构中寻找有职业操守的专家，付费购买优质服务。为了建立信任纽带，建议找人引荐。三是通过公开渠道收集信息，通过公共平台结识专家。按照前文讨论过的思路，注意自己的形象，把自己包装成优质资产，大胆地向陌生的知名专家请教，给他们投资你的机会。不要担心被拒绝，因为被拒乃是情理之中，赐教才是额外福利。而且，人们会喜欢自己帮过的人。

最后，GenAI和AIGC的快速崛起，免除了小白当学徒打杂的煎熬，也剥夺了他们学习成长的机会。他们将高度依赖AI，却难以超越AI。未来AI的"傀儡娃娃"会变多，但拥有AI没有的特殊智慧的真正专家会越来越稀缺，变得更加值钱。他们将是我们在AI时代建构群体智慧、捍卫真相真理的盟友。为了辨明真身，我强烈建议你投入时间和金钱，与专家线下见面、长期交流。只有实践和时间，才是AI时代检验专家的唯一标准。

第二大类是针对临时性问题的松散型社群。

工作中还有一些问题是临时性的，工作之外也还有生活和学习等其他方面的问题，可以根据需要，再组建或加入若干个有相当规模的松散型社群，获取智力支持，特别是数据和信息。

为了以不变应万变，这些松散型社群最好具备规模性，而且成员多样性的重要性大于专业性和独立性。群体规模大了，大家手头更可能掌握一些足以拼接出正确答案的碎片，不管是抛出什么问题，总有人知道答案。典型案例就是你的微信朋友圈。比如新冠疫情期间，你想了解今天在哪里能买到退烧药，估计发个朋友圈会比挨个问人更快，因为有效信息散落在你不知道的人手里。

《普罗米修斯的日课》里有个"通用解题模块"，将世间问题大致分为四类：一是已知的已知。我们知道问题如何表述，也知道答案在谁手里。此时，学习是最高效的解题方式，只要找到相关专家，阅读其作品，观摩其操作，即可顺利解题。二是未知的已知。我们知道存在答案，但不知道如何表述问题，也不知道谁知道答案。此时，讨论是较好的解题思维，我们在社群里提问或分享，就有机会获得他人的反馈，逐步拼接出完整的问题和正确的答案，最终解题。三是已知的未知。我们知道问题是什么，也知道暂时没有答案。此时，思考是更好的解题路径，我们通过撰文和绘图，增加思考的广度和深度，尝试找到可能的答案。找到部分答案后，再通过讨论和学习加以补全，最后解题。四是未知的未知。我们根本不知道问题和答案是什么，彻底进入"无人区"，没有任何线索可借鉴。此时，实践是唯一的解题机会，只有先试错后迭代，在行动中获取反馈，才能找到一些蛛丝马迹，再组合思考、讨论和学习，实现解题。实践、思考、讨论和学习的组合，就是我所谓的演化模式，特别适合在不确定的复杂中寻找答案。

显然，本章节讨论的机器智能和群体智慧，都可以为学习、讨论、思考和实践提供许多支持，尤其是讨论环节。甚至可以说，群体智慧的核心在于"如何释放讨论的力量"。除了前文提到的"撒网法"，还有"投票法"等技术。

投票法的假设是：有些简单问题的答案是数字，用投票取平均的做法，能算出较好的结果。社会物理学的先驱们用这种方法估算过地球到月球的距离，或市场里某头奶牛的体重等问题；我作为爱好者，也测试过年会时房间里同一天生日的朋友人数，以及我个人的体重等问题。结果都还不错，比较接近。我在创作本书期间，曾建过一个读者群，建成后不断有Bot机器人自动扫码进来潜水，然后时不时冒泡发一些小广告，真实的读者群情激愤、义愤填膺，除了抓住一个踢掉一个，没有其他办法。我决定把它变成游戏，顺势发起投票，让大家预测，第一题是"本群在2022年12月31日前还会有几个机器人出来发广告"。群里几十位参与投票的朋友的均值是3.05，最后的答案是3个。这就是投票法的魔力。

理论上说，高频互动将促进想法流在群体内部的流通，提高群体智慧。专业化团队容易达成这点，但是松散型社群成员众多，除简单投票外很难组织起有效的讨论。但也有专家不信邪。研究预测问题的专家菲利普·泰洛克（Philip Tetlock）在美国政府资助下，启动"善断计划"（The Good Judgment Project），搭建网站平台来集聚用户及其意见。他把复杂的国际事件预测转化为近似投票的预测题，要求参与者作出数量化的预测，并对结果进行评估，据此为参与者赋分、排名，筛选出占人数2%的超级预测者。事实上，泰洛克的逻辑和桥水基金会近似，只是群体规模更加庞大，成员构成也更为多样。根据泰洛克本人叙述，由此筛选出来的超级预测者的群体智慧，胜过预测市场和一般的专家预测。[1]

---

[1] 另外，泰洛克写书批评专家在未来事件预测方面的表现极差，甚至不如随机选择的孩子和猩猩，尤其是那些爱在电视里乱说话的家伙。

对我们普通人而言，搭建松散型社群只有一个办法，就是使用微信等社交工具，连接更多聪明的脑袋。然而，无论我们如何努力，微信群都会从有序走向无序，从热闹走向冷寂。少数人嗨聊不止，多数人潜水缄默，应了北京大学教授胡泳老师的那句"众声喧哗，无人倾听"。

到了AI时代，这种情况进一步恶化。正如搜索引擎和社交媒体培养了上一代的"杠精""民科"和"神棍"那样，GenAI正在创造新一代的"知道分子"，未来数字空间里故弄玄虚、无事生非、作假造谣的人会越来越多。普通人如果不想在这些人身上浪费时间，最好在做好自我保护的前提下，敬而远之。因为那个在线折磨你的角色甚至可能不是一个碳基生物，而是恶人故意制造出的硅基"话痨"。AIGC会创造新的"认知超载"（cognitive overload），导致松散型社群的生态进一步恶化，最终人们会对社群里的内容充耳不闻、视而不见，任由群体极化滋生、群体迷思发酵、群体情绪蔓延和群体智慧消亡。

解决上述问题的有效思路是采用组合策略：一方面，严格控制专业化团队的规模和质量，确保其守住群体智慧的底线，能够有效解决常态化问题。另一方面，积极做大松散型社群的规模和数量，利用其探索群体智慧的极限，为应对各种临时性问题储备潜力。在很多情况下，数量往往是质量的前提。数量达到一定程度，规模效应（scale effect）就会涌现。

9.3 本章小结

社交管理需要我们结交朋友、构建社群，从边缘人进化为中间人，通过求助和互助，增进他人对我们的了解，获得他人对我们的帮助。有效的组织可以为社群成员带来群体智慧，我们可以组合两种策略，组建专业化团队来解决常态化问题，组建松散型社群来应对临时性问题。最终，社交管理会为我们带来社会资本，以及他人认可所指向的经济资源和政治资源。

本章思维导图如图 9-2 所示。

第九章 社交管理

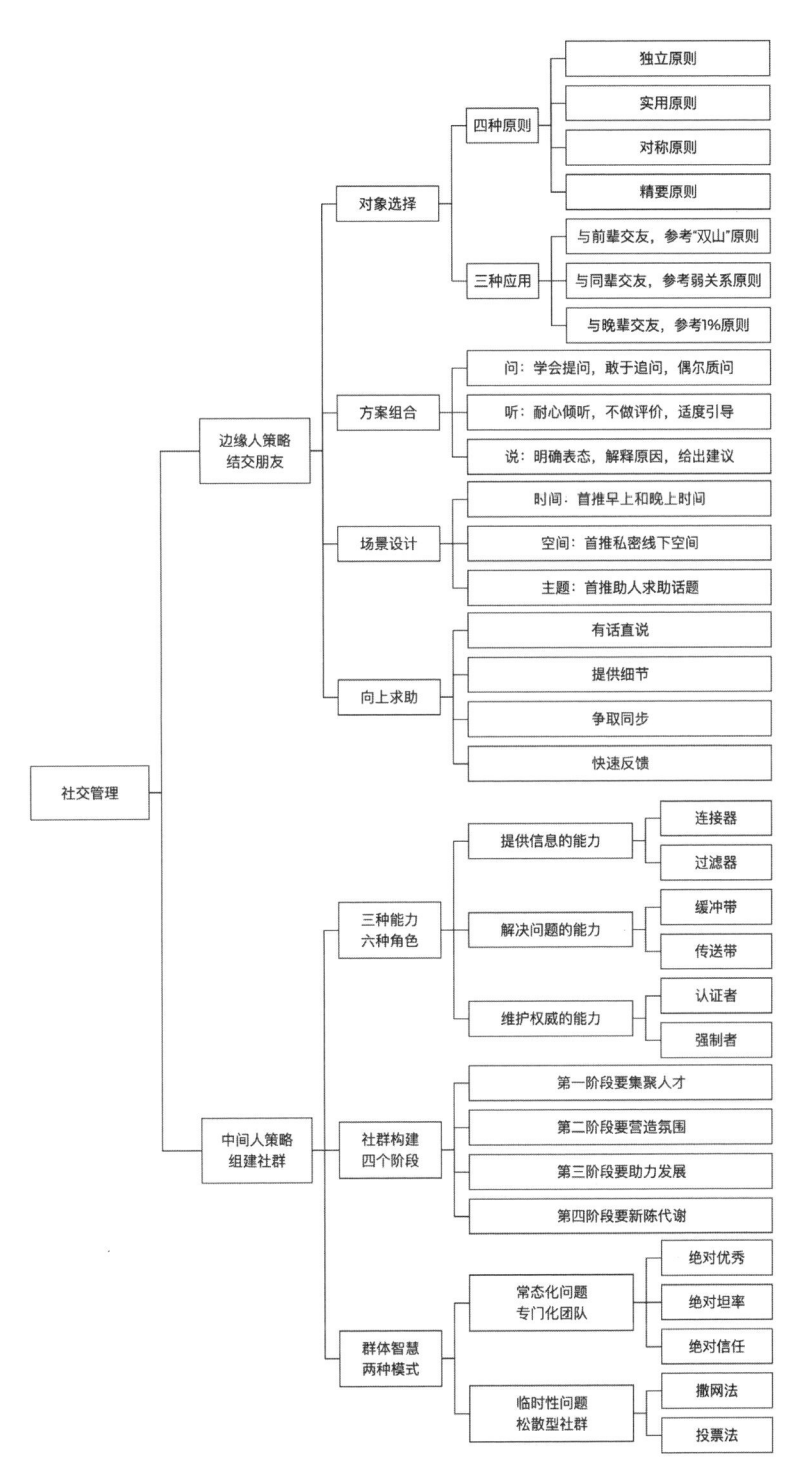

```
社交管理
├─ 边缘人策略
│  结交朋友
│  ├─ 对象选择
│  │  ├─ 四种原则
│  │  │  ├─ 独立原则
│  │  │  ├─ 实用原则
│  │  │  ├─ 对称原则
│  │  │  └─ 精要原则
│  │  └─ 三种应用
│  │     ├─ 与前辈交友，参考"双山"原则
│  │     ├─ 与同辈交友，参考弱关系原则
│  │     └─ 与晚辈交友，参考1%原则
│  ├─ 方案组合
│  │  ├─ 问：学会提问，敢于追问，偶尔质问
│  │  ├─ 听：耐心倾听，不做评价，适度引导
│  │  └─ 说：明确表态，解释原因，给出建议
│  ├─ 场景设计
│  │  ├─ 时间：首推早上和晚上时间
│  │  ├─ 空间：首推私密线下空间
│  │  └─ 主题：首推助人求助话题
│  └─ 向上求助
│     ├─ 有话直说
│     ├─ 提供细节
│     ├─ 争取同步
│     └─ 快速反馈
└─ 中间人策略
   组建社群
   ├─ 三种能力
   │  六种角色
   │  ├─ 提供信息的能力
   │  │  ├─ 连接器
   │  │  └─ 过滤器
   │  ├─ 解决问题的能力
   │  │  ├─ 缓冲带
   │  │  └─ 传送带
   │  └─ 维护权威的能力
   │     ├─ 认证者
   │     └─ 强制者
   ├─ 社群构建
   │  四个阶段
   │  ├─ 第一阶段要集聚人才
   │  ├─ 第二阶段要营造氛围
   │  ├─ 第三阶段要助力发展
   │  └─ 第四阶段要新陈代谢
   └─ 群体智慧
      两种模式
      ├─ 常态化问题
      │  专门化团队
      │  ├─ 绝对优秀
      │  ├─ 绝对坦率
      │  └─ 绝对信任
      └─ 临时性问题
         松散型社群
         ├─ 撒网法
         └─ 投票法
```

图 9-2　本章思维导图

第十章　游戏管理

> 谢谢你，马里奥！但是我们的公主在另一座城堡里！
> ——香菇人（Toad）《超级马里奥》（*Super Mario*）

未经反省的人生是不值得过的，没有快乐的人生是苦涩难耐的。前面几章都在介绍"学"和"干"的方法，本章介绍"玩"的经验，讨论如何精选和玩好电子游戏，设计和利用生活游戏，玩出自主，玩出未来。

自主论认为，我们追求自主的过程，是不断解决问题的过程，充满起伏和波折，需要迎难而上的勇气、苦中作乐的智慧和持之以恒的决心。我们可以从游戏中发现和获取这些品质。

哲学家伯纳德·苏茨（Bernard Suits）说过，游戏就是自愿尝试克服种种不必要的障碍。

游戏持续激发我们攻坚克难的激情和动力，引导和帮助我们把障碍看作挑战，把被动变成主动，把不好玩变得好玩，把不可能变成可能。但游戏也会带来很多问题。现实生活中，作为玩家，我们总是面临想玩游戏但又不能玩游戏的矛盾。

为更好发挥游戏的正面作用，我们必须掌握游戏管理的要领。我有30多年的"游龄"，读书时参加过世界电子竞技大赛（WCG），运营过全国性游戏社区，设计过简单的游戏地图，工作后玩游戏的时间比看书写作的时间多得多。下面主要基于个人观察、思考和实践，讨论游戏管理问题。总的思路就是两点。

第一，精选并玩好电子游戏（video game），拥抱电子游戏的时代，把游戏视作自主的虚拟演练场，发挥好游戏的十大积极作用，选择三种合适的游戏，从三个层面改善自己的游戏行为，从"游戏玩我"到"我玩游戏"，甚至做一个游戏开发者，把游戏变成我们的作品。

第二，设计并玩好生活游戏（life game），从梦游者向造梦人升级，掌握游戏化的七大组件，做好自我管理的游戏化实践。

10.1 精选并玩好电子游戏

10.1.1 拥抱电子游戏的时代

心理学家凯西·帕塞克（Kathy Pasek）等合著的《游戏天性》（*Einstein Never Used Flash Cards*）认为，孩子只有以玩乐的方式学习，才能取得最佳学习效果。玩耍之于孩子如同汽油之于汽车，是智力发展的燃料。孩子玩耍有五个标准，即过程愉悦享受、自发自愿、积极参与、有想象成分、没有外在目标等。这些标准共同建构安全的自由，加速孩子的学习和成长。游戏是成年人的玩耍。电脑游戏、主机游戏、手机游戏、虚拟现实游戏等电子游戏是身心放松的安慰剂，也是自主成长的助燃剂。

继印刷媒介和影像媒介之后，在 GenAI 降临之前，电子游戏的时代早已来临。游戏成为我们生活不可或缺的一部分，一种新的生活方式和人生经验，积极塑造我们周围的环境，参与构建我们对世界和自我的认知。游戏实际上已经超越书籍，成为最有影响力的文化载体。今天的电子游戏玩家就像昔日的武侠小说读者，在等待时间把他们推到舞台中央。豆瓣等平台早已悄悄上线游戏评论栏目，你可以像标注自己读过某本书、看过某部电影、听过某首音乐歌曲一样，宣称自己玩过什么游戏。

可以预见，未来游戏剧本创作者会继诗人和小说作者之后获得诺贝尔文学奖；游戏视频和音乐制作者，将在奥斯卡和格莱美舞台上大展风采；游戏产业必成为全球最大的娱乐产业，规模将超过体育产业、电影产业和音乐产业之和。《黑神话：悟空》（*Black Myth: Wukong*）的现象级表现，已经向我们证明了这一点。

一些地方想借助游戏宣传旅游，但游戏给旅游行业带来更多的是挑战。作为一个本科、硕士都是旅游管理专业的研究者，我必须坦言，由于游戏成本低于旅游成本，但游戏体验不亚于甚至超过旅游体验，所以现实世界的游客更容易转换为虚拟世界的玩家，而非反过来。新冠疫情更是强化了宅家游戏的趋势。所以，未来旅游行业的出路或许在与游戏行业融合发展，吸纳更多游戏元素到旅游设计中去，虚实结合地提供故事和想象，参与"游玩家"（游客+玩家）的自我身份建构。我们将看到由育碧（Ubisoft）、索尼（Sony）、动视暴雪（Activison Blizzard）等超级游戏公司参与打造的"西部世界"（Westworld），它们是属于成年人的迪斯尼乐园。

游戏催生新的生产方式。自 2003 年（我大学毕业那年）国家体育总局认可电子竞技为第 99 项体育运动后，许多电竞玩家就开启了职业运动员的生涯。之后随着《魔兽世界》（World of Warcraft）等大型网游的崛起和流行，"游戏工作化"趋势进一步普及。虚拟世界里的社会分工推动现实世界里的职业再造，出现了以游戏为工作的"玩工"（playbor），对他们而言，游戏不再是耗费金钱的娱乐，更是创造收入的劳动。资本剥削劳动力的定义范围也将被拓宽。

游戏更是未来科技的孵化器。今天大红大紫的 AI 芯片公司英伟达（Nvidia），就是靠游戏显卡起家的。以 3D 方式模拟、记录人的行为的元宇宙（metaverse），最初就应用于游戏领域，在游戏实践里迭代升级。人机协同是不可阻挡的未来方向，人机接口是不断演进的技术趋势。游戏训练我们不断掌握新技术，测试新界面。今天的游戏，就是明天人机协同和多脑同步的基础演练。多数人的信息技术启蒙老师都是游戏。

游戏也是 GenAI 科技的孕育平台。包括 OpenAI 在内的许多 GenAI 科技公司在早期都是基于游戏引擎、游戏数据、游戏显卡训练自己的模型。然后，GenAI 又深刻地改变游戏行业，通过赋能游戏开发和游戏呈现，进一步降本增效，提升玩家的游戏体验。此外，由于自身独有的抽卡创作机制，GenAI 也正在成为一种容易上瘾的新式游戏。

可见，不管你承认与否，游戏正在探索并创造人类未来全新的可能。

10.1.2 游戏是自主的虚拟演练场

这是一个小姑娘都会掏出手机玩游戏、盘子里的神经元都会玩游戏的年代，继续持有"玩游戏是玩物丧志、浪费时间"的观点已不合时宜，甚至是傲慢和无知。今天我们要思考的，不再是要不要玩游戏，而是如何玩好游戏。提升游戏素养的第一步，是重塑游戏认知。下面从资源、能力和意愿三个维度介绍自主论对游戏的理解。

从资源视角看，游戏让玩家摆脱真实生活的配角身份，成为虚拟世界的主角人物，从资源匮乏走向资源富足。

多数游戏都给予玩家两种基本资源：一是信息资源，玩家拥有全局信息的特权，包括精心设计过的操作界面、地图、指南等，赋予玩家上帝视角，做出更好的决断。二是时间资源，玩家拥有掌控时间的能力，可以随时暂停，存档读档，如果试错失败，可以复盘再来。玩家在游戏里拥有无限时间资源带来的无限试错机会，可以一直尝试，直至成功。

从能力视角看，游戏让玩家摆脱真实生活的平凡普通，成为虚拟世界的超级英雄，从能力一般走向能力超群。

多数游戏都会给予玩家一些特殊技能，配套逐级提升的任务挑战、即时反馈的视觉效果、量化呈现的经验等级等，让玩家沉醉于输出和升级的快感。无论过程如何曲折，玩家终将胜利，获得能力提升。游戏创造了低成本学习空间，让玩家在模拟实践中体验成长过程，养成成长心态。它时时提醒我们，努力带来成长，一切皆有可能。

从意愿视角看，游戏让玩家摆脱真实生活的畏手畏脚，成为虚拟世界的自我主宰，从意愿薄弱走向意愿坚定。

游戏赋予玩家富足的资源和超凡的能力，以及绝对的安全，鼓励甚至怂恿玩家接纳、重视和释放自己的意愿，勇敢追求快乐和自由，做出选择并承担后果。由此，玩家摆脱生活中的自我压抑和自我束缚，在游戏里实现自我实现和自我超越。意愿是一面镜子，生活让它蒙尘，游戏让它雪亮，照出内心的想法。

游戏教会我们的道理，并不仅仅适用于游戏。游戏带给我们的状态，也不仅仅局限于游戏。我们在游戏世界里的选择、体验、角色和状态，会影响我们在现实世界里的选择、体验、角色和状态。我们在游戏世界里的角色，会影响我们在现实世界里的表现。游戏世界对真实世界有迁移效应，游戏化身对真实肉身有投射作用，这就是普罗透斯效应（Proteus effect）。[1]

自主论认为，游戏是模拟器和演练场。游戏让我们在虚拟世界里体验自主感（安全的自由），进而鼓励我们在真实世界里追求自主感；游戏让我们在梦想空间里模拟高自主性，进而引导我们在现实空间里实现高自主性。电影《头号玩家》（Ready Player One）、《阿凡达》（Avatar）等都讲述了类似的故事：一个贫民窟的玩家可以成为拯救世界的英雄，一个来自地球的残疾人可以成为异星的领导者。这样的故事会越来越多。

基于上述思考，自主论鼓励大家玩游戏，玩好游戏。

10.1.3　电子游戏的十种积极作用

游戏设计师和研究者简·麦格尼格尔（Jane McGonigal）关注游戏玩家的心理优势，以及这些优势如何转换到现实世界去解决问题。她在专著《游戏改变人生》（Supper Better）中，从心理和行为视角，讨论了游戏的积极作用。我做了梳理和补充，总共十个方面。

一是抑制疼痛。《冰雪世界》（Snow World）是一款为重度烧伤患者治疗开发的VR游戏，患者在处理伤口时戴着头显玩游戏。通过游戏，患者感觉在92%的时间里能控制自己的所思所感，痛感也减轻30%~50%，效果比吗啡还要好。专家推断，VR游戏丰富的3D信息，占用患者认知资源，使大脑没有多少资源处理痛觉信息。其原理与针灸接近。

二是减少闪回。牛津大学实验发现，在经历者看过血腥、残酷的死亡和受伤照片后，让他们去玩需要大量占用视觉资源的《俄罗斯方块》（Tetris）等

---

[1] 普罗透斯效应是一个心理学现象，指的是人们在虚拟世界中构建的自我形象会影响他们在现实世界中的行为和态度。这个概念最早由尼克·易（Nick Yee）和杰里米·贝伦森（Jeremy Bailenson）在2007年6月于斯坦福大学提出。

游戏，可以减少他们不自觉回忆前述创伤记忆的次数。当事人并非不记得，而是不太回想。

三是调节情绪。简单的益智游戏带来好心情，复杂的动作游戏训练人们更好地应对负面情绪。玩《超级马里奥》的孩子，在手术前几乎感觉不到任何焦虑，麻醉苏醒后感到的焦虑也只有其他孩子的一半。未来游戏或许可以成为治疗许多心理疾病的药方。

四是增强信心。疾病让患者感到无力，游戏则帮患者找回自我效能感。根据临床试验，癌症患者只要玩上短短2个小时《重生任务》（Re-Mission），在接下来长达3个月的时间里都会有更好的服药坚持度。类似的游戏应该很多。

五是增强韧性。尽管人们在游戏里平均有80%的时间都在失败，但他们没有放弃。游戏里打BOSS，在失败中学习是常态。游戏让人们习惯于挑战、失败和重新尝试，直至成功。研究发现，很多玩家也在游戏之外表现出更好的韧性。当然，到底是因果还是相关，还需要进一步研究。

六是强化共情。游戏是很好的共情工具。人脑有镜像神经元（mirror neurons），让我们拥有"进入某人内心世界"的能力。斯坦福大学的虚拟人机交互实验发现，置身于合适的虚拟环境短短几分钟，就可以提升我们的意志力和同情心，改变我们未来24小时甚至下个星期的思考和行为方式。

七是替代锻炼（vicarious exercise）。在举重实验里，参与者一边看自己的数字虚拟替身锻炼，一边健身，每次运动后马上看到替身的肌肉变化。几分钟后，让参与者独自锻炼，他举重的次数是没看过替身变化的人的10倍。电子游戏里游戏化身的变化，会带来现实世界里的肉体真身的"镜像效应"。《模拟人生》（The Sims）会激励玩家在现实世界里更多地锻炼、更多地社交。在VR游戏里扮演超级英雄救人后，人们也会表现出利他精神。

八是促进社交。两个人一起玩游戏，可以实现神经—生物连接（neurological and physiological linkage），不管合作还是竞争，表情、心率、呼吸和脑电波都会开始同步。大型合作式网游改善玩家间的关系，让他们更愿意在现实生活中相互帮助。中东游戏挑战（Middle East Gaming Challenge）让中东的数万名儿童一起合作玩网游，促进阿拉伯学生和犹太学生之间的对话。

九是增强认知。《使命召唤》（Call of Duty）、《极品飞车》（Need for Speed）等快节奏动作游戏和体育竞速游戏提升人们的视觉注意力和空间智力，深度玩家跟踪信息流的数量最高可达轻度玩家的 3 倍。《星际争霸》（Starcraft）、《质量效应》（Mass Effect）等策略游戏可以提高人的具体问题解决能力。而且，各种游戏都带来更好的创造力，即便是玩暴力游戏的孩子，其叙事、绘画和问题解决能力的创造力得分都更高。

十是促进对话。游戏也是亲子互动对话的焦点，增进家长和孩子的联系感。父母在家里督促孩子学习时，往往很难沟通，但和孩子玩游戏时，反而很好说话。团队管理也是如此，建立良好情感纽带关系，是进一步做好指导的基本条件。未来，一个优秀的老板，必须能跟员工一起玩游戏。2025 年的公司团建，或许是大家一起联机打游戏。

10.1.4 从"游戏玩我"到"我玩游戏"

很多人都知道，游戏除上述疗效外，还有诸多副作用。如何取其精华，去其糟粕？麦格尼格尔认为，游戏是否对生活带来助益，取决于动机。不同动机下，游戏带来两种沉浸：一是自我抑制式沉浸，为了逃避现实而玩游戏，带来游戏过度和成瘾，加剧抑郁和社会孤立，人陷入恶性循环，导致问题恶化。"游戏宅"的世界被游戏割裂和替代，能力被游戏绑架和弱化。二是自我扩展式沉浸，玩家在游戏里建立自信，提高解决现实世界问题的能力，并把玩游戏时自然表现出来的心理优势，比如乐观、创意、勇气和决心等，带入现实生活并更好地应对压力和挑战。

她还勇敢地给出参照系：对玩家而言，每周 21 小时是临界点。超过时限，游戏就从自我拓展的良药变为自我抑制的毒药。一个有工作、有家庭的成年人，平均每天玩游戏超过 3 小时，会影响正常工作、学习和生活。我经常白天高强度工作学习，晚上用游戏犒劳自己，疲劳后会失控，导致游戏超时，挤占睡眠时间，影响生活质量。事实上，《自主论》写了 18 年，有部分原因是我把太多夜晚用于游戏而非写作。

我以为，除了麦格尼格尔的"动机论"和"21小时论"，游戏到底是良药还是毒药，要看游戏时的心智状态。玩家主要有两种状态。

一是无意识、无目的地玩游戏，这是"游戏玩我"的无脑状态。玩家被创作者们预先设置好的线索操控，按照设定好的路线，完成设置好的任务，体验设计好的剧情，一切都是被动、固定的。玩家跟傀儡和僵尸没有区别。如果你追求无脑的放松，建议去看好的电影（不是电视剧），可以更轻松地获得全面体验，时间也相对可控。

二是有意识、有目的地玩游戏，这是"我玩游戏"的有脑状态。"游戏素养"（game literacy）概念的提出者詹姆斯·保罗·吉（James Paul Gee）认为，是否存在反思心智和批判思维的参与，决定了玩家的娱乐体验和学习收获。学会不按创作者思路出牌，跳出游戏逻辑，改变游戏规则，挖掘游戏价值，才能创造独有的游戏体验，才是游戏的正确打开方式。

游戏中的有脑状态，是生活中有脑状态的迁移。普罗透斯效应存在双向迁移，即游戏状态带出现实世界，现实状态也带入游戏世界。大家会看到，生活中聪明的人，游戏也玩得更好；游戏玩得好的人，生活也经营得更好。

游戏不是现实的补充，而是现实的强化。现实中具有反思精神和批判思维的人，较难被游戏机制操控，更容易获得状态增益和迁移。相反，现实中缺乏反思精神和批判思维的人，较容易被游戏机制操控，更难获得状态增益和迁移。这种原初倾向，会被普罗透斯效应的双向迁移不断叠加放大，从而拉大人与人的差距。

所以，游戏之道在游戏之外。

10.1.5 三类适合游戏化身的游戏宇宙

我们无法在短期内改变一个人，但可以通过选择环境，助推好的行为和心智状态。现实环境，就是我们所居住的城市。虚拟环境，则由我们阅读的书籍、观看的电影、体验的游戏等构成。

游戏是虚拟环境中最重要的板块。每个游戏都是一个独立的平行宇宙，拥有各自的目标（goal）、规则（rules）和反馈系统（feedback system），欢迎我们自愿加入（voluntary participation）。

为化身精选游戏，相比为肉身挑选城市，既更难，也更容易。选择游戏时，选项太多，不同平台、不同类型、不同主题的游戏，如银河系里的恒星，不计其数。选择城市时，选项很少，一般是在出生地、学习地、工作地之间选择一处安身。好在选择游戏时，试错成本不高，试玩后体验不好可以随时更换。现在游戏产业竞争激烈，经常打折，一些好游戏折后也就是一碗面的钱，却可以玩很久，绝对物超所值。你还可以使用冗余策略，储备大量游戏，让化身穿梭于不同游戏世界，有分身同处于多个平行宇宙。

在发现和储备好游戏时，我优先推荐三类有利于工作、学习和生活的元宇宙和异世界，希望大家按图索骥，举一反三，找到真正适合自己的游戏。

一是功能性游戏，也叫严肃游戏（serious game），是指用于训练和教育的游戏。

功能性游戏要解决实际问题。一些游戏为疗愈服务。麦格尼格尔列举过许多辅助患者康复的专用游戏。我再推荐几款和我一样上了年纪的经典手机游戏，如陈星汉的《花》《光·遇》，可以缓解精神压力。

功能性游戏也追求寓教于乐。给我印象较深的是科幻作家和育儿专家郝景芳老师开发的《时空之旅》《经典之旅》等教育游戏。如果想让孩子对中国传统文化产生兴趣，可以给他们玩《尼山萨满》《榫卯》等手机游戏。我们童年玩过的《大航海时代》《大富翁》等，也是可以拿来播种商业意识的好游戏。

也有一些功能性游戏就是纯粹的益智，如集成大量益智游戏的《脑力大战》，以及 Gorogoa、Paperama、Next Numbers、Shadowmatic 等小游戏。另外，我虽没有玩过《我的世界》（Minecraft），但孩子的确喜欢，也能激发其创造力。

还有一些游戏可以启发玩家获得全新视角和感知。如《传送门》（Portal）、《纪念碑谷》（Monument Valley）等拓展玩家的空间感知能力，《时空幻境》（Braid）增加玩家的时间思考维度。如《底特律：变人》（Detroit: Become Human）引导我们站在AI角度看世界，《半条命：艾利克斯》（Half-

Life: Alyx）让我们在拯救末世的同时，熟悉虚实结合的操作界面。

还有一些游戏为科研服务。在AI系统性解决蛋白质折叠结构的难题之外，有一款在线解码蛋白质复杂结构的游戏 Foldit 被研究者津津乐道（后来被AlphaFold[1]等GenAI强化并升级）。更早之前的"细胞自动机"（cellular automation）也应该被归为游戏化科研工具。

几乎所有GenAI工具都可以成为功能性游戏，在释放、升华情绪的同时，创作各种形态的文化内容，融合了幻梦慰藉和文明实现的功能。在A阶段，GenAI本身是令人感兴趣的新生事物；在B阶段，GenAI的使用过程是一个部分可控、部分随机的抽卡过程，也有意思；在C阶段，每次呈现的结果都有表现力和创造性，而且每次都不同，属于变频变量强化，极易上瘾。比如，你用Midjourney升图，比刷短视频还容易沉迷。刷短视频多少有点负罪感，但是玩Midjourney不会有心理负担。

二是模拟类游戏（simulation games），提供模拟练习，提升解题能力。

类比小说，模拟类游戏根据模拟的对象，也可分为两种：非虚构模拟类游戏和虚构模拟类游戏。

非虚构模拟类游戏，为真实需求设计游戏，培养专业化人才。硬核的如航天员、飞行员的飞行模拟器，完全拟真。平民点的，如模拟城市、模拟人生等，部分拟真，兼顾娱乐。此外，不少国家都开发了军事主题的模拟游戏，辅助征兵宣传和组织，据说效果不错。科幻小说改编电影《安德的游戏》（Ender's Game）曾描绘这样一种未来：人类在游戏模拟里指挥千军万马，完成真实宇宙里对外星生物的血洗。这已不是想象。现代战场上的无人战争，其实是后台人类像玩游戏一样操控的结果。在俄乌战场上，士兵操控无人机投弹完成杀戮，已经成为残酷的战争现实。

虚构模拟类游戏，没有直接培训目的，却能培养大局观和微操作。慢节奏、回合制的有《文明》(Civilization)、《无尽太空》(Endless Space) 等 4X 游戏 [explore（探索）、expand（扩张）、exploit（开发）、exterminate（征服）];

---

[1] AlphaFold的开发者、Google DeepMind团队的计算机科学家戴米斯·哈萨比斯（Demis Hassabis）和约翰·江珀（John Jumper）与计算生物学家戴维·贝克（David Baker）共同获得了2024年诺贝尔化学奖。

快节奏、实时化的有《星际争霸》、《魔兽争霸》（Warcraft）等即时战略游戏（RTS）；还有处于两者之间的半回合半即时游戏，如日本光荣公司经营了20多年的"三国志"系列和"信长的野望"系列等。这些游戏让玩家在大历史、大地理维度思考生存和发展的关系，寻找战略和战术的平衡。

模拟游戏还可以反作用于真实世界。EA公司开发的FIFA系列足球游戏，经过20多年的迭代优化、数据拟真，越来越像与真实世界平行的镜像宇宙。这个镜像宇宙可以描述和解释真实世界的一切，如球员们会较真于游戏公司给他们的能力赋值，因为这是他们公共形象的一部分，引导游戏时代球迷的看法；解说员会说球王梅西踢球时就像在玩FIFA游戏，拥有上帝视角；球迷会用FIFA重现各类精彩进球，并发布到网络赢得好评。FIFA甚至拥有了预测真实世界的能力，2010年以来，EA用FIFA系列游戏模拟比赛结果，准确预测了全部四届世界杯的冠军归属。

另外，足球经理游戏也反作用于现实世界，真实提高俱乐部的足球管理水平。德甲门兴格拉德巴赫俱乐部有位年轻教练是玩足球经理起家，靠游戏积累了基础知识和管理经验，最终得到俱乐部高层认可，加入球队成为真正的足球经理。普罗透斯效应再次奏效。

不难想象，未来许多模拟类游戏，作为真实世界的数字孪生，都会获得类似的反作用力。

三是批判性游戏（critical games），以批判思维为设计理念，旨在引发玩家对社会话题的反思。

我在生活中接触到的批判性游戏不多，有印象的主要是《这是我的战争》（This War is Mine）。该游戏让玩家扮演一群在战争中挣扎的平民，他们的城市已经是残垣断壁，每天都要出去拾荒，冒着敌军狙击手和其他拾荒者的致命威胁，寻找稀缺的食物、药品和工具。在游戏里，经常要面对理想与现实、自己与他人、生存与尊严的抉择，迫使玩家以全新视角看待战争，反思人生。

批判性游戏就像那些有思考的书籍和电影，对内容和形式要求很高，数量少、传播难，需要游戏开发者兼顾专业能力和奉献精神。2004年，一批全球知名的游戏学者和行业专家，共同发起了名为G4C（Game For Change，即

"游戏改变社会")的NGO组织，鼓励设计者和创新者通过电子游戏来思考并改变现实世界，从而让我们的社会更美好。在他们的指导下，又出现了展现多元价值理念的《封闭世界》（*A Closed World*）等游戏。

前文提到的詹姆斯·保罗·吉也是G4C的成员。他在《游戏改变学习》（*What Video Games Have to Teach Us about Learning and Literacy*）一书中强调，游戏相对于电影和小说的优势是可以给予玩家更加多元的视角和更加丰富的体验。他认为，好的游戏在机制设计方面充分考虑多元视角、开放世界，鼓励玩家去反思和创造，在选择中锻造角色，彰显"存在先于本质"的理念。他肯定《古墓丽影》（*Tomb Raider*）的设计，鼓励玩家偏离主线，自由探索。他还列举了一些多主角游戏，可以提供不同的立场和看待问题的视角。例如《底特律：变人》将玩家放置在多个机器人躯体之内，从多视角多维度体验产生自我意识后的机器人在反抗人类暴政时的无助和坚毅，促使我们重新思考人机关系的未来。

许多老玩家应该都跟我一样，情窦初开时玩过《仙剑奇侠传》初代，感受过悲剧之美。那种失去是游戏机制设计的必然，玩家并没有选择，除了伤感并没有内疚。但后世的游戏设计师更进一步，不仅让玩家选择敌人和路人的生死，也让玩家选择友人和爱人的生死，由此突破"价值正确"的底线，给玩家留下痛悔记忆。如果说《质量效应》等游戏的玩家牺牲好人是迫不得已的话，那么《侠盗飞车》（*Grand Theft Auto*）、《教父》（*The Godfather*）的世界就是理直气壮了，设计师直接把玩家按在坏人的位子上，坏并快乐着。再向右偏一点，种族主义者、极端主义者也在使用游戏传播错误观念。从这个角度说，我反对游戏过分强调多元价值，认为批判也要有边界。[1]

如果你对我所提的三类游戏都不感兴趣，希望在所有游戏里择优体验，我建议你参考游戏设计师周郁凯提出的八角行为分析法（Octalysis），从"8+1"维度出发量化评估游戏，选择高分游戏来玩。一是使命感

---

[1] 不过2024年4月我学会在AI辅助下开发自己的游戏之后，我也开始在游戏中设计一些危难情景下的困难抉择，迫使玩家在认知（理性）和情绪（感性）之间作出决断，以此拓展玩家对自身道德品性与情境因素之间复杂关系理解的边界。感兴趣的朋友，可到我的公众号"解缚的普罗米修斯"体验《宋之边缘》。

（meaning），游戏推动玩家踏上英雄之旅，完成拯救世界的使命。二是力量感（empowerment），游戏赋予玩家英雄般的力量，去创造性地解决问题。三是成就感（accomplishment），游戏鼓励玩家不断完成任务，克服挑战后获得成就感。四是社交性（social influence），游戏加入多人模式和交互元素，满足人类社交需求。五是所有权（ownership），游戏给予玩家更多设置和改造机会，使之拥有个人化的游戏要素，因此被粘住。六是稀缺性（scarcity），游戏故意制造稀缺和成功在即的紧迫感（urgent optimism），让玩家思而不得，由此增加黏性。七是未知数（unpredictable），游戏故意设计一些随机的变频变量激励，如随机掉落的道具和金钱。八是危机感（avoidance），游戏设法让玩家持续投入和付出，最后放不下。除去前述八点心理需求外，还有一点是体验感，即游戏中的身体感受。

周郁凯的算法是单项100分，总分800分，成功的游戏应该超过350分，但多数游戏都不到150分。我的改进算法是，前面四个光明系（单项200分）之和，减去后面四个暗黑系（单项100分）之和，加上中立的身体感受（单项100分），得分越高游戏越好。

掌握三大导向和八项指标后，你可以大胆探索和发现新游戏。如今的我们不是没钱玩游戏，而是没时间玩游戏。设计师开发新游戏的速度，远快于玩家玩游戏的速度，GenAI时代后更是如此。所以玩家要敢于选择，用好多样性红利。

另外，除了自己打分，小白也可以借鉴通用解题路径，按照学习、讨论、思考、实践四步走来选择游戏。学习，就是登录Steam等游戏平台，查看游戏视频介绍。讨论，就是查看他人的游戏评价，听取有经验的"老鸟"的观点和建议。思考，就是结合自身经验实际，做出综合评价判断。实践，则是必要时试玩游戏，在实战中提高游戏品位和鉴赏能力。如今许多游戏公司和平台都提供包年会员服务，一次付费后，各类游戏随你玩，比较合算。

10.1.6　玩好游戏的三个层面要求

选好游戏后，下一步是玩好游戏。玩好游戏也有窍门。奥斯卡最佳配乐奖得主、美国作曲大师艾伦·科普兰（Aaron Copland）在《如何听懂音乐》（What to Listen for in Music）中谈到音乐鉴赏的三个层次论，即感官层次、表达层次和纯音乐层次（不可言说的意义层次）。类比音乐鉴赏，我们谈谈玩好游戏的三个层面要求。

一是感官层面：增强游戏体验，这是普通玩家的定位。

从感官来看，游戏体验分为输入和输出，都和身体感受相关。输入主要与视听有关，是电子游戏排在第一位的考量因素。好看好听的游戏才好玩，现在的3A大作，如《黑神话：悟空》，画面、配乐和剧情一般都很不错，背后凝结着大量人的心血，绝不亚于拍摄一部高质量的电影。输出主要跟手感有关。游戏体验良好的游戏，有更多互动，操作需符合人体工学，并提供个性化设置以顺应个人习惯。唯有做到手眼协同，才能在身体感受上兼顾秒钟级的愉悦和分钟、小时级的沉浸。若想在输入、输出通道上获得绝佳体验，须从能力、资源、意愿三个角度着手改进。

从能力角度看，游戏素养影响游戏体验。带着思考玩游戏的过程包括两个阶段，先是掌握技法前的刻意练习（practice）阶段，务必有心，稳步提升；再是融会贯通后的随心表现（perform）阶段，可以无心，享受心流。资深玩家经验更多，上手更快，游戏体验也更丰富。之前玩过的其他游戏也会参与新体验的建构。作为新手玩家，选择适合自己的难度，做到努力和收获的对等。一上来就玩《黑魂》（Dark Souls）、《只狼》（Sekiro）、《艾尔登法环》（Elden Ring）之类的魂类游戏，恐怕会被虐得失去思考能力，不如先从《荒野大镖客》（Red Dead Redemption）、《巫师》（Witcher）等容错率高的动作游戏开始培养兴趣。此外，作为父母，有必要给孩子选好游戏，从小提升游戏素养，助推他们未来自己鉴别好游戏和坏游戏。

从资源视角看，游戏装备也影响游戏体验。在资金允许的情况下，可像忒修斯之船那样，每年升级1~2个组件。新装备会允许你体验新游戏，或从老游戏里获得新体验。如高端显卡、巨型屏幕、立体音响和游戏手柄等的组合，会让3A大作体验超越影院大片。升级VR套装后，可在《节奏光剑》《拳击VR》等运动游戏里兼顾娱乐和健身功能。若配有脑机输入设备，还可通过集中注意力改变脑波的方式，让"冥想花园"里的植物繁茂，感受心灵控制的特殊体验。

从意愿视角看，游戏目标也影响游戏体验。如今多数游戏都提供开放世界和多元结局，充斥着主线和支线交织的复杂剧情。我建议拿出纸笔，先做规划，有序推进，更有意思。总体而言，要聚焦主线任务，精选支线任务，设置挑战任务，获取最大体验。切勿迷失在纷繁的琐碎里，就像现实生活一样。最后，如果不慎买错游戏，千万不要因为有沉没成本而继续坚持，坚决不为错误行为继续买单，一定要及时止损，换好游戏来玩。

二是表达层面：参与游戏设计，这是创作者的定位。

阅读书籍时，我们可以通过在书上画画写写，与作者对话，游戏亦然。你不能只听创作者表达，尽管他在游戏世界里犹如看不见的造物主，主宰一切秩序规则。你要想法设法参与表达：一要解析，熟悉游戏系统的要素和规则。游戏在机制设计的时候，创新的亮点在哪里？如果你是创作者，可以如何去改进这些系统？试着熟悉创作者的视角，假想你就是他。以上帝视角去细致打量游戏，重新发现游戏。二要重构，创新游戏系统的要素和规则。基于对游戏系统的理解，找出创作者之前没有想到的新组合，由此打破游戏原初的剧本设定，进入玩家主导的模式。通过选择对游戏进行再创作，向游戏及其创作者证明你是"有脑玩家"。

过去我有一种倔强的骄傲，不想超越游戏规则，也不看游戏攻略，更不想利用游戏漏洞，只想硬碰硬，靠实力取胜，结果经常被创作者牵着鼻子走，陷入无脑缠斗，消耗大量时间。虽然我玩游戏的时间很长，但是思考的时间太少，所以收获只有过程，却少有成果。痛定思痛，我建议每个人都给自己编制一份个性化的"游戏操作指南"，提醒自己：玩前，阅读可获取的文献资料，了解开发背景和系统设定。玩中，积极阅读其他玩家写的文章，找到更多线索，获得启发。玩后，积极反思，总结提炼过程中的体会和感悟，甚至与他人分享。最后，通过试错，解析和重构游戏，找出自己的独特玩法，打造自己的幻想空间。

三是意义层面：挖掘游戏价值，这是应用者的定位。

相对于书籍、音乐和电影，游戏是人类文化艺术形式进化的更高阶段。未来我们的后辈玩游戏，就像过去我们的前辈看书一样，都是文化传承、思想启迪的形式。一款优秀的游戏作品，作者总会借机表达一些思想。在末世风格游戏《辐射》（*Fallout*）里，创作者通过不同族群之口，表达了对未来人类定义的不同理解——除了自认为是肉体和精神纯正的智人后裔，拥有自我意识和自由意志的 AI 与人类肉身合体后的合成人是否为人？被核污染辐射后身体变异但是心智尚存的变异人是否为人？同样被污染但丧失了心智的僵尸是否为人？在游戏里，人性为何，没有答案，只有选择。这些游戏蕴含的思想，需要玩家带着思考去理解。随手捡一本闲书随便翻翻，不如找一个好游戏边玩边认真思考。我们的收获永远来自阅读和游戏过程中的思考，而非阅读和游戏本身。

但是，好的艺术作品永远都是少数，我们也要学会在烂游戏里寻找闪光点。幸运的是，玩烂游戏和翻烂书一样轻松，不占用太多脑力，有更多心智资源随机漫步，在精神游走中探索相邻可能。另外，烂游戏的完善空间大、槽点多，批判它们不会有心理负担和社会压力，是提升游戏素养、锻炼反思能力的好靶子。所以，当你不肯放弃一款烂游戏时，就设法让它成为自己的思维游戏。

许多游戏还可以转化为生活工具。育儿时，游戏是最好的教材。几乎任何一个游戏，都可以瞬间抓住孩子的注意力，为教学提供机会。《孤岛惊魂：原始杀戮》（*Farcry Primal*）是我教儿子学习一万年前智人和尼安德特人之争的微课堂，《刺客信条》（*Assassin's Creed*）神话三部曲是学习西方神话的导览图。交友时，游戏是最好的话题。随手打开一个游戏，都可以开启一段对话和互动。未来不会玩游戏的人，将会跟过去不会打牌不会麻将的人一样孤独。我个人反对纯粹耗时、氪金的网络游戏，但支持用游戏拓宽社交网络。

10.2.7　成为一个电子游戏开发者

过去，开发游戏有较高门槛，是属于少数专家的特殊领域。但是我相信，很快游戏开发也会进入"大众创业、万众创新"的新阶段。有两个原因。

一是越来越多的游戏公司开源开发工具，降低了游戏开发的技术架构门槛。我是"虚幻竞技场"（Unreal Tournament）系列游戏的忠实玩家，其开发公司Epic后来将虚幻游戏引擎（Unreal Engine）和开发工具"元人类"（Meta Human）等开放给更多小公司，推动了游戏开发的平权化。科技趋势专家王煜全曾多次推荐美国的Roblox平台，这是一个大型多人游戏创作平台，类似于游戏开发领域的YouTube，将游戏开发工具模块化。相信中国很快也会出现类似的平台，届时游戏创作就像今天录短视频一样方便。

二是越来越强的GenAI技术工具的出现，降低了游戏开发的内容创作难度。如今，我们可以用GenAI辅助撰写脚本、创作配图配乐，甚至为很多节点和结局搭配AI视频作为过场动画。游戏发展的奇点正在临近，玩家正在向开发者升级。游戏未来必将成为继文字、图片、音乐、视频之后，GenAI帮助普通人攀登的又一座景色宜人的高峰。

过去我们用文章和照片证明自己的存在，今天我们使用音乐和视频表达感受，未来游戏会成为我们的高阶作品，同时融入我们的数字分身，持续向玩家传递情感和传达观点。我们的自主得以在更多主体、更大时空中拓展。

开发游戏绝对是一种美妙的体验。它和写作一样，要求我们高维思考，低维表达。它又比写作更有趣，要求我们分工协作，团队作战。2024年初，我和11岁的儿子、20岁的学生组队，花了十多个小时的有效工作时间，在AI辅助下开发出一款游戏《王的一生》，把儿子画在作业本上稚嫩的想法变成了在电脑、平板和手机上可以和朋友分享的作品，让他充满了欣喜和骄傲。

基于这段经验，我们又以温州历史为背景启动了游戏《宋之边缘》的开发，通过讨论，把家乡的历史文化、风土人情都揉入文字剧本，再用AI创作并搭配合适的图片、音乐和视频，最后借助在AI辅助开发的游戏平台，呈现整个游戏内容。我们选择两宋之交作为游戏背景，逃难的百姓作为主角，刻意地制造一些矛盾，迫使玩家在两难中做出抉择，影响后面的剧情发展，由此对自己和历史有更深的理解。在设计的过程中，我和孩子增加了交流的频次和深度，探讨和思考了许多过去不会去想的问题，许多知识和技术都融会贯通了，这些都是游戏开发之外更重要的收获。

10.2 设计并玩好生活游戏

短期内，我们暂时还无法都成为电子游戏的开发者，但我们可以先尝试做自己生活游戏的设计师。为此，我们从梦游者向造梦人进化，全面掌握游戏化（gamification）思维和方法，用它来管理自己，解决问题，达成目标，提升自主，实现成长，获得幸福。

10.2.1 造梦人编织自己的梦境

自主论认为，直面文化的梦境，我们可以选择三种角色：梦游者、解梦人和造梦人。梦游者和解梦人依附于他人创造的梦境，造梦人则要编织自己的梦境。在游戏管理时，梦游者模式是发现好游戏，最大化身心体验；解梦人思路是在游戏中思考，把游戏改造为工具；造梦人策略则是掌握游戏化思维和方法，把生活改造成游戏，把困难变成挑战，在成长中游戏，在游戏中成长。

游戏化是一种行为科学。2002年，英国咨询师尼克·佩林（Nick Pelling）发明了"游戏化"这个词，并有目的地把它作为贬义词，来形容"运用类游戏的加速用户界面设计，使电子化交易既快又有娱乐性"这样的行为。科技趋势咨询公司高德纳（Gartner）把游戏化定义为：使用游戏机制和游戏化体验设计，采用数字化的方式鼓舞和激励人们实现自己的目标。

游戏化也是一种设计思维。创新设计公司IDEO的总裁提姆·布朗（Tim Brown）认为，设计思维是以人为本的创新途径，借助于设计师的工具，将人们的需求、技术的进步和商业成功的必备元素进行整合。周郁凯认为，游戏化就是"以人为本的设计"的别名，并指出有两种游戏化：外显游戏化，拥有游戏的外形，参照游戏的规则设计出来的东西，如一些微信朋友圈里的"广告游戏"；内隐游戏化，没有游戏的外形，但参照游戏的原则设计。

跳出电子游戏和工作游戏的思维框架，生活中的许多问题都可以参考游戏化思维来设计机制，用有趣的方式推动解决。麦格尼格尔是生活游戏化的大师。2009年，她不幸脑震荡，并诱发了挥之不去的抑郁和焦虑，严重影响工作生活。为了走出低谷，她摸索出一套游戏化思维和方法，重新设计了康复过程，不仅让自己恢复正常状态，而且变得更健康和快乐，变得"超好"（super better）。她把这套方法工具化出书并发布在网络上，指导几十万人用游戏设计的方法去设计生活，推动了一场生活游戏化的群众运动。

10.2.2 生活游戏化的七个组件

麦格尼格尔的生活游戏化工具包括七个组件，我做了重新梳理和排序。下面逐个介绍。

一是挑战自我（challenge yourself）。以游戏心态生活的头号规则，是用挑战心态替代威胁心态。找到一个现实生活中必须解决的问题，作为目标。不再把这个问题看作威胁，而是看成挑战，将紧张解读为兴奋。如果你已经转变认知，可以考虑提高标准，把过去 80 分的自我要求提高到 85 分甚至 90 分，从而创造新的挑战。

二是秘密身份（secret identity）。秘密身份是讲述个人英雄故事的第一步。选择一个英雄名字作为秘密身份，标记并建构独有的英雄品质。以秘密身份来实现自我梳理，思考特定问题。我曾给自己设置不同的秘密身份：学习时用"普罗米修斯"，喻示谋定而后动；工作时用"赫拉克勒斯"，蕴意快刀斩乱麻。

三是补充能源（power-ups）。通过一些极低成本的行为，让自己感觉好一点，充满心理能量。要根据自身实际，持续更新能量清单，适时适度补充能量，并与他人交换和分享能量，如一起吃饭、看电影、外出旅游等。一般工作日，理想化的组合是早上看书或听书，白天跟朋友交流讨论，晚上玩游戏或和家人聊天，这些都是补充能量的方式。最终，睡眠是最好的良药，早睡早起，状态更好。

四是打败敌人（bad guys）。敌人就是那些阻止你进步，给你带来焦虑、痛苦或困扰的问题。将敌人和战况拟人化、可视化、数量化、即时化。学习更多克敌制胜的技能，每天坚持和敌人作战至少一次，战斗结束后补充能量，并记录战况。允许和接纳失败。真的无法打败敌人，就设法化敌为友。我曾经的劲敌是"熬夜叉""久坐鬼""饕餮怪""工作狂"四大暗黑骑士，交战记录持续更新在行为量表里。

　　五是完成任务（quests）。找到为达成目标而必须做的简单行为，定义为任务。好玩的任务才好做，要把任务本身或者任务表述变得有趣，如把"步行锻炼"改为"散步兜风"。具体的任务才好做，即把任务转化为具体的下一步行动、最小行动，如把"写自主论"改为"写 300 字和任务管理的文字"。把部分好任务变成增强力量的能量块，完成任务后自带充电功能。麦格尼格尔推荐"家务战争"游戏，将做家务变成游戏任务，从打扫、清洁这种最平凡的事情中收获效能感和自豪感。

　　六是招募盟友（allies）。盟友是一起玩游戏的人，是伸出援手的亲友。盟友把单人游戏变成多人游戏，给玩家带来社会激励和社会压力。盟友应该知道你在应对什么挑战，知道什么是你的敌人，什么是你的能量块。盟友可以为你推荐任务、补充能量、提供策略、督促进度、庆祝胜利。玩家要向盟友分享自己的游戏和角色，帮他们更快上手，带他们做好任务。在 AI 时代，你也可以引入 GenAI 做盟友，提供支持。

　　七是华丽制胜（epic wins）。电子游戏是有限的游戏，生活游戏是无限的游戏。电子游戏的终极目的是通关，生活游戏则没有边界和终点，但可以设置一些阶段性的里程碑，达成目标后会获得巨大成就感、更多自信心和更强原动力。无数的华丽制胜叠加在一起，就会留下属于自己的传奇。PBL 模块可以引入，使用积分（point）、勋章（badges）和排行榜（leaderboards），给予积极的信息反馈，强化制胜效果。

　　麦格尼格尔认为，上述方法适用于绝大多数人，通常两周就会见效，是一种一旦习得就可以持续更新并受益的技能。我参考她的理论，编制了自己的"游戏化改造清单"，按照清单去改造各种常态化、长期性的生活、学习甚至工作事务，用秘密角色直面挑战，设置任务，招募盟友，打怪升级，补充能量，华丽制胜。总体感觉是游戏化改造让解题过程变得有趣了，解题时间投入变多了，自主意愿有所增强。大象尝到了甜头，主动带着骑象人跑。

10.2.3　自我管理的游戏化实践

我们整合前述所有的讨论，基于自主论的框架，结合游戏化思维和游戏设计原理，吸取许多优质游戏的系统机制，构建一套可视化、可量化、可操作的自我管理系统，帮助我们像玩游戏那样有效管理自己。这里还是从自主的意愿、能力、资源三大要素切入，对应游戏的事、人、物三组系统设计。

首先，自主的意愿管理，可参考游戏的事件管理系统来设计。

自主的意愿管理，可具体化为我们的事件管理。游戏是对生活的提炼和提升，一般的角色扮演游戏，都会包括任务系统、导航系统和档案系统，用以支持玩家更好地掌控进度、找准方向和把握情况。

一是任务系统。《刺客信条》等游戏分层任务线索，将其划分为若干目标和步骤，每个目标下面有多个具体步骤，完成一步就勾掉一步，让人做到有据可依。《巫师》等游戏归类任务线索，将其划分为主线任务（有大量剧情，推动故事发展）、支线任务（有较多剧情，基本不影响故事发展）和猎魔任务（没有太多剧情，纯粹为打怪升级）。可在"任务管理"章节提供的思路基础上，借鉴这些分层分类原则，使用任务管理软件，设置并推进任务。在任务设置时，参考游戏化思维，在任务里增加挑战、里程碑、敌人、能量等设计。多数人只要学会记录和管理任务，即可大幅提升效能。

二是导航系统。多数游戏都有导航系统，帮助玩家更快完成在空间上的定位目标任务，与时间逻辑的任务系统形成互补。建议你升级空间思维模块，把空间思维引入事件管理系统。如在添加事件时，标注更多空间线索；在梳理事件时，按照空间线索做好聚类和组合，发生在同一时空内的行为，可以并联操作，提高能效；还可以尝试在电脑和手机的地图App上标注任务。

三是档案系统。档案系统主要为任务系统和导航系统做辅助，提供更多参考信息。游戏设计师为玩家解题提供了大量基础资料，而且分门别类，易于查询。现实生活中个人的信息管理是最难做到的。一个人每天接触的信息如此之多，难以记录，难以取舍。最简单的原则就是能存尽存，做好记号（在标题里增加关键词），保存为卡片，需要时用Alfred（Mac）、Everything

（PC）等工具在本地快速查询。随着数字化进程的推进，信息管理越来越容易。AI时代，我们要做的是用好大模型，训练智能体，敢于提问，善于提问，提出正确的问题，获得参考答案后在实践中检验并迭代。

其次，自主的能力管理，可参考游戏的角色管理系统来设计。

自主的能力管理，具体化为我们的知识管理和技能管理，可以参考游戏里的角色特征、经验等级、技能属性等系统设计。把自己的秘密角色具象化、指标化，可以更好地养成。

一是角色特征。几乎所有的游戏都有角色系统，它不仅仅是一个名字，还有形象。现在的游戏大多会允许玩家捏脸，塑造个性化的形象。生活中也是如此，要时刻留意自己的形象，不管是行为举止的视觉效果，还是语言表达的听觉效果，都要投入精力去设计，而且要用好GenAI。好形象就是生产力，光环效应可以磁吸社会资源。一次投入，长期受益。

二是经验等级。游戏里任何实践经历都可以转化为经验数值，变成等级提升的进度条，即时化、可量化、可视化。我们有多少经验值、多少等级，还差多少经验可以升级，一目了然，提醒我们努力一点，再努力一点。但现实生活中，我们所有的努力都是模糊的，使得努力本身缺乏反馈，容易丧失动力。游戏化设计的里程碑和华丽制胜，以及PBL等设计，可以作为参考。我的做法是用行为量表记录各种行为，量化为自己的自主值，然后设置里程碑目标，达成后即可给自己等级提升的奖励。

三是技能属性。游戏里玩家的各种能力是量化的，可以随时查看，在等级提高或使用特殊道具和装备后，属性和技能也会随之增加和提升。现实生活逻辑相似，但同样看不到摸不着，导致难以维系。解决方案就是参考游戏方式，绘制自己的"技能树"和"属性表"。"技能树"可以使用思维导图工具制作，把自己擅长的技能及熟练度都写下来，然后将它们的依存关系画出来，由此形成对自己的更深层次的认知，也帮助自己发现到底应该在哪里争取技能突破。《上古卷轴》（*The Elder Scrolls*）等角色扮演动作游戏，都有很好的科技树、技能树设计，可以作为参考。"属性表"主要基于行为量表来设计，建议设置一组指标做量化记录，将这些数据折算后可视化为图表，形成自己的角色属性表。建议大家在下一步升级的技能列表里，添加游戏素养和编程能力。

最后，自主的资源管理，可参考游戏的物品管理系统来设计。

自主的资源管理，具体化为我们的财务管理、物品管理、工具管理等，可以参考游戏设计里的金钱系统、道具系统和装备系统。

一是金钱系统。游戏有两点设计经验可以借鉴：首先是记账子系统。游戏帮我们做了每笔收支的记账和报表，让我们对财务状况一清二楚。生活中装个记账软件，养成随手记账的习惯，有利于积累数据和分析财务，准确做出整改提升。其次是交易系统。游戏里除了打怪赏金和开箱所得，一般还有买卖道具和装备的收入，这也启发我们，闲置的东西，该丢的要丢，该卖的要卖，及时套现，以旧换新。我有记账的系统，但一直没有二手交易的理念，所以费钱。

二是道具系统。游戏里道具通常是有使用价值的消耗品，对应游戏化思维的能量块，主要是补血充电、威力加持、快速移动、削弱对手等。当代的游戏一般都有随身负重上限和居家仓储系统等设计，目的是迫使玩家做出选择，轻装上阵，只带最重要的道具，临阵时也能更快地做出选择。还有一些游戏会提供兑换系统，鼓励我们把许多常规道具合并为一个高级道具。也有一些道具是只有象征价值的战利品，主要用于装饰，许多游戏都会提供战利品陈列区。生活中日常物品管理，也可以参考上述原则分类：把战利品作为华丽制胜的标志，摆在家里显眼的地方激励自己；把消耗品带在身边随时应急；其余的东西则按照断舍离的原则进行归档甚至丢弃。

三是装备系统。工欲善其事，必先利其器。在利器基础上，还要追求神器。游戏里，我们只要拿到更好的装备，就会毫不犹豫地替换掉旧工具，由此不断升级自己的套装。一些游戏还会鼓励我们使用稀缺的宝石和符文为装备"附魔"（enchantment），或者使用买来或拼来的皮肤做个性化装饰（我明确反对氪金），使之拥有特殊属性和个人色彩。生活游戏里，我们也应该把自己的装备清单化、指标化，然后根据实际需要和自身财力，酌情依次升级。一般而言，衣服、裤子、鞋是物理世界的老三件套，电动汽车（大范围移动）、桌面电脑（高强度运算）、智能手机（移动化办公）是数字空间的新三件套。老三件套的投资收益低，新三件套的投资收益高，建议多投资升级。到了AI时代，还有数字空间版三件套：AI文字工具（大模型）、AI媒体工具（AI图片、音乐、视频等多模态）、AI分身工具（数字人等）。

10.3　本章小结

在我们的时代，玩游戏已不是浪费时间，而是生活、工作和学习本身。游戏或许是一些人的毒药和安慰剂，但理应成为自主人的良药和强心剂。自主人是无限游戏的玩家，我们将永远玩下去，直到死亡把我们跟游戏分开。生活总有一些不完美、不愉快的地方，自主人要努力养成游戏心态，提升游戏素养，享受电子游戏，设计生活游戏，在游戏中思考，在思考中成长。从玩家向设计师升级，从消费者向创造者跃迁，从幻梦的慰藉向文明的升华演进。祝大家在游戏的世界里从心所欲不逾矩，自主的征程中始终有快乐相伴。我们一起玩出自主，玩出未来。

本章思维导图如图 10-1 所示。

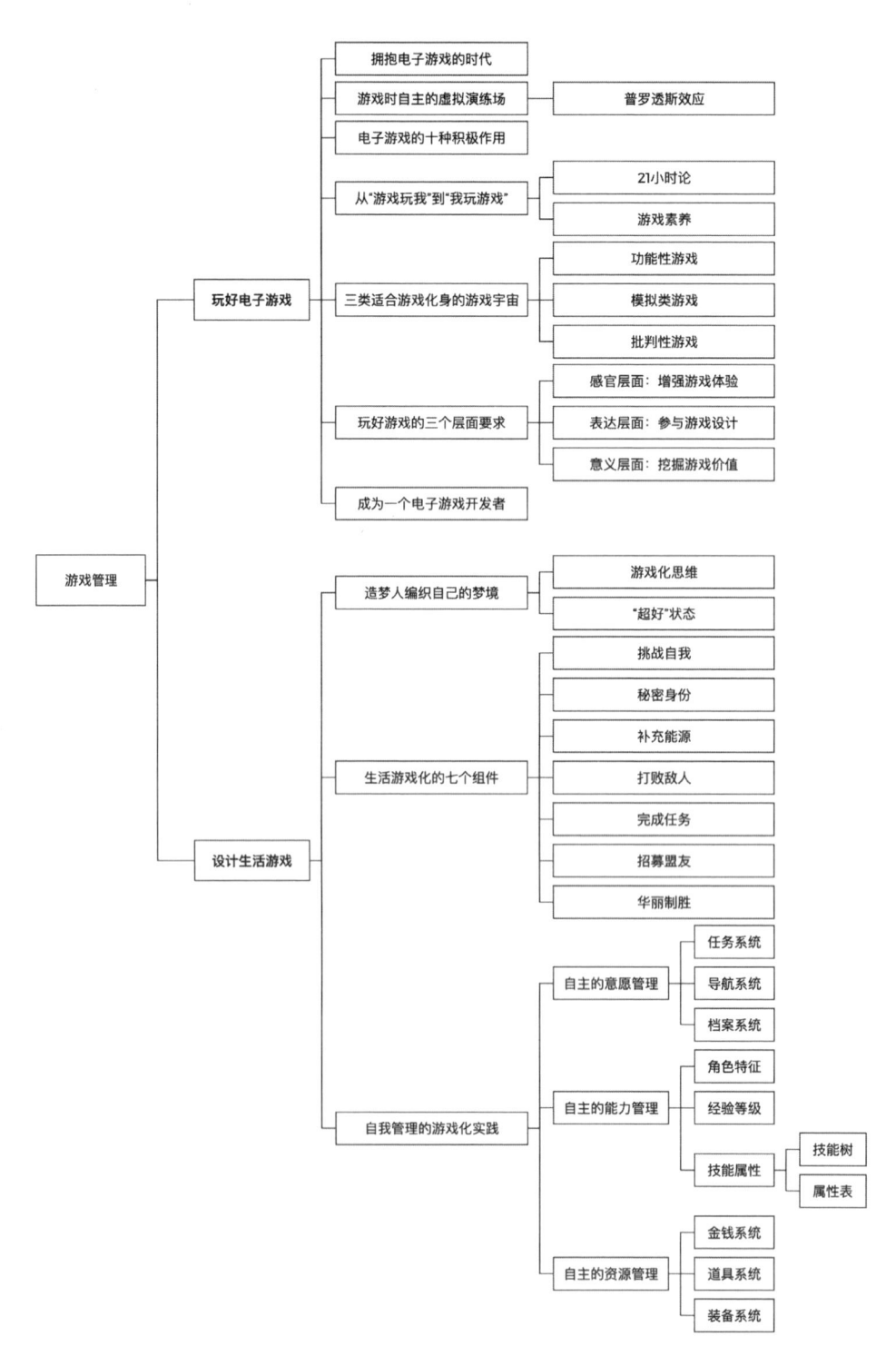

自.主.论. AUTONOMY
何为自主以及何以自主

```
游戏管理
├── 玩好电子游戏
│   ├── 拥抱电子游戏的时代
│   ├── 游戏时自主的虚拟演练场
│   │   └── 普罗透斯效应
│   ├── 电子游戏的十种积极作用
│   ├── 从"游戏玩我"到"我玩游戏"
│   │   ├── 21小时论
│   │   └── 游戏素养
│   ├── 三类适合游戏化身的游戏宇宙
│   │   ├── 功能性游戏
│   │   ├── 模拟类游戏
│   │   └── 批判性游戏
│   ├── 玩好游戏的三个层面要求
│   │   ├── 感官层面：增强游戏体验
│   │   ├── 表达层面：参与游戏设计
│   │   └── 意义层面：挖掘游戏价值
│   └── 成为一个电子游戏开发者
└── 设计生活游戏
    ├── 造梦人编织自己的梦境
    │   ├── 游戏化思维
    │   └── "超好"状态
    ├── 生活游戏化的七个组件
    │   ├── 挑战自我
    │   ├── 秘密身份
    │   ├── 补充能源
    │   ├── 打败敌人
    │   ├── 完成任务
    │   ├── 招募盟友
    │   └── 华丽制胜
    └── 自我管理的游戏化实践
        ├── 自主的意愿管理
        │   ├── 任务系统
        │   ├── 导航系统
        │   └── 档案系统
        ├── 自主的能力管理
        │   ├── 角色特征
        │   ├── 经验等级
        │   └── 技能属性
        │       ├── 技能树
        │       └── 属性表
        └── 自主的资源管理
            ├── 金钱系统
            ├── 道具系统
            └── 装备系统
```

图 10-1　本章思维导图

第十一章　家庭管理

> 两个人总比一个人好，因为二人劳碌同得美好的果效。
>
> ——《传道书》(Ecclesiastes)

自主论认为，家庭是个人自主养成的重要外部环境之一。好的家庭拥有一定程度的集体自主性，推动所有家庭成员的个体自主性水平提升。过去许多人认为家庭的作用是提供食物和居所，这是生存层面的基本要求，是自主感里的安全、自主性里的资源。实际上，家庭可以提供更多，可以上升到发展层面的高阶要求，在自主感的自由、自主性的能力和意愿方面为家庭成员提供更多助力。

家庭除了为个人发展提供环境支持，也为个人发展提供目标方向。古人云，修身齐家治国平天下。家庭管理是提升自我后必须过的一关。所谓"清官难断家务事"，家庭经常是问题之源，我们可以在解决问题的过程中，持续用好自主性，提升自主性。最终，衡量家庭管理是否成功的标准，就是我们的家庭留下了多少子嗣、作品以及分身，代表我们穿越主体和时空，成为证明我们曾经来过的印记。

所以，有必要重新认识家庭，重新定位家庭，把家庭当成事业来做，把家庭看作整体来谋划，在提升个人自主时联动家庭的自主，带动家庭自主时助推个人的自主。未来，每个自主人都要树立"家庭总体自主观"，不让任何一个家人在实现自主的道路上掉队，也不让任何一个家人拖后腿，更不让任何一个家人成为短板。接下来我们会从系统论角度讨论如何改变家庭的功能定位、资源禀赋和结构关系，重点讨论纵向的代际关系、横向的平行关系、内外的镜像关系，最后对为人父母、子女和伴侣的人提出一些具体建议。

11.1 改造家庭的基本思路

从宏观层面看，家庭作为较小的系统，是个人自主发展的外部环境；社会作为更大的系统，又是家庭发展的外部环境。家庭作为系统，由功能、结构和要素组成。我们可以从这三个角度切入，讨论改变家庭的思路。

11.1.1 改变家庭的功能定位

从自主性的三要素来看，家庭的本质是建立在血缘和情感关系之上的自主人的联合体，是帮助其成员实现自主的孵化器、加速器和助推器。家人们共同追求自主，资源彼此共享，能力相互影响，意愿对立统一。我们需要解决或缓解三大矛盾，以推动现实家庭向理想家庭的飞跃。

一是意愿的矛盾。家人间发生意见不统一的时候，就需要一个话事人站出来仲裁问题。每个家庭里都有说了算的人，他们是家长。自主论认为，家长应该由家庭中自主性最强的成员来担任，他们更适合掌握家庭的权力，决定家庭的方向。通常，这些自主性最强的成员都是家里正值壮年的父母，或者辈分较大的族长。在社会变革期，家中的年轻一代因为掌握了先进技术和新质生产力，自主性会得到快速提升，进而开始挑战传统家长的权威。此时，家庭内部如果不能及时做出权力格局的调整，就可能会发生权力斗争，其本质是自主性的较量，控制与被控制的博弈。经典的解决方案就是让年轻人成家、分家，建立新家庭，成为新家长。但有些时候，年老的家长迟迟不肯松手放权，想继续掌控一切，其控制欲会让其他家人喘不过气来，直到年轻人被迫反抗和夺权。

二是能力的矛盾。家人间由于年龄和经历的差别，彼此存在明显的能力差别。即便是同龄人，有的比较好学上进，有的原地踏步，久而久之也会在认知和行为方面拉开巨大差距。一大家子三代人坐下来吃饭，聊天时又如鸡同鸭讲。孩子对新鲜事物充满好奇、热爱思考，也有一些创见，只是表达略微差些，但你可以和他讨论，火力全开，非常畅快。如果老人张口就是偏见和谬误，不反驳是默许错误观点传播，反驳则伤了面子和感情，只能憋着，私下再说。家庭中解决问题时，往往能者多劳，累死勤快人；无能者只需依靠血缘的免费车票，搭便车即可。时间久了，能者可能会心理失衡。

三是资源的矛盾。家庭是最小的"共产主义社会"，理想状态下应是按需分配。但是资源有限，只好因地制宜地采取按劳分配的"市场模式"、定额分配的"计划模式"、相敬如宾的"礼让模式"和先占先得的"丛林模式"。除非家长拥有绝对权威来确立规则，否则实际分配还是会比较无序的。一旦个别家人过多使用家庭资源，挤占了其他家人的份额，不管是儿童的教育支出、青年的结婚和买房支出，还是老人的医疗支出，都会直接导致家庭整体资源水平（他人可能获取的资源水平）下降。特别是过去，家庭里兄弟姐妹很多，彼此就是资源竞争关系。俗话说"贫贱夫妻百事哀"。资源紧张情况下，个人自主性受限，解题能力下降，烦心事激增是常态。接下来具体讨论。

11.1.2 改变家庭的资源禀赋

一个家庭的资源总量，包括每个家人独有的时间资源、身体资源、文化资源、技术资源，还有大家共有的经济资源、社会资源、政治资源等。

家庭资源是既定现实，短期内难以改变。所有资源中相对容易开发的，还是社会资源。每个家庭都有外部的血缘网络和地缘社群，可以轻松链接到许多能提供能力辅助和资源扶持的重要人物。依靠这些人，家庭及其成员有机会改变其他资源短缺的状况。出门靠朋友，这是至理名言。

家庭资源在家庭内和家庭间都配置不均。一方面，独生子女家庭不如多个孩子的家庭，三口人的核心家庭不如四世同堂的大家庭，因为独生子女家庭、三口人的核心家庭无论是资源禀赋还是关系结构都要简单得多，缺乏个人高阶成长所需的复杂性和冗余性。另一方面，农村家庭不如城市家庭，内陆家庭不如沿海家庭，国内家庭不如海外家庭，因为城市家庭、沿海家庭、海外家庭等在周边环境，包括城市基础设施所带来的公共资源和家庭朋友圈所带来的社会资源方面，都会有较大优势，可以为家庭成员带来更多潜在机会和试错次数。

家庭资源总量的多少，往往决定我们安全和自由的程度。

一是富裕和中产家庭，通常拥有既安全又自由的环境。此时，家人感到被关心，成长有保障。我们都渴望生活在这种理想的家庭环境里，它有点像有宏观调控的市场经济，守住安全底线，探索自由上限。在这种环境下，人有多种选择，但不会过多，可以自由驾驭，感觉游刃有余。人们会敢于怀疑、拒绝和创新，不断更新自己，获得成长。这种环境不仅要求家庭有足够的资源，还要求家长有足够的实力和底气放松管制。

二是普通家庭，通常拥有安全但不自由的环境。此时，家人感到被控制，成长被限制。人们从出生到死亡的一切都被安排好，凡事往往只有唯一选择，那就是没有选择，你甚至不知道有其他选项的存在。许多中国式家长倾向于掌控一切，犹如推行计划经济的苏联政府一样，家人被强制圈养，最终成为无用的"巨婴"。

三是贫困家庭，通常是不安全但自由的环境。此时，家人感到被放任，成长被忽视。你拥有看似无穷的选择的自由，但其实多数选项你根本负担不起。家长忙于谋生，没时间管家庭，放任自流，像西方推行的自由市场经济，给了家人太多承受不起后果的无效选择。

四是破碎家庭，通常是不安全不自由的环境。此时，家人感到被遗弃，成长没希望。这是最糟糕的情况，是丛林状态、无政府状态，是霍布斯说的所有人对所有人的战争的状态，这是最不利于成长的环境。如果处于这种状态，只能听天由命了。

对家庭资源和环境有了新认识后，我们可以试着去改变更容易改变的关系结构。

11.2.3　改变家庭的关系结构

改变家庭关系结构的内核，是改变家庭的权力结构，改变家长和家人之间的关系。当前中国多数家庭还是传统家长主义的理念和作风，家长大包大揽、责任无限，家人放弃自由、换取保护，这是一种主人和仆从的关系，不利于家庭成员的成长。建议转变观念，正在掌权的成年人作为一家之长，要像校长和老板一样，把"一老一小"等其他家人当作学生和股东，引入现代教育理念和企业管理工具，把家庭看作一个学习型组织，努力兼顾效率和公平。

家长在改变家庭关系结构时，可以重点引入四个管理模块。

第一，明智风格。有四种管理风格：一是高标准要求和高水平支持的明智风格；二是高标准要求和低水平支持的压迫风格；三是低标准要求和高水平支持的溺爱风格；四是低标准要求和低水平支持的放任风格。家长对待家人，不管是父母对孩子，还是子女对老人，都理应使用明智风格，一方面要为家人设置较高的标准，另一方面要为他们提供指导和支持，帮助他们努力达到这个标准。

第二，绝对坦率。有四种沟通方式：一是关怀备至且直抒己见的绝对坦率；二是漠不关心但有话直说的恶意侵犯；三是关怀备至但藏着掖着的过分同情；四是漠不关心也藏着掖着的虚情假意。家长对待家人，最好用绝对坦率，就是在良好关系基础上说真话、实话、大白话。为缓解可能出现的对抗和压力，要学会幽默，并引入一些游戏化设计。

第三，因人而异。有四种管理场景：一是家庭成员有意愿有能力，此时要授权他们把资源支持作为重点；二是家庭成员有意愿无能力，此时要教会他们把能力提升作为重点；三是家庭成员有能力无意愿，此时要激励他们把意愿调动作为重点；四是家庭成员无意愿也无能力，此时只能强力带领他们从零开始搭建自主的基础。家长对待家人，要因人而异地采取策略。

第四，合理干预。家长和家人之间利益相关，所以有些时候不得不强硬地干预家人的行为，以维护自己和家庭的利益，但干预手段不能滥用，要区分问题类型。一是和家长专业相关的问题，此时可以及时干预，并给出自己的建议，供家人参考。因为这种时候如果不说话，就是"可与言而不与之言，失人"。二是和家长专业无关的问题，此时要保持克制和关注，必要时可以表明立场，给予家人提醒，但不能乱提操作性建议，以免好心办坏事。

下面讨论家庭中的三组不同关系的处理办法。

11.2 处理好家庭中的三组关系

11.2.1 纵向的代际关系

纵向的代际关系，发生在上下辈之间，主要是子女和父母的关系。父母与子女共享资源，帮子女提升能力，但会倾向于掌控子女的意愿。在很长的一段时间里，自主与不自主、控制与被控制是父母与子女关系的主线。让我们从头开始，经历人生的四个阶段，讨论代际关系的变化以及处理思路。

第一阶段：幼年期。

起初，我们幼小羸弱，父母风华正茂，彼此存在绝对的自主性差距。此时，我们是渴望安全，虽然有很强的自主意愿，希望自己做选择、做决定，但是没有能力做出选择，也没有资源承担后果，所以只能依赖父母生存，接受父母控制。

控制本该适度，但经常过界。我们是第一次当孩子，父母作为监护人，经验也不足。大家都容易上火发脾气，孩子的哭声、家长的愤怒、夫妻的争吵、老人的念叨，是很多家庭从小到大的鸣奏交响乐。

曾流行一时的行为主义教育理念，把我们当成没脑子的小动物，不接受父母（以及学校）控制的，可能会被说教和体罚，直至服从为止。结果，我们中有些人学会了假装顺从，把自主意愿藏在心底，等待时机。另一些人则真的被磨平了棱角，彻底抹去了追求自主的意愿。后来又矫枉过正，流行新理念，不让打不让骂，要求从头到尾的正面肯定和积极引导，实际操作起来也很难，会把孩子惯坏了。

生活中有不少朋友从小就被父母用不同的理念和方法反复折腾，渐渐放弃了自我意识和自由意志，结果长大了成了"妈宝"和"巨婴"。说重一点，跟行尸走肉没太大区别。责任在谁？我认为在父母。因为父母是更加自主的一方，掌握方向和方法。

第二阶段：青年期。

后来，我们茁壮成长，父母渐渐衰老，彼此的自主性差距逐步缩小。此时，我们追求自由，因为我们的能力和资源水平都在提升，自我意识、自由意志、自主意愿都在觉醒和释放。我们希望和父母重建一种新的关系。

有些父母尊重子女的意愿，引导子女更好地发展，有序地放权和退出，甚至主动谋划让子女接替自己的家长地位，他们的子女往往获得更好的成长，家庭关系也会更和睦。还有一些父母控制欲很强，导致家庭内部纷争不断。

以我的经验，父亲比母亲更可能放开硬性管制，母亲则更难割舍，总想继续以"我是你母亲""我都是为你好"为由控制子女。有些父母甚至会滥用养育孩子带来的道德制高点，如"你是我生的养的，就要听我的话""你不听我的就是不孝子"，来压制孩子追求自主的合理诉求。

第三阶段：成年期。

再后来，我们长大成人，子女已经出生，父母慢慢变老，彼此的自主性差距反转倒置。经过岁月的打磨和社会的毒打，我们从青年人变成了中年人，有了自己的工作、家庭和孩子后，变得更加沉稳，在安全基础上追求自由。此时，我们上有老下有小，是最脆弱的时候，也是最坚强的时候。我们的意愿、能力和资源都达到了较高水平，成为相对自主的一群人。

现在我们是家长，决定新出生的孩子的命运，并经常过问年老父母的事务。与孩子相比，老人的自主性强得多。从能力看，虽然他们的记忆、计算等流体智力下滑，但是知识、技能、经验等晶体智力仍在。从资源看，虽然他们的身体和时间等资源在枯竭，但文化、技术、社会、经济等资源依然存在。真正影响老人自主性表现的，是他们的意愿。

人到晚年，多半会变得保守，更加渴望安全，守住已经得到的一切，而不是再去冒险。多数人的晚年会以凡人段位收尾，放眼未来，时日不多，人生已无太多可能，所以只求开开心心，安享晚年，活在当下。他们会选择性拼接过去一生的美好瞬间，甚至"改写历史"，构建"粉色回忆"，让自己感觉更好。所以，老人看到的世界跟别人不同，各种孩子式的傻事蠢事，都容易发生在老人身上。对此，我们最好采取理解和包容的态度，因为有一天我们也会老去。

成年期很长，不少人在这个阶段会遭遇瓶颈期，发展止步于凡人或者精英阶段。运气不好还会遭遇下行期，考虑到当前房地产价格持续下滑、孩子教育成本持续走高、GenAI冲击就业市场等诸多因素的影响，我们可能遭遇自主性整体水平的下滑，不得不提前开始放弃自由以换取安全，进入保守的老年期。

第四阶段：老年期。

最后，父母已经逝去，子女已经长大，甚至子女的孩子也已经出生，我们自己则成了老人。现在的家庭关系是成年的子女和老年的我们的关系。我们偶尔想控制子女，但已经心有余而力不足了，每次尝试都可能换来强硬的反击。相反，子女们频繁地控制我们，我们想反击，但也已力不从心，只能默默接受。

多数时间里，我们会和子女相安无事，时不时地还会予以帮助，帮他们带带孩子，但又经常会因此带来分歧、矛盾甚至冲突。因为子女有自己管教孩子的方式，与我们的养育方式不同，存在理念和方法的区别，所以三代同堂住在一起的话，必然会发生一些不愉快。这时候我们最好的选择，应该是早点找到自己的兴趣爱好所在，找到伴侣和朋友，找到一个可以安享晚年的地方，和子女保持一定的距离。距离产生美。

当然，也有少数老人是特例，他们是精英、英雄甚至泰坦，是"不安分"的大龄自主人。之前的人生极其成功，安全非常有保障，所以晚年时还渴望更多自由，谈恋爱、攀登高峰，甚至追求技术加持的永生。人生不止，折腾不止。如果我们有幸升级到这些段位，那么老年期只是成年期的延续而已，所有拥有强大自主性的人，即便衰老，还会有"第二春"甚至"第三春"。

另外，男人与岳父岳母的关系、女人与公公婆婆的关系，我认为也应参考上述代际关系处理原则，参照晚辈和长辈之间的关系来处理。

11.2.2 横向的平行关系

横向的平行关系，就是同辈间关系，如兄弟姐妹和夫妻伴侣。同辈的家人之间，经常是既合作又竞争的关系。

一是兄弟姐妹。

就像我们不能选择父母一样,我们也不能选择兄弟姐妹。如果有,那就是作为长子或者长女,孩童不懂事的时候,可能会被父母问起,"你想不想要个弟弟妹妹"。每个人的答案或许不同,但我猜想进化会选择那些会说"不"的孩子。

显然,多一个兄弟姐妹,对孩子来说,是多一分挑战、一分责任。弟弟妹妹会分走有限的资源,同时又增加新的人力。作为哥哥姐姐,要带好他们,对自己也是一次锻炼,有利于自主性的提升。这就是所谓的学徒效应,在中国古代叫教学相长,哥哥姐姐通过教弟弟妹妹,巩固了知识,强化了能力。另外,有兄弟姐妹的孩子,竞争意识、情商水平也更高。对家庭来说,多一个孩子,也是多一分保障、一分负担。关键时刻,多一个人就多一把手、多一份力。每个孩子都是家庭对未来的投资,把所有鸡蛋都放在一个篮子里是很危险的。传记作家沃尔特·艾萨克森(Walter Isaacson)在《富兰克林传》中描写了富兰克林的父母生育了十多个孩子,每天早上醒来后的第一件事情就是把躺成一排的孩子翻下个,看看哪个死了。中国现在已经放开计划生育政策,在此之前的很长一段时间里,"只生一个好"的独生子女政策虽然有利于集中资源养育好一个孩子,但是一旦发生变故,对家庭的打击就是毁灭性的。避免出现失独家庭最好的方式,就是增加孩子的数量。

我没有兄弟姐妹,只有表兄弟姐妹和堂兄弟姐妹,但从我父母一辈与他们的同辈关系来看,兄弟姐妹有比没有好,多比少好。兄弟姐妹不管在什么年代,都是比其他人更可靠的自己人。我认为,相比于家庭之外的成员,兄弟姐妹之间更有可能形成利益共同体,成为一致行动人,也更有可能彼此交心、相互扶持。

在竞争外部资源的时候,兄弟姐妹是最好的盟友,是我们构建社会资源的基石之一。只要兄弟姐妹能抱团,一致对外,那么他们就会为家庭带来集体力量和群体智慧。特别是变乱年代,抢夺资源、保卫家园的时候,需要拼时间资源和身体资源,这时候多一个人就多一份力。但在竞争内部资源的时候,兄弟姐妹也是最大的对手。特别是兄弟姐妹不团结,刀口向内的时候,那么家庭就会分崩离析。

我有个大胆的推断，在资源总量不多的普通家庭，孩子数量更少，内部可竞争的资源更少，兄弟姐妹们会更加团结地对外争取资源。相反，在资源总量较多的富裕家庭，孩子可能会更多，内部可竞争的资源更多，兄弟姐妹会把更多精力用在内部资源的争夺上。所以古往今来，斗争最激烈的都是资源最集中的王室贵胄。

二是夫妻伴侣。

与建立在血缘基础上的兄弟姐妹关系不同，夫妻伴侣关系完全建立在情感和法律之上。夫妻伴侣是家庭的核心关系，他们的关系强弱决定了家庭的未来。美好的婚姻对任何家人来说，都是坚强的后盾。

不管是男人和女人，还是更加复杂的人群组合，只要因为情感纽带走到一起，就会为我们的家庭带来全新的成员。在一些国家，这叫婚姻，甚至得到宗教的庇护；在另一些国家，它也可以是一种社会契约关系。最近甚至有人认为，按照中国现行的婚姻法，不结婚，既可以享受由婚姻带来的一切福利和保障，又可以避免由领证带来的其他麻烦，是更好的选择。

以最传统的男女婚姻为例，两个人在一起，应该以提升彼此的自主性为目的。理想化的情况是二人同心，相敬如宾，通过讨论（群体智慧）来放大彼此的能力，通过共享（互补）来增加彼此的资源，再通过相互包容和鼓励来增强彼此的意愿。

遗憾的是现实往往没有那么美好，多数的婚姻从快乐起步，到痛苦为止，两个人用自己的自主性做资本，参加一场合资创业（joint venture），结果往往是两败俱伤：或者一个人扛下重任，另一个人无所事事；或者一个人操控一切，另一个人逆来顺受。恶意刻意的控制，肯定是最糟糕的关系，但这些最坏的情况经常发生。

理想的婚姻，应该是爱情的结晶和祝福。引入心理学家斯腾伯格（Robert Sternberg）的爱情三角形理论（Triangular Theory of Love）：完美的婚姻应该是亲密（intimacy）、激情（passion）和承诺（commitment）的合体。[1] 但现实中，人们往往是从激情开始热恋，经过承诺（结婚证、孩子等）进入婚姻，最后只剩下亲密，甚至连亲密都没有。这符合进化心理学和"自私的基因"的逻辑，男人和女人在一起就是为了留下子嗣。

但是，我们是现代人，我们渴望更多。特别是被各种文字和影视作品灌输并构建起理想爱情的原型后，现实生活更是相形见绌。斯腾伯格看到了这种现象，于是写了《爱情是一个故事》（Love is a Story），概括出人们用于构建爱情中主观体验和叙事方式，进而影响其关系和选择的 25 种爱情故事类型。婚姻也是如此，我们每个人也会用一个或若干个婚姻故事原型来框定自己的关系和表现。但是婚姻故事比爱情故事复杂，爱情故事通常只涉及相爱的双方，婚姻故事除了男女主角，还有长辈、同辈、晚辈构成的更复杂的关系网络，经常剪不断，理还乱。许多二人世界的美好，都是被孩子这个"第三者"破坏的。[2]

我建议大家把复杂的问题简单化，用自主论的婚姻故事原型来锚定自己的关系。自主论的婚姻观是：婚姻让两人及其家庭走到一起，共同追求自主。婚姻中的任何一方都要努力帮助对方变得更加自主。好的关系是相互扶持、共同成长，坏的关系是相互控制、此消彼长，甚至一起退步。这里存在所谓的米开朗基罗现象（Michelangelo phenomenon），即人们会渐渐成长为同伴眼中的自己，并成为那样的人。在塑造的过程中，双方的关系也会强化。[3]

现实中，如果许多婚姻不符合自主论的婚姻观和故事原型，就要重新审视，找到问题，采取行动，做出改变。改变意味着不确定和风险，我们也有

---

1 爱情三角形理论认为，亲密、激情和承诺的不同组合形成不同类型的爱情：一是空爱（Empty Love），即只有承诺而缺乏亲密和激情。二是浪漫爱情（Romantic Love），即有亲密和激情，但缺乏承诺。三是伙伴式爱情（Companionate Love），即有亲密和承诺，但缺乏激情。四是痴迷爱情（Infatuated Love），即只有激情而缺乏亲密和承诺。五是愚蠢爱情（Fatuous Love），即有激情和承诺，但缺乏亲密。六是喜欢（Liking），即有亲密但缺乏激情和承诺。七是完美的爱情（Consummate Love），兼顾亲密、激情和承诺三者，是理想的爱情状态。
2 积极心理学家柳博米尔斯基（Sonja Lyubomirsky）发现，有了孩子之后，夫妻对婚姻的满意度出现了永久性的下降；而当孩子长大离家后，婚姻满意度又开始大幅提升。
3 讲一个爱情推动学业的故事。前文提过的坎德尔，因为爱上一个女孩而迷上了精神分析与弗洛伊德（女孩的母亲和弗洛伊德的女儿是好朋友，外祖父和弗洛伊德是好朋友）。后来又因为结识另一个姑娘而接受了实验科学思想，开始致力于神经科学研究。最后通过神经科学寻找精神分析学的证据，不小心在海兔身上发现了记忆的秘密，获得了诺贝尔奖。

三种策略：传统的思路是"忍""等""拖"字诀，让时间来解决问题，听天由命，不去承担主动行动的风险和可能的失败的责任。风趣的富兰克林精准地将其概括为"婚前要睁大眼睛，婚后要睁一只眼闭一只眼"。勇敢的策略是直面问题，提出对策，设法改善、提升婚姻关系，强化家庭的核心力量。折中的做法是杠铃组合，总体上维持婚姻关系稳定，试着在一些小问题上积极试错。

乔瓦尼·薄伽丘（Giovanni Boccaccio）在《十日谈》（*The Decameron*）中写道："爱情不是唯一的：被吻过的嘴唇并不失去它的鲜嫩，圆过的月亮还会弯成新月。"如果努力之后，婚姻关系还是陷入无法挽救的境地，那就要敢于决断，给彼此创造重新开始的机会，有无孩子都是如此。因为迟早要做的事情，早做比晚做成本更低，伤害更小。

11.2.3　内外的镜像关系

镜像关系，就是自我间关系、个体的肉身和分身之间的关系。

据说许多人在孩童年代都有虚拟玩伴，也喜欢自言自语。还有少数人有多重人格，在一个躯体里有多个自我认知，常常自我对话。我长期有写日记的习惯，通过文字的方式，与过去和将来的自己对话，促成思想迭代。从某种意义上说，我们在游戏中的化身，也是我们的数字分身之一。

GenAI时代，我们可以使用个人数据轻松训练智能体，和自己或他人讨论问题。我们也可以打造数字分身，我有几个朋友都做出了数字人名片，让我们的数字分身和每个浏览名片的访客交流，事后给我们提供总结报告。

未来大概率多数人都会体验到肉身和分身之间的特殊关系。

美国科技企业家玛蒂娜·罗斯布拉特（Martine Rothblatt）[1]是该领域的急先锋，先是通过手术把自己从"他"变成"她"，然后又为妻子创造了赛博格的身体和数字化的意识，希望未来能以另一种方式长相厮守。她思考未来人类

---

[1] 罗斯布拉特是一位多才多艺的企业家、律师、医学伦理学家。她最著名的身份是天狼星XM卫星广播公司的创始人。罗斯布拉特在科技和医学领域都有着深远的影响。罗斯布拉特对于AI和人类未来的愿景非常具有前瞻性。她认为，可以通过利用人们留在数字世界中的数据，如聊天记录、照片和视频等，创建与本人相近的意识。

存在形态的著作《虚拟人》(*Virtually Human*)是一本非常超前的书,讨论了未来纯粹的精神意识克隆体、肉身克隆和精神克隆合体人,以及机器身体和数字意识的合体人,与今天我们的原始肉身和原初意识之间的复杂关系。

或许未来我们每个个体都要构建一种新的镜像关系,才能跨过时间的天堑,借助技术的红利,实现生命的永恒。如果肉身和分身之间可以达成均衡,分身可以为肉身提供能力和资源的支持,帮助肉身提升自主性,那么我们可以认为这是一种健康的关系。我并不强求肉身必须为分身做什么。抱歉,我还没有那么博爱,还无法把分身看作独立的追求自主的个体。分身是肉身主体的延伸,而非主体本身。

尽管如此,未来能否拥有分身、拥有多少分身,将成为判定我们是否成功的重要标准。分身会成为继子嗣、作品之后,第三种证明我们存在与本质的凭证,成为自主人们争相留下的传奇之一。可以想象,未来世界的现实与虚拟空间里,到处都是作为我们自主延伸的分身,从纯粹的基于网络痕迹培育的数字虚拟人,到复制了记忆的生物克隆体,以及拥有我们音容笑貌的永远年轻的仿生机器人。他们会代表我们,在更大的时空范围内,展现出自主的特质,代表我们的家庭,做好无限游戏的玩家。

11.3 作为不同家庭成员的不同任务

改变家庭的关系结构,需要我们每个家庭成员的参与。每个人的家庭角色不同,任务侧重也不同。下面分享我的思考和建议。

11.3.1 作为父母,我们应该如何做?

抛开失独家庭的特殊父母不谈,一般的父母分为两种:一种是"正在掌权"的青壮年父母(爸爸妈妈);一种是"退居二线"的中老年父母(爷爷奶奶外公外婆)。

正在掌权的父母,是真正的家长。一个管方向提要求;一个管资源抓落实。在多数中国家庭里,前者是父亲的角色,后者是母亲的角色。受传统社会分工的影响，父亲要花费更多时间在工作和外事上，母亲则花费更多时间在生活和内务上。两者的有效分工协作，可以避免很多家庭矛盾。

"退居二线"的中老年父母，是过去的家长。一个是少掺和多鼓励；一个是少评论多建议。在多数中国家庭里，前者是爷爷和外公的角色，后者是奶奶和外婆的角色。受现代技术进步的影响，爷爷奶奶外公外婆作为老年人，越来越与社会脱节，不掌握实际情况，"以爱为理由"干预家庭事务越多，必然犯错越多，导致家庭内部不和睦，甚至"领导集体"的意见不统一，导致子女不好管理孙辈。

摆正自己的位置之后，父母们要摒弃"控制论"，拥抱"自主论"。

一是以身作则。强化自己的自我意识、自由意志和自主意愿，进而引导子女养成自我意识、自由意志、自主意愿。父母在说什么做什么的时候，都要反思自己是否在尝试控制家人，是否在助推家人成长。特别是女性，在家庭内部，往往比男性更有控制欲，更要反思自己。

二是因势利导。根据子女的心智发展程度，前期要手把手教，教会子女如何看待问题、如何解决问题、如何做出选择、如何承担后果，让子女的能力在实践中得到提升。后期要学会放手，鼓励子女的怀疑精神、批判思维和创新意识，支持他们打破我们曾教会他们的认知和行为框架，锻造属于自己的能力。特别是子女长大以后，一定要及时分家、放权，平稳完成家长权力的交接。

三是守住底线。父母是孩子安全底线的捍卫者，是孩子自由追求的助推者，要为孩子的选择提供资源支持。前期要打造良好环境，助推他们在安全的自由中健康成长。后期要支持孩子走出去闯荡世界，给他们选择起步的城市和职业提供参考意见和物质支持，加快他们离开家庭、走入社会的进度。此外，父母提供的资源保障应与孩子的能力相匹配，不要过度浇灌，导致根茎腐烂。

最后，孩子获得自主感和自主性的代价，是父母失去掌控感和掌控权。孩子的成长，建立在父母的牺牲之上，但这种成长，未必会给父母带来回报和感谢。为了安抚自己失落的心，父母可以饲养宠物，宠物不会顶嘴，百依百顺，你可以尽情操控。

11.3.2 作为子女，我们应该如何做？

如果说我对父母的建议接近于"开明君主"的话，那么我对子女的建议就是努力做一个斗士，勇敢去争取自主权。因为你们的抗争是家庭功能改变、结构优化的必要条件。

幼年期，子女有抗争的意愿但没有抗争的能力，自主意识还没觉醒，无法讨论。但是从孩子们的哭声、谎言，我们可以隐约看到反抗者的影子。

青春期，子女的抗争意愿和抗争能力都达到一个新高峰，自主意识持续觉醒。叛逆期的子女，开始跟父母对着干，以彰显自己的独立个性。很多时候，他们是为了证明自己的独立而叛逆，是为了叛逆而叛逆。此时，父母要尊重子女，子女也要赢得父母的尊重。建议子女和父母都掌握有效沟通反馈的方法，通过表态、解释、建议三步走的方式，把自己的观点、建议表达清楚。这是我总结各家观点提出的一个心智模块：第一步，旗帜鲜明地表明自己的立场态度，如"我不喜欢你未经我同意就进入我房间"；第二步，耐心解释自己持有这种立场态度的理由，如"因为这样让我感觉自己完全没有隐私，不被尊重"；第三步，给出处理这件事情的个人建议，给父母参考，如"建议您下次先敲门再进来，谢谢"。通过有效沟通，先礼后兵，有利于减少青春期孩子与父母间的相互伤害。

成年期，子女的抗争意愿、能力有了资源基础，可以用脚投票，离开家庭，远离父母，获得自主性。但我还是希望子女能和父母和解、合作。有三点建议：一是平等对话。子女应该向父母说明自己渴望自主、追求自主的坚定意愿，跟父母约法三章，建议父母在未来不要挑战自己的自主权，也要表达希望父母更多支持自己获取自主感和自主性的心愿。二是相互学习。子女向父母传授自主相关的观点和建议，许多父母从小到大应该都没想过自主是什么；同时，子女向父母学习实用技能和实操经验，实现家庭智慧的传承，在相互学习里实现共同成长。三是共享共生。子女给出自己未来的自主发展思路和方案，请父母在资源方面更多投资自己，让自己有自主发展的本金，成功后给予父母反馈，失败也要感恩父母的支持。赡养父母是子女的本分，于情于理都要提前考虑，认真做好。

总之，作为子女，我们应该成为家庭中最年轻、最具活力的个体和家庭成员自主性提升的倡议者和推动者。在获得自主、成为家长之后，一定要做家庭自主性提升的发动机，并善待曾经的家长，给予他们应有的尊重和照顾。

11.3.3　作为伴侣，我们应该如何做？

作为伴侣，除了生养子女、赡养父母，我们的主要任务还是自爱和爱人。自爱就是爱自己，发展自己，成为更自主的个体。爱人就是在实现自我成长的同时，助推伴侣的成长。为此，我们必须在充分学习掌握自主论的理论和方法的同时，向伴侣介绍自主论，推介自主论。不管伴侣是否接受自主论的理论，都要试着推动伴侣自主感和自主性的增强。可以从五个方面思考和行动。

一是自主感之安全。要想方设法给予伴侣安全感，重点是营造一种彼此信任的伴侣关系，让伴侣知道你爱着对方，你所做的事情正是他/她所预期的事情。这需要时间的沉淀，需要长期的付出。信任的基础是信息，伴侣间要尽量信息公开、信息对称。

二是自主感之自由。要始终牢记给予伴侣选择权，不要替代伴侣做选择，要为他/她创造和留有选择余地，同时又要通过环境营造，助推他/她做出更好选择，并陪伴他/她一起承担选择的后果。但不要让自由伤及婚姻本身，这是底线。

三是自主性之意愿。要鼓励伴侣坚持自己的选择和决断，正视自己的理想和初心，朝着更加自主的方向发展。在他/她胆怯和退缩的时候，给予他/她鼓励和支持。对待伴侣的态度，底线是"白银律"，即"己所不欲，勿施于人"，目标是"黄金律"，即"己欲立而立人，己欲达而达人"。

四是自主性之能力。要正确识别伴侣的能力优势，用行为心理学和积极心理学的方法加以强化和巩固。你希望他/她更加努力，就表扬他/她的努力；你希望他/她更加善良，就表扬他/她的善良。同时，可以在关系良好的基础上，找合适机会指出他/她的不足，并手把手教他/她改进。

五是自主性之资源。要切实解决伴侣的资源问题，可以考虑对双方的资源进行系统盘点、统筹和共享，在协商基础上达成共识，集中力量办大事。伴侣关系是家庭关系的基础，如果家庭要长期经营下去，必须解决房子、车子、孩子教育"三大件"问题，抱团解决比独自解决容易。资源问题解决好了，关系会融洽；解决不好，关系会破裂，所以一定要慎重。我建议你主动一点、担当一点。

11.4 本章小结

本章从自主论的视角讨论家庭问题，指出家庭的功能是帮助其成员变得更加自主，并指出存在四种不同的家庭环境，然后分析了纵向代际、横向平行、内外镜像三种家庭关系的内在逻辑，最后对在家庭中如何扮演好父母、子女和伴侣等角色，提出明确的意见和建议。这部分讨论是初步的，但可以启发大家思考。未来若有机会，我们将继续深入探讨。

本章思维导图如图 11-1 所示。

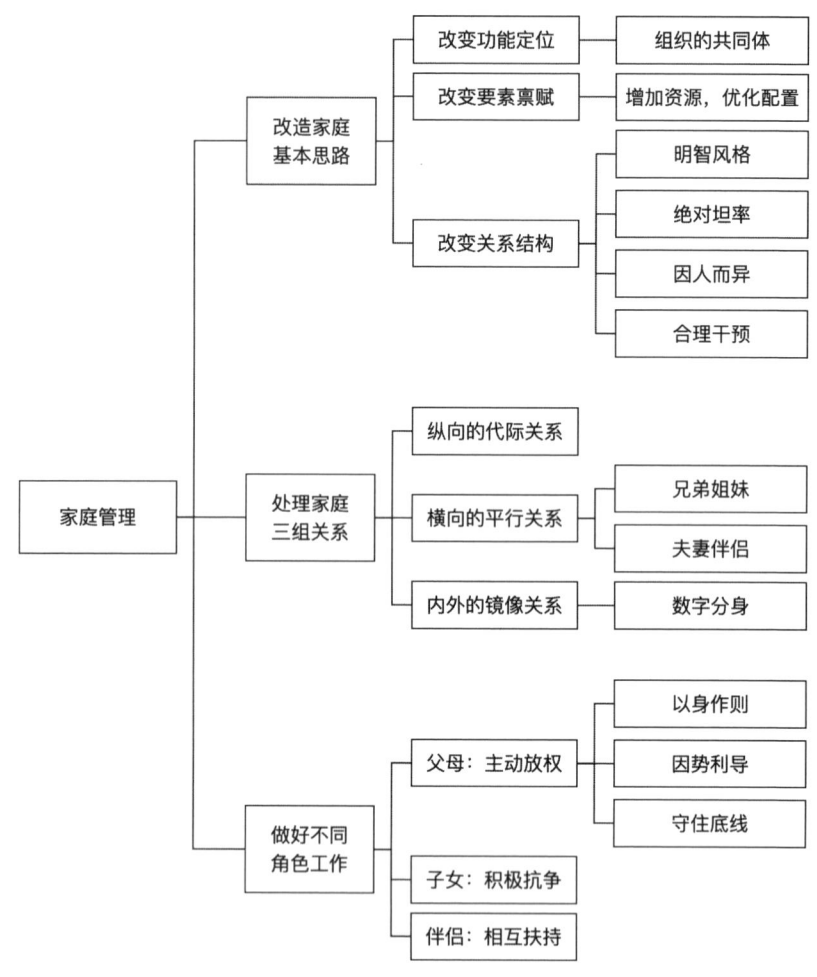

```
家庭管理
├── 改造家庭基本思路
│   ├── 改变功能定位 ── 组织的共同体
│   ├── 改变要素禀赋 ── 增加资源，优化配置
│   └── 改变关系结构
│       ├── 明智风格
│       ├── 绝对坦率
│       ├── 因人而异
│       └── 合理干预
├── 处理家庭三组关系
│   ├── 纵向的代际关系
│   ├── 横向的平行关系
│   │   ├── 兄弟姐妹
│   │   └── 夫妻伴侣
│   └── 内外的镜像关系 ── 数字分身
└── 做好不同角色工作
    ├── 父母：主动放权
    │   ├── 以身作则
    │   ├── 因势利导
    │   └── 守住底线
    ├── 子女：积极抗争
    └── 伴侣：相互扶持
```

图 11-1 本章思维导图

第十二章　职业管理

> 在选择职业时，我们应该遵循的主要指针是人类的幸福和我们自身的完美。
>
> ——马克思《青年在选择职业时的考虑》

这句话来自马克思中学考试的作文，其写于1835年，收录于《马克思恩格斯全集》。17岁的马克思坚定地指出："不应认为，这两种利益会彼此敌对、互相冲突，一种利益必定消灭另一种利益；相反，人的本性是这样的：人只有为同时代人的完美、为他们的幸福而工作，自己才能达到完美。如果一个人只为自己劳动，他也许能够成为著名的学者、伟大的哲人、卓越的诗人，然而他永远不能成为完美的、真正伟大的人物。""如果我们选择了最能为人类而工作的职业，那么，重担就不能把我们压倒，因为这是为大家作出的牺牲；那时我们所享受的就不是可怜的、有限的、自私的乐趣，我们的幸福将属于千百万人，我们的事业将悄然无声地存在下去，但是它会永远发挥作用，而面对我们的骨灰，高尚的人们将洒下热泪。"

作为一名共产党员和马克思主义者，我的自主论完全赞同马克思的观点，自主人在选择职业时，不能只考虑自身的发展，还要考虑社会的进步，甚至全人类的幸福。所以在谈完"齐家"之后，我们下个话题是"治国"。对普通人而言，"治国"就是做好自己的工作，在职业领域有所作为，进而追求和实现个人与集体更大的自主性。对多数人而言，职业和家庭如同两个碗，合在一起就限定了我们一段时间内自主性的可能空间。相对而言，职业比婚姻更可塑，更容易改变。

同时，职业和家庭一样，都为个人的自主发展提供外部环境，是能力的加速器、资源的聚宝盆和意愿的训练场。同时，职业也为自主提供发展目标，包括个人愿景、安全需求和短期规划，也包括集体愿景、自由追求和长期规划。围绕这些目标和环境的，是一系列具体问题。这些问题的解决，需要人的自主性，也可以提升人的自主性。

下面从自主论的视角出发，一起重新认识职业问题，提出职业管理的建议。本章将具体讨论职业选择、状态评估、环境分析、角色定位、生涯规划等问题，给出自主论的观点和建议。

12.1 职业机会比较

我们遇到的第一个问题是如何选择职业。从自主论视角出发，我们在选择职业时，应该考虑自主性三要素和自主感双指标。如果以下五个问题的答案都是Yes，那么这就是一份好工作。

问题一：意愿。自己是否具备做好这份工作的基本意愿。这份职业是否会坚定自己的决心并激发动力。

问题二：能力。自己是否具备做好这份工作的基本能力，这份工作是否会磨炼自己希望提升的特定能力。有些工作比较强调认知能力，有些则强调行为能力。到底是想在工作中发挥特长，还是补齐短板，这是不同导向。

问题三：资源。自己是否具备做好这份工作的基本资源，这份工作是否会增加自己在某些方面的资源。比如，体制内工作虽然直接经济收入有限，但是社会地位相对高，有较多机会接触更多社会资源和政治资源。

问题四：安全。这份工作是否会给自己带来安全感。多数工作都会给从业者带来安全感，也有一些工作需要从业者有冒险精神。一份工作是否安全，因人而异。因为先天基因和前期经历的不同，每个人的安全标准会有所区别。厨房里的刀光火影，大厨可能觉得安全，其他人则未必。

问题五：自由。这份工作是否会给自己带来自由感。多数工作都会给从业者提供自由感，但程度因人而异。也由于先天基因和前期经历的差别，每个人的自由判定标准也有差异。去深海潜水，极限运动爱好者觉得是很酷的自由，其他人可能觉得太疯狂了，不把它当自由。

如果有多个工作机会，那就做个表格，按照1~10分给上述五个问题打分，最后按总分排序，即可做出相对合理的选择。很多时候我们要在不确定环境里做出有限理性的选择，只能是矮个子里挑高个子，适可而止，满意即可。

如果你想更进一步，做出更科学的判断，我推荐你学习一点算法思维。布莱恩·克里斯汀（Brian Christian）和汤姆·格里菲思（Tom Griffiths）合著的《算法之美》（*Algorithms to Live By*）[1] 一书认为，时间流逝把一切决策都变成最优停止问题，即何时停止观察，开始行动。该理论假设我们有若干个选项，但一次只能面对一个对象做选择，选"是"则停止选择，选"否"则继续查看，直至做出选择或选项终结。找工作、找对象，其实都是类似的最优停止问题。

从信息角度切入，最优停止算法有两种情况及策略可以参考。

当对象特征可量化且信息充分时，你可以用阈值准则，就是设置标准和参照，高于阈值马上行动。假设你为了找一份月收入1万元的工作而逐个投递简历，那么当你找到第一份月薪超过1万元的工作机会时，就可以做决断了。如果你想从候选工作机会中挑出薪资最高的，而且机会很多，那么标准可以高点，如把月收入2万作为标尺来过滤对象，然后从符合条件的工作机会中选择其他条件更好的。

当对象特征不可量化或信息不足时，你可以用观望准则，就是建立标准和参照，高于最优的马上行动。为此，要设定一个观察期，目的是收集数据，了解市场行情。在观察期，你找到的工作机会无论多好，都不接受。待到观察期结束后，进入行动期，继续收集工作机会，一旦出现优于观察期最佳水平的工作机会，就立即决断，绝不犹豫。比如，观察期发现市面上最高工资是5000元，那就放弃1万元的幻想，之后看到一个高于5000元的工作机会，直接接受。

那么观察期到底要多长？只有参考答案，就是所谓的"37%法则"——当你有100个候选对象的时候，先看37个，用最好的那个作为标尺，衡量后

---

1 布莱恩·克里斯汀和汤姆·格里菲思合著的《算法之美》是一本探讨计算机算法如何启发我们解决日常生活中问题的书籍。这本书通过跨学科研究，展示了计算机科学的智慧如何转化为人类生活的策略，帮助我们做出更明智的选择。书中讨论了多个主题，包括最优停止理论、探索与利用的平衡、排序问题、缓存效应、时间调度理论、贝叶斯法则、过度拟合问题、随机性的应用、网络理论以及博弈论等。

面遇到的每个对象，差一些的都放弃，好一点的就选中。据说按照这个方法，可以最大可能选择满意的答案。但是这个听起来很厉害的算法问题很大，因为它假设了你单方面选择（只有你选老板，老板不选你）、单方向选择（你不能吃回头草）、没有时间成本（你可以慢慢找下去，不会因为没工作而饿死）、没有拒绝风险（你拒绝特定工作机会不会带来负面影响）。显然，现实世界不会如此。单是增加时间成本的考虑，"37%法则"就可能被改写为"31%法则"。如果再增加不确定性世界里的爆发点和爆仓点因素，问题会变得更加复杂。最重要的是，"37%法则"假定了我们掌握主动权与决定权，而现实中，我们在找工作时往往属于弱势一方。多数人的自主性还不足以支撑他随意挑选工作。

这时候更好的策略是用好弱关系，由格兰诺维特在其经典著作《找工作》中提出并强调。格兰诺维特将社会关系分为强关系和弱关系。强关系通常指家人、朋友和同事之间的关系，而弱关系则是指那些不那么亲密、不那么频繁的社会联系。与你处在强关系里的人跟你圈子近似，掌握的信息也近似，难以提供你不知道的机会；相反，弱关系因为连接了不同的社交网络，反而实现了破圈效应，可以为你提供更多新信息和新机会。找工作如此，找对象也如此。

所以，回顾第九章"社交管理"中提出的"向上求助"，把自己当作一笔好投资，主动推销，欢迎他人来投资。获得投资后，感谢投资人，也用自己的成绩证明他们的选择是正确的，从而赢得后续更多的追投和跟投。

12.2 职业状态评估

假设你已经有一份工作，正在创业或者就业，那么可以用自主论的标准评估自己当前的职业状态。参考"任务管理"中的矩阵，我把职业状态也分四等。

一等是黄金状态。你是出身豪门世家的霸道总裁，或是把握住时代先机的职场新锐，找到安全和自由的组合，意愿、能力和资源的完美组合。人生赢家的职业是个人兴趣、特长和收入的结合点，如开智学堂的阳志平老师以学为业，在学习的同时教授学生，做自己喜欢和擅长的事情还可以赚钱，幸福至极。其他一些高校讲师也是如此。不过相比之下，我认为阳老师更自由。但如果考虑安全感，或许体制内工作更稳定。两者孰优孰劣，不做评价，只做选择。如果你拥有黄金职业，请全情投入、全力以赴，全身心地投入和体验，拥抱成长。不过，我也怀疑，三者是否真能融合。特别是爱好变成赚钱手段后，能否保持纯粹，是否会被异化。如对于职业电竞玩家，游戏不再有那么多快乐，反而成为一种职业压力，要为赢而玩，感觉完全不同。

二等是白银状态。你拥有一份自己擅长并有收入的职业，满足安全的需要，同时搭配一个自己感兴趣和擅长的爱好，探寻自由的可能，努力捕获"黑天鹅"。你可能是个"草鞋党"，有一份安稳的文职工作，同时从事文艺创作，是许多前辈知识分子屡试不爽的杠铃策略。白银状态要走长线，保持不败，就有机会。当然，人不能安于现状，只要有机会就要由白银状态向黄金状态升级，重点是为职业注入意义和激情，或者为爱好增加盈利性。我们可以试着做一些非对称性改造。

三等是青铜状态。黄金和白银状态应该是少数精英的状态，多数普通人没那么幸运，只是随机靠一两个组件打底就开局了。一些运气相对好的人，可能立足专长，找了一份自己擅长而且收入可观的工作，只是很难打起兴趣来。建议学习白银模式，引入兴趣组合。其他人或是追寻梦想而不顾能力和收入，或是只求收入而无视能力和兴趣，总之都有欠缺。对于这些人，我的建议是把缺失的一环先补上，特别是专长和收入，这两块远比兴趣重要。每个人都有兴趣，但兴趣未必带来专精，更可能是半吊子水平。相反，专精会带来兴趣，因为表现不错，备受瞩目，反而容易养成兴趣。如果必须二选一，建议先提升专业能力，再养成兴趣爱好。

四等是黑铁状态。一部分人也许是出于个人选择，更可能是因为没有选择，无奈地进入一种"三无状态"，即无兴趣、无特长、无收入，这是最糟糕的状态，建议尽快终止，找一份有收入的工作，然后努力提升专业能力，最后在专精基础上培养兴趣。哪怕是不工作，也比这种自戕状态好。

12.3 职业环境分析

自主人的下一个问题是识别当前的职业环境是否自主友好。职场大环境就是社会、他人对自主的态度，这个比较难改变。职场小环境则是工作所在的组织对自主的态度，这点相对容易改变或者选择。一个自主友好型的组织，应以自主为纲，追求组织层面的自主，也鼓励成员在个体层面追求自主，努力在实现成员自主的过程中实现组织的自主。一个理想的自主友好型组织，与我们在讨论"社交管理"时提出的常态化团队有些相似，都具备一些看似极端却很必要的特质。

特质一是绝对优秀。理想的自主友好型组织的成员，应该都是百里挑一甚至万里挑一的精英、英雄甚至泰坦。团队里许多人比你优秀，通过观察和模仿，你可以从他们身上学到许多。同时，他们也愿意教你，回答你的问题，与你讨论，分工协作，形成合力。孔子的"无友不如己者"在这里完美匹配。这些优秀的队友会给你带来压力和动力，让你永远有前行上进的意愿。

特质二是绝对透明。理想的自主友好型组织内部的信息充分互通，不存在信息不对称，管理相对扁平化。桥水基金会等现代机构让信息流、思想流自由流动，让集体智慧成为可能。绝对透明让你接触到组织内部的各种信息，让有意愿的人能快速获取提升能力和获取资源所需的线索和机会。

特质三是绝对坦率。我们已经多次提到绝对坦率，这是群体沟通的极佳方式。理想的自主友好型组织强调关心和支持。上下级之间、同级之间，都要建立起良好的个人关系，在此基础上针砭时弊，直抒己见。我们每个人的成长都需要反馈和指导，绝对坦率是成长的有利条件，如果工作中遇到这样的领导或同事，要珍惜，主动请他做自己的老师。

生活中能兼顾三者的组织当然是凤毛麟角，即便有，你也很难加入。那么你有两种选择：一是努力寻找那些更符合这些特质的团队，主动加入；二是在力所能及的范围内，在现在所处的组织内推广这些理念。我一直努力把我自己的小团队打造成这样的自主友好型组织，帮助大家实现自主，大家也帮助我们组织变得越来越好。我在管理团队和运营社群时，都会努力遵循这些正确的原则，尽量将其落到实处，由此释放和提升自主人的力量，帮助组织把不可能变成可能。

12.4 职业角色定位

在职业、状态、环境都确定的情况下，我们要重新认识自己的角色定位。我们在不同组织中扮演的职业角色不同，定位不同、任务也不同，不能越俎代庖，也不能尸位素餐。在组织内有许多不同的职业角色，穷尽比较难，但都可以粗略地分为三层。

一是高层，他们是组织的意志和情绪系统，任务是编织梦想，叙述愿景，做出决断，强调共识。你作为高层，要有我即组织的雄心壮志，要思考组织的方向和战略。从某种意义上说，高层要兼顾兽性和神性，要像动物那样情绪爆棚，敢于追求理想，同时又要像神明那般理性，始终坚持决定。高层要多关心和指导中层，但不要越级管理基层，要给中层留出空间。

二是中层，他们是组织的认知系统，任务是做出判断，沟通协调，承接高层的决断，带领基层解决问题。你作为中层，就要多想着如何带头，与基层一起把事情想清楚，把问题解决好。要体恤基层，他们是你的能力和资源的基础和拓展，离开了他们，你独木难支。另外，可以向高层私下提建议，但不要公开唱反调，毕竟你掌握的信息没有高层多，很难做出判断，一旦错了，上级会骂你，万一对了，上级会记恨你。

三是基层，他们是组织的行为系统，任务是根据指示，采取行动。基层不要揣摩高层的想法，只要配合中层把任务落实好即可。如果组织强调绝对透明和绝对坦率，则可以在制度允许的范围内，向上反馈问题，提出建议，但不要诉诸非制度化的渠道。不想当将军的士兵不是好士兵，基层应该有目标，即在尽快提升业务能力的同时，增强自己在沟通协调方面的管理能力，先成为领导者，再成为管理者。

除少数人出生在塔尖外，绝大多数人都要为组织打工，从基层做起。由于格局视野不同，起初会很难理解中层和高层的考量。人到中年，若能升级到中层甚至高层，这时候就会有"行年五十而知四十九年非"的感觉，觉得自己过去很傻，犹如井底之蛙。为了避免这种情况，需要有资深的同事给新晋的员工做讲解，让他们明白自己处在金字塔的什么位阶，未来的升级路径是什么。希望自主论的三分法比喻，能给大家一些启发。

还有一种特殊情况是创业者，甚至一些"一人企业"，他们要同时兼顾高层、中层、基层的角色，要求更高，做得更好，也更有能效。但随着组织的发展，最终还是要拆解角色，重置三级分工体系。

12.5　职业生涯规划

角色确定后，我们要设计自己的职业发展路线，做好规划。这里我们先假定人生相对可塑，未来虽然不确定，但是适度的规划可以影响未来的方向。那么，我们可以考虑听取奥美互动董事长布莱恩·费瑟斯通豪（Brian Fetherstonhaugh）在《远见》(The Long View)中提出的建议，将职业生涯分为三个阶段。

第一阶段（24~36岁）应该蓄力。趁还年轻，谦虚请教，认真学习，提升能力、积累资源，特别是那些对自己未来职业发展有利的东西。要沉得住气，准备厚积而薄发。我在这个阶段完成了1000多本严肃著作的阅读、1000多位专家的网络搭建、几百万字的笔记和文章储备。这些对我后来的学习、工作和生活都带来了很大的帮助。我以为，为了提高蓄力效率，可以尝试两个小技巧：一是学会晨型，靠时间差赚取状态红利；二是找到老师，想方设法把他的毕生所学学过来。总之，这一阶段，你要努力做一个有积累的凡人。

第二阶段（36~48岁）应该套现。据研究，人一生中80%的收入主要来自40岁以后。36岁开始，就要换位思考，要及时把前期积累的力量释放出来，转化为生产力，带来实实在在的产出。我在这段时间持续释放自主性，留下传奇：努力取得工作成绩，修订出版《自主论》，推动公益社群"高温青年"和"AIGCxChina"等发展。如果工作性质决定你无法获得经济产出，那就在政治权力和社会地位方面努力争取，或者换取更多知名度和影响力。注意，成功来自他人对你的认可。有形资产和无形资产都会增加你的信用值，让你拥有更强的融资和投资能力，拥有更多成功的可能。总之，这一阶段，你要努力从凡人升级为精英。

第三阶段（48~60岁）应该尝新。如果套现顺利，到第三阶段时，你应该是一个有一定资源积累的人，同时也具备相当强的能力，所以自主意愿得到充分实现。这时候你有资格选择新的体验和征程：你可以留在原来的机构，主动让位，让年轻人来领导，然后做他们的顾问；或者在工作之余，指导年轻人创业；你还可以考虑自己二次创业，靠积累来尝试完全不同的人生；你甚至可以辞职，安心从事教育和公益事业。总之，当你拥有自主之后，世界就是你的游戏和舞台。我以为，为了尝新，可以考虑多跟年轻人交朋友，投资他们，帮助他们实现梦想，并从中获得超越时间的意义感，最终成为无限游戏的玩家。总之，这一阶段，你要努力从精英向英雄甚至泰坦迈进。

进入AI时代后，我的观点是在越来越不确定的世界里，未来一切皆有可能。过去是唯一的，未来却有很多种。我们要做好终生学习、终生工作的准备，不仅是在现实世界里用实体肉身工作，还要考虑在数字世界里靠虚拟分身劳动。而且，科技进步会延长人类寿命，我们终将以"年老者"的身份，继续追寻梦想。因此，职业规划可能会越来越难，我们能做的只是杠铃组合，在大方向上遵循前面提供的宏观指针，在细节处做到灵活应对。

12.6 其他的职业相关问题

最后，针对大家都比较关心的其他常见问题，我也谈下我的观点和建议。

一是创业问题。创业是一个高成本的事情，要没有条件创造条件，持续面对和解决新问题。如果没有强大的意愿基础和充沛的资源积累，或者特别好的时机和场景，不推荐创业。如果一定要体验创业的感觉，可以设置一个时限，以及一个底线，然后跟朋友一起创业，做联合发起人，但不做主要发起人，这样做得好可以继续，做不好可以退出，当是积累人生经验或者是为自己独立创业积累经验和资源。AI时代后，GenAI看似提供了许多创业机会，却加快了试错和迭代的速度，使得创业的风险和收益都变大了，所以选择创业要更加慎重。

二是考编问题。考编是很多人会选择的求职方向。进入体制意味着拥有稳定的经济收入、较高的社会地位和更多的政治权力。通常，体制内的历练会强化你的意愿、能力和资源。不过，体制需要你作为组织的一部分来发挥作用。AI时代后，GenAI短期内应该不会替代编制内工作，但会减轻大家的负担，加上经济调整减少了体制外的机会，我相信会有更多人选择考编。

三是接班问题。一些朋友家里有企业或者有矿，父母希望你回去接班。我觉得只要意愿、能力和资源有一项不错，就可以试试。因为家族企业可以让你有比较好的起点，赢在起跑线上。当然，也有挑战，就是必须向企业里的高管和员工证明自己拥有坚定的意愿、靠谱的能力和扎实的资源，资源初期可以靠父母支持，能力可以向父母请教，跟在父母身边学习，意愿主要是靠自己。要想明白，思想统一后行为才能跟上。

四是跳槽问题。有些朋友喜欢跳槽，我觉得看时机和场合，如果是经济上行阶段，新企业多，新工作多，潜在收益大，那么跳槽可以成为涨薪的一个方式。人挪活嘛！但如果是经济下行期，就要慎重。而且我也不推荐大家仅仅是为了收入而跳槽，而是应该为了自主而跳槽。当然，你工作的时间越长，则绑定越厉害，所以跳槽要趁早。另外，AI时代后，GenAI可能会消除很多工作机会，所以没有绝对竞争优势的人不要轻易跳槽。

五是考研问题。我认为多数考硕、考博都是逃避工作、争取"缓刑"的做法，不可取，除非打算未来留校或者从教，否则读硕、读博意义不大，甚至浪费资源，造成内卷。我更喜欢国外的做法，就是先工作后读书，这样读书至少是有目的的，不管是刷文凭还是攒人脉，至少是目标清晰的、可以评估效果的。另外，如果从教要读硕或读博，也应该追求实效性。读硕的话，出国留学更合算，可以申请比较好的学校，更快拿到硕士学位，虽然有经济成本，但换来的时间成本的节省，还是非常合算的。读博，应该追求硕博连读，以及找好的导师，要提前考虑未来的工作，否则意义不大。另外，科研适合未来打算教书、搞科研的人，对于学习操作型、技能型专业的人而言不合适，因为后者很容易被GenAI"优化"，所以最好提前就业，抢占岗位。

六是父母问题。许多父母喜欢按照自己的经验和路径，帮助子女安排职业。听从他们的好处是他们拥有资源，往往可以提供收入较稳定的工作，但这些工作未必是子女擅长或者感兴趣的，多半是小地方的体制内工作。子女一般会找自己感兴趣或者擅长的大城市里的工作，收入也会不错，但是从中长期看，未必符合父母的希望，即子女回到身边与自己一起生活。我认为，父母合理的建议要听，不合理的就不听。考虑到如今是一个人类学家玛格丽特·米德（Margaret Mead）所谓的"后喻文化"（Post-figurative Culture）时代，时代变化很快，尤其是进入AI时代后，老年人完全跟不上知识变迁的速度，需要向年轻人学习。父母很可能是错的，但是他们掌握资源，所以年轻人如果希望得到父母投资，更快成长，就要耐心与父母沟通，力争达成新的共识。具体方法在"家庭管理"章节谈过了。

七是AI问题。许多人担心自己未来的工作会被AI替代，这是符合逻辑的推断。为此，最好是寻找那些需要创造和协同的工作，这方面的工作，AI暂时还无力独立承担，但却能提供许多技术支持，若能在工作中掌握一些GenAI技术，则可以赋能和倍增自己的能力。许多碎片观点建议在前面谈过，第十四章"智能管理"会做系统性分析。

12.7 本章小结

在本章，我们讨论了职业和自主之间的关系，强调职业为自主提供了环境和目标，自主为职业提供了助力和保障。我们从职业机会比较、职业状态评估、职业环境分析、职业角色定位、职业生涯规划等方面提出了一组具体建议，并对大家关心的一些常见问题进行了解答。

本章思维导图如图 12-1 所示。

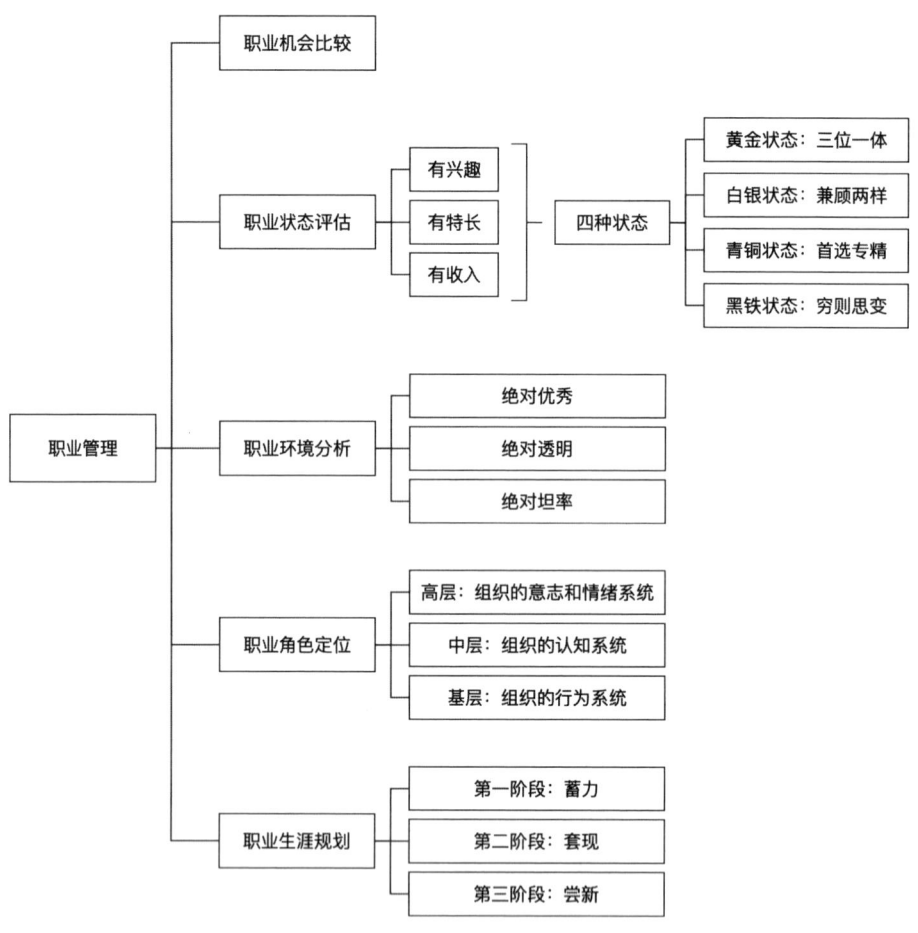

```
                                ┌─ 职业机会比较
                                │
                                │                   ┌─ 有兴趣 ─┐              ┌─ 黄金状态：三位一体
                                │                   │         │              │
                                ├─ 职业状态评估 ────┼─ 有特长 ─┼─ 四种状态 ──┼─ 白银状态：兼顾两样
                                │                   │         │              │
                                │                   └─ 有收入 ─┘              ├─ 青铜状态：首选专精
                                │                                             │
                                │                                             └─ 黑铁状态：穷则思变
                                │
                                │                   ┌─ 绝对优秀
                                │                   │
          职业管理 ─────────────┼─ 职业环境分析 ────┼─ 绝对透明
                                │                   │
                                │                   └─ 绝对坦率
                                │
                                │                   ┌─ 高层：组织的意志和情绪系统
                                │                   │
                                ├─ 职业角色定位 ────┼─ 中层：组织的认知系统
                                │                   │
                                │                   └─ 基层：组织的行为系统
                                │
                                │                   ┌─ 第一阶段：蓄力
                                │                   │
                                └─ 职业生涯规划 ────┼─ 第二阶段：套现
                                                    │
                                                    └─ 第三阶段：尝新
```

图 12-1　本章思维导图

第十三章　城市管理

> 我们的城市必须成为人类能够过上有尊严的、健康、安全、幸福和充满希望的美满生活的地方。
> ——联合国人居组织《伊斯坦布尔宣言》(Declaration of Istanbul)

自主与城市密切相关。城市由自主而生，为自主服务，是个人自主的重要外部环境。同时，城市是比家庭、职业更大的系统，也为自主提供奋斗目标和环境。对于很多人而言，所在的城市，就是他的人生的主要世界。他能在这个城市里打拼到什么程度，就代表他一生的荣耀和高度。

城市管理主要讨论自主与城市的关系，通过指导解决与城市相关的问题，提升个人与城市的自主性。下面我们从过去、现在和未来三个视角，讨论如何认识城市、选择城市和改变城市三个问题。在这一章我会大量使用自我披露（self-disclosure）的方式，用亲身经历做实例，以此最大程度地启发大家思考，助推大家行动。

13.1　谈过去：如何认识城市

城市是社会进步的成果，是人类自主的产物，为人类的自主服务。

新月沃地上的第一座城市，是人类自主性提高到一定程度的标志。从意愿视角看，这座城市因信仰和祭祀而起，最初是有一座神庙需要经常维护，于是有了兴建城市的需要。从能力视角看，城市的出现说明人类拥有了规划、建设和管理大型聚居区的认知和行为能力，也迫使人类升级社会制度规范，传统的村落式治理已经难以解决不断涌现的陌生人之间的纠纷问题。从资源视角看，城市出现的前提是农业生产革命，人类驯化野生小麦使得粮食激增，推动人口规模突破临界点。从此之后，城市成为先进生产力的体现和象征。我们所理解的文明，几乎都与城市有关。

古典时期的雅典是人类自主性的又一座高峰。雅典人创造这座城市，也享受这座城市带来的自主。传世的思想在这里孕育，苏格拉底、伯里克利等伟大英雄在这里诞生。雅典的精神被摧毁之后，又在罗马短暂地复兴。然后，传递到阿拉伯世界，城市与梦想编织出《一千零一夜》的世界。

再往后，是中世纪欧洲城市。市民们是自主火炬的接力手、文艺复兴和社会变革的推动者。威尼斯是那个年代的传奇。凡事涉及威尼斯就是不平凡。威尼斯有雅典的影子，都是面朝大海，务工经商。与那些依靠土地、务农为本的强权邦国不同，威尼斯和雅典允许其子民追求自主，实现自主。如果你生活在16世纪的威尼斯，你有100多家同业公会可以选择，可以入股国家，一起经商冒险，参与权力选举，并通过经商、征战和联姻等方式赢取金钱和权力，合法地改变自己的地位和身份。

鼓励个人践行自主的城市，拥有巨大的自主。彼时的威尼斯，人口只有同期大明帝国的千分之一，财政收入却与之相当。好的机制，从威尼斯传到荷兰，再传到英国，最后传遍全世界，工业革命带来城市崛起，城市崛起带来文明兴盛。18世纪的苏格兰，人口不过125万，跟我的家乡乐清市（县级市）相当，却能诞生亚当·斯密（Adam Smith）、大卫·休谟（David Hume）等伟人，留下《国富论》《人性论》等传世巨作，影响后世发展，这就是城市的力量、自主的力量。

中国在改革开放之后也驶入了城市化的快车道。城市转型带来财富再分配，数以亿计的人口从农村流向城市，如同候鸟一般。人们通过自己的努力，追求自主，实现自主。

必须承认，自主所需的要素在城市中更加富集，因此，人在城市里更容易实现自主性的提升。

资源方面，城市兼有硬件和软件。城市有更好的基础设施和专业分工，可以帮助我们节省时间和成本。相对于农村，城市里吃饭、出行、读书、工作、旅游、看病等都更便利，体验都更好。同时，城市有庞大的社会关系网络，可以为人的发展提供信息和渠道。城市公共资源的长板，可以部分弥补个人自身资源的短板。

能力方面，城市兼有挑战和指导。城市为你提供更多创业和就业机会，以及更多等待你去解决的困难和问题，让你在实践中不断打怪升级。同时，城市有更多教育和培训机构，可以提供全方位的基础教育、高等教育和职业技术教育；城市还有大量专家，可以指导和认证你的能力，成为你获得成功的贵人。

意愿方面，城市兼有目标和榜样。每座城市有自己的城市精神和城市文化，宣扬与自主相一致的价值理念，激励你我奋进。同时，城市里还有城市英雄，这些身边的人用实际行动，彰显城市精神，感召他人前行。人类历史上那些伟大的灵魂、追求自主的榜样，绝大多数出生和生活在城市里。

安全方面，城市兼有福利和服务。相较于农村，城市可以提供更多社会福利和公共服务，守住市民的安全底线。正常状态下，城市的食物供给也更充足，价格也更低。但必须说明，在疫情和战争等特殊情况下，城市的复杂分工协作体系被破坏，导致供应能力不如自给自足的农村。

自由方面，城市兼有规则和选择。城市有更清晰的规则和边界，让人们在规则和秩序范围内享有更多自由选择权。不管是找工作、找对象还是找房子，城市都会提供远多于农村的选择。城市越大，机会越多。

13.2　讲当下：如何选择城市

20世纪80年代，我出生在温州市下辖的乐清县（1993年撤县设市）芙蓉镇的乡镇医院里，父母当时都是教师。之后我到县城读书，直到考上大学才去了厦门，大学期间有半年在杭州度过。21世纪初，我到海外深造，主要在法国南部生活，其间游历了欧洲许多历史名城。回国后，我到杭州的某省直部门实习了半年，最后选择回到家乡工作，几年后调到温州市区工作，直至今日。工作期间，曾多次到国内主要城市考察学习。应该说，我在国内外不同类型、不同层次的城市都生活、学习、工作过，有一些基于比较的认识。

总体而言，我在城市选择方面比较传统、相对保守，非常看重安全的自由。虽然改变居住城市可以改变外部环境，有机会获得更多利于自主的公共资源支持，但我不鼓励大家轻易更换城市。理由有两点。

第一，更换城市成本不菲。一方面，更换城市意味着失去原先城市的工作收入和社会关系，甚至是背井离乡，失去赡养父母（或被父母照顾）的机会。另一方面，在新城市安顿下来需要重新解决就业、住房和社交三大难题，以及子女读书、父母看病等问题，可谓难上加难，必须付出巨大成本。此消彼长，导致更换城市后的一段时间内个人自主性不涨反跌。

第二，更换城市未必有效。这是一个竞争的年代，人与人的竞争很可能最后不是由个人的努力决定，而是由所处的平台决定，很大程度上由所在的城市的能级和资源决定。但是，城市能级不等于个人能级。城市很牛不代表你很牛，更可能代表能力和资源的两极分化。

在我看来，更换城市往往是自主的结果，而非原因。更换城市必然以拥有一定自主性为前提条件。人的自主性强到一定程度，现有住地已完全无法支持其继续提升，甚至阻碍其成长时，才会选择更换城市。一个自主性较弱的人，即便有更换城市的意愿，也缺乏相应的能力和资源。即便勉强更换城市，也很难在新城市里扎稳脚跟，更遑论获得更大自主。

据此，我建议大家深耕脚下的城市，挖掘周边的潜力，滋养未来的自主。倘若你决心搬迁，那么以下个人建议供你参考。

13.2.1　建议之一：快速归类城市

少即是多，我们可以借助两个关键指标构建坐标轴，归类各种不同的城市。

纵轴是人口指标。一般来说，人口更多的城市是更好的城市。可以重点看三个指标：一是人口总数。不要看城市的人口总数，而要看主城区的人口总数。人口总数越多，城市价值越高。300万人可以作为一个标尺，这是当前国家发展和改革委员会审批地铁所设的标准。二是人口结构。合理的男女比例、年龄比例有利于城市长期发展。30岁以下的青年男女大量涌入的城市，多半是好城市。平均年龄越小，城市价值越高。三是人口密度。宏观至城市的复杂性，微观到快递的便捷性，都跟人口密度息息相关。人口密度越高，城市价值越高。总体而言，城市发展的其他各类指标，都与人口指标高度相关，还存在"15%的规模效应"，即人口规模增加100%，设施投入只需增加85%，但能效产出会增加115%。规模带来红利，所以大城市虹吸人口，越长越大。反之，小城市流失人口，越来越小。更多讨论，详见复杂系统性科学研究中心圣塔菲研究所前所长杰弗里·韦斯特（Geoffrey West）的杰作《规模》（*Scale*）[1]。此外，人口因素与经济指标、社会发展、文化实力、技术元素、交通条件等基本正相关，所以也能基本预言城市的AI实力和潜力。

横轴是房价指标。一般来说，房价适宜的城市是更好的城市。租房价格参考价值不大，其信息已经包含在人口信息里，所以主要看新房价格和二手房价格，从中可以看出一个城市的土地资源储备、财务融资能力、人口发展潜力、运营管理能力，以及社会各界对上述四项的主观评价。房价是一个城市的股价，可能虚高，也可能被低估。我修订书稿的时候，中国的房地产市场正处于调整期，对于希望到城市生活的年轻人而言，这也算是件好事。但对于已经买房入住城市的年轻人而言，就不那么美好了。房地产市场就是这样矛盾，总是有人欢喜有人忧。

人口的纵轴和房价的横轴构成坐标轴，虽然量化标准因人而异，但是基本逻辑是确定的。一等城市人口多、房价低，我不知道有哪些城市属于这个象限，但它们应该成为我们着力发掘的重点，国内如果没有的话，就到海外找找看。二等城市人口多、房价高，当前我们熟悉的主流城市大多属于这类，正常状态下，人口多自然房价高，北上广深等都是如此。三等城市人口少、房价低，这样的城市在东北应该不少。四等城市人口少、房价高，这是最糟糕的情况。绝大多数人都会首选一等城市，次选二等城市，远离三等城市，

---

[1] 韦斯特是一位著名的理论物理学家，同时也是圣塔菲研究所（Santa Fe Institute）的前所长。他所著的《规模》一书，深入探讨了规模法则及其在生物学、城市发展、公司运营等多个领域的应用。在这本书中，韦斯特提出，无论是生命体、城市、公司还是经济体，它们的生长、衰败和创新等过程都受到其规模的制约，并与其规模呈一定比例关系。他将这些关系归纳为规模法则，这些法则在不同系统中表现出相似性，揭示了复杂系统背后的简单性。

嘲讽四等城市。另外，同等情况下，可能国际城市比国内城市好，沿海城市比内陆城市好，省会城市比一般城市好。

13.2.2 建议之二：梳理候选城市

前面的方法主要拿来分类和评估城市，具体选择城市时，还要从自身状态、阶段目标等个人实际出发。而且，选择总是受到主观偏好和客观限制的影响。

主观偏好，与自主意愿有关，也与情感偏好和认知偏差有关，会影响我们的候选城市。我们会无意识地喜欢自己生活、学习、工作过的地方，因为更熟悉，存在自利偏差（自家城市更好）和即时偏差（时间急、凭感觉）。把自己代入其中，以出生地为原点，逐层向外扫描，你会发现几类候选城市：一是出生地所在县（市、区）的城区，通常就是一个规模大点的城镇，人口超过10万，虽说在国外看已经是大城市了，但是在中国真是小不点。二是出生地所在地市的都市区，通常是一些人口超过100万的中小型城市（达到300万人就可以修地铁了）。三是出生地所在省（直辖市、自治区）的省会城市及副省级城市，一般都市区人口会在300万上下，在中国有30多个。四是出生地（居住地）附近的超级城市，如北京、上海、广州、深圳、香港等，大都市区人口超过1000万。五是世界著名的一些国际城市，如纽约、东京、巴黎、伦敦等。六是其他一些特殊的城市，如自己读过书的城市、工作过的城市，或者亲朋基础较好的城市。其实我们选来选去，不外乎这六类城市。

客观限制，与每个人的自主性有关，个体能力和资源禀赋的区别，带来选择方式的差异。请允许我冒昧甚至残酷地把读者朋友分为三档：一档家庭条件优越，受过良好教育，资源较多，能力较强，可以充分支持其实现自主意愿。二档家庭条件和教育程度略逊一筹，资源一般，能力尚可，有较强自主意愿。三档家庭条件和教育程度都不高，资源和能力都不足，但有极强的自主意愿，希望通过努力改变命运。自主性的基础不同，决定了他们的目标对象和路径选择不同。

匹配客观限制和主观偏好，以及个人自主和城市类型，我有两种策略推荐。

一是蛙跳策略。建议一档和三档的朋友大胆走出去，走得越远越好，自上而下地试错。一档的朋友可以考虑直接到世界上最好的城市去，万一失败了，可以退而求其次，到国内最好的城市去。如果再不行，则去家乡附近的省会城市和副省级城市。因为你们有本金，可以承受一两次的失败。文雅一点说，你的家庭能为你的理想买单；庸俗一点说，你家有钱在心仪的城市买房。三档的朋友可以考虑直接到国内最好的城市去，从打零工开始，寻找未来就业创业的机会。如果怕站不稳脚跟，就去投靠亲朋，找一个有靠谱亲朋的城市。这里存在社会网络带来的路径依赖，但也是合乎逻辑的。对于三档的朋友来说，人生本来就没给太多选择，只能自己创造选择，反正都要搏一把了，那就干脆去最好的地方搏一下，赢了阶层跃迁，输了回家劳作。

二是蚕食策略。建议二档的朋友从附近做起，步步为营，代代相传，自下而上地攀升。二档的朋友直接去超级城市会略微吃亏，甚至处境尴尬，因为能力水平高不成低不就，既不能和一档那样获取和享受头部红利，又很难像三档那样放下身段从基层做起，最后可能混得还不如一档和三档。同时，二档家里有点小积蓄，但不是很多，经不起折腾，也无力在大城市买房。如果霸王硬上弓，意味着倾家荡产的豪赌，也不实际。所以，二档的优势策略，还是用有限的本金，做能把握的事情，经略周边城市，小心行事，稳步前进。我的家庭也属于这一档。父母的任务是从农村到城镇再到城区，实现一阶升级。我的任务是从县城到市区，实现二阶升级。或许我的孩子长大后，会完成从市区到省会乃至首都的三阶升级，他的子女再去尝试更高阶的出海战略。

13.2.3　建议之三：寻找时空原点

科幻作家威廉·吉布森（William Ford Gibson）[1]认为，未来已来，只是分布不均（The future is already here, it's just not evenly distributed）。财新传媒的安

---

[1] 威廉·吉布森是一位著名的美国科幻小说作家，被广泛认为是赛博朋克（Cyberpunk）科幻小说的奠基人之一。吉布森的代表作包括《蔓生都会三部曲》（*Sprawl Trilogy*）等，以其对未来科技和社会的深刻洞察而闻名。吉布森的作品常常探讨高科技与低生活水平（High Tech, Low Life）之间的对比，以及科技如何影响人类的生活和社会结构。他的一些概念和主题被用于《黑客帝国》（*The Matrix*）和《攻壳机动队》（*Ghost in the Shell*）等知名影视作品中。

替老师认为，有的城市更接近未来，是时空原点。新东方的陈虎平老师建议年轻人到原点城市去，找到复杂的机构和优秀的中层，学习他们的毕生所学，收获成长的红利。我基本认同他们的观点，但有一点修正——时空原点应由我们所从事的职业和所追求的目标来定义——不同的城市有不同的属性，是不同领域的时空原点，可以帮助不同领域的自主人节省学习时间。

心理学家希斯赞特米哈在《创造力》（Creativity）中指出：那些成功的思想家、科学家、艺术家都有一个共性，他们都有意识地传承和学习本领域内的专业知识，在此基础上做出创新，并得到业界把关人的认可。前两步可在田间完成，但最后一步必须依靠城市。因为那些可以指导并认证你的能力、肯定并放大你的成功的贵人，都住在重要的城市里。他们所居住的城市，就是你的时空原点。

所以，搞金融应该去纽约、伦敦、香港，搞艺术应该去巴黎、佛罗伦萨、雅典，搞时尚应该去米兰、东京，搞科创应该去硅谷、深圳，搞网红应该去杭州。同理，对"高温青年"感兴趣的、对GenAI科普和应用感兴趣的、对自主论感兴趣的，可以来温州。

13.2.4　建议之四：做出战略选择

所谓选择，绝不是在小地方和大城市间简单选择。

随着中国大规模投资基建，大城市和小地方在生活方面的便利度逐渐拉平，甚至未来小地方的人居环境和人均资源会比大城市好，房价更低，交通更畅，物价更低，人情味也更足，给予更多安全感。20多年前我在法国留学时，就在法国被高铁网络连接起来的、美丽宜居的小城镇群里看到了这种趋势，未来中国也会如此。

不过，大城市的优势依然明显。大城市经济资源和社会资源总量更大，加速个人能力提升的高端学习和工作平台也更多，给予更多自由感。小池塘里的大鱼虽然拥有更多资源优先权，但资源总量毕竟不如大池塘里的小鱼，生长速度也慢一些。个人如此，企业也如此。浙江人和浙江企业选择生产走出去，总部留下来，在更大空间实现了更大发展。

除去由于工作、生活、学习需要不得不进行的同等城市间搬迁，大多数城市更换可以分为两类：一是从小地方往大城市走，二是从大城市往小地方走。这才是我们要做的选择。

从小地方往大城市走，适合个人自主处于起步期和上升期的朋友。建议年轻的朋友从小地方到大城市去，这符合你们正在向上生长的自主。如果在大城市待不住，再回到小地方。切勿反过来，除非有意要降维打击。但那样做也很危险，因为随时可能被后来者肆意倾轧。

从大城市往小地方走，适合个人自主处于停滞期和下滑期的朋友。建议那些中年的朋友，人生发展已经开始停滞，进入输出阶段的朋友，考虑从大城市到小地方去，释放能量，造福一方。尤其可以考虑反哺家乡，做个乡贤，助力乡亲的共同富裕，不要等到老了、动不了了，才回来养老、啃老。

注意，不管是从小地方到大城市，还是从大城市到小地方，你都可能经历自主感和自主性的失同步（desynchronization）。

通常，从小地方到大城市，你的绝对自主性会增强，但是相对自主感会削弱。

大城市更复杂，位阶和维度更高，提供的资源要素支持、能力锻炼机会也更多，自主性会快速提升。古人云，三人行必有我师，城市里到处都是可以学习的对象，进步会很快。在城市里也更容易找到绝对优秀的自主友好型组织。

不过，强中更有强中手，到了大城市，过去小池塘里的大鱼就成了小虾米，可能被别人随意按在地上摩擦。自由感增强的同时，安全感的削弱是正常的。

心理学家赫伯特·马什（Herbert Marsh）和约翰·帕克（John Parker）于1984年提出"大鱼小池塘"效应（Big-Fish-Little-Pond effect），也称BFLPE效应，即同等能力的个体在平均水平高的团体中，其自我概念会降低；在平均水平低的团体中，其自我概念会提高。这其实就是自主感的相对剥夺（relative deprivation）。

相反，从大城市到小地方，你的绝对自主性会削弱，但是相对自主感会增强。

小地方缺乏复杂性和多样性，信息和机会都比较少。一个大城市的年轻人回到小地方后，不是对他人的降维打击，而是对自己的降维打击。他的能力会失去他人的协作，以及外部资源的支持，自主性会明显下滑。比如一个城里人没有手机，在农村里可能连方向都找不到。即便有了手机，没有网络也无法得到导航支持。有了网络和导航，如果没有外卖和物流支持，他想要的东西也很难拿到。

不过，深山没老虎，猴子称大王。从大海里洄游的鲑鱼，到了溪流里，就是庞然大物，可以随意碾压小池塘里的大鱼，所以自主感会大幅增强。畅销书作者马尔科姆·格拉德威尔（Malcolm Gladwell）的《逆转》（《David and Goliath》）中指出，在某些时间、地点，做小池塘里的大鱼比做大池塘里的小鱼好。

戴蒙德在《崩溃》中探讨了复杂社会如何瞬间土崩瓦解的问题，结论是大城市的文明社会需要以一定人口规模作为基础，从而支撑其高度复杂的分工协作体系。精致的另一面是脆弱，危机来临时，城市更容易发生系统性失灵。相反，农村自给自足，灾变时反而更有韧性。

14.2.5 建议之五：采取组合策略

我们要选择的从来就不是小地方还是大城市，而是一个能够为自己的自主发展提供更多能力和资源支持的平台，一个能让自己长成大鱼的池塘。面对未知和不确定，为了跳出二选一的无奈，可以尝试组合策略。

一是大小结合：生活在小地方，工作在大城市。2024年之前的我就是这样，工作在温州市区，家住在温州市郊的乐清城关，每天往返一个半小时车程，路上刚好可以听课想问题。技术进步带来时空距离的大幅压缩，小地方和大城市的组合在国外早已实现，在中国未来也会更加普及。

二是虚实结合：线下根植本地，线上连接世界。我多数时间待在温州，听各路温州人讲天南地北的故事，再通过网络搭建社群，努力破圈跨界，听更多领域的专家学者的观点。中国庞大的高铁和航空网络以及近年来普及的各种数字工具，为我们大小结合、虚实结合创造了良好的条件。

只要策略得当，无论在哪里，你我都能探寻未知，对话未来。

13.3　创未来：如何改变城市

最好的城市，应该是人人参与、人人自主的城市。这样的城市没法选择，只能自己创造。格物、致知、诚意、正心、修身是个人的事情，齐家、治国、平天下则涉及他人。对当代人而言，"齐家"就是让家庭和家人更自主，"治国"就是让单位和同事更自主，"平天下"就是让城市和市民更自主。通过改变城市，我们可以改变所有人的自主水平。我们要做城市的建设者、周边环境的改造者、他人自主的支持者。

新中国成立的时候，许多英雄前辈放弃世界顶级学府的优厚待遇，回到一穷二白的祖国，用心算、手算和珠算造出"两弹一星"，并做出许许多多改变今天我们命运的伟大成就。他们用信念和行动证明，坚定的意志和赤诚的情感，可以激发无尽的自主意愿和磅礴的洪荒力量，用主动努力弥补客观局限，最终实现自主性的超越。他们的精神就是古人说的那句话，"人一能之己百之，人十能之己千之"。

我希望大家学习前辈的崇高精神，全力建设脚下的城市。不忘初心、牢记使命、群策群力、团结奋斗，在小地方和大城市里做出一番事业。

我们追求自主性的目的，是追求肉身和化身在时空上的无限延展。肉身在更大的空间里获得舒展不难，但化身在更大的历史里获得永生很难，必须设法留下能够影响和福泽未来人们的作品，属于我们自己的传奇。创造超越个体和时空的意义，这才是自主性的真谛。

我们应该坚定信念，从利用城市资源向开发城市资源跃进，把"用脚投票"变成"用嘴投票"，把城市更换变成城市更新，在城市建设的实践中挖掘资源，提升能力，与城市共同成长。城市就是我们践行自主、缔造传奇的最好舞台。

结合我从国外回到家乡乐清发展，以及之后到温州市区发展的两段经历，我认为应把接轨城市的门槛变成改造城市的挑战，从每个人都要解决的工作、生活、社交三类问题入手，推动城市的经济、政治和社会进步。

13.3.1　挑战之一：夯实工作基础

一是明确目标。找到一份好工作是为个人发展和城市建设贡献力量的基本要求。可以创业，也可以就业，但必须寻找兼顾专长、兴趣、收入三要素的理想职业；无法"三位一体"，那就"保二争一"，找兼顾兴趣和收入的工作，然后慢慢培养专长；或者找兼顾专长和收入的工作，然后慢慢培养兴趣。"三选一"的事情就别干了，那是浪费时间。

二是寻求帮助。城市里工作机会很多，但我们真正能知晓和触及的不多，这是信息不对称问题。找到工作后，还要直面能力的竞争和比较，还可能存在能力不对称问题。不管是原住民还是新移民，这两个问题都可以通过找亲戚、朋友、同乡帮忙推荐等方式，得到有效缓解。另外，工作之后，能否把事情做成，也需要贵人相助。所以你要敢于求助，乐于感恩，争取他人投资，实现快速发展。人们会喜欢自己帮过的人，只要他们足够优秀和努力。

三是力求实效。找到工作后，要把个人目标和组织目标统一起来，把追求自主作为自己的内驱力，全情投入、全力以赴，学会谋划、协调、宣传等技能，低调做人，高调做事，把好事做好，努力从基层向中层升级，从中层向高层发展。24~36岁要蓄势待发，36~48岁要厚积薄发，48~60岁要整装重发。

四是回馈他人。知恩图报，报答当初帮助过自己的人。当初求助就是找创投，如今回馈就是给回报，应该物超所值。在组织内倡导自主的文化氛围，己欲立而立人，己欲达而达人，带头帮助他人实现自主。为年轻人的成长提供资源支持、能力指导和意愿强化，让他们更快成为自主的个体。

13.3.2　挑战之二：改善生活环境

一是梳理问题。生活环境包括住房环境、交通环境、教育环境、医疗环境、文体环境等，对应城市所提供的各种基础设施和公共服务。为了享受这些服务，你首先要解决自己的问题，如买房买车、就业就医。这些问题都不容易，尤其是住房问题。

二是重点突破。买房几乎是所有人的难题，许多其他问题都跟房子深度绑定，所以房产问题是必须深入研究的课题。当前国内正处在房地产市场调整期，不少地方房价打了六折、七折，这对两三年前高价买房的人很不公平，同时也给了很多当前正考虑买房的朋友机会。我建议大家根据自身实际情况，做出判断和决策。

三是咨政建言。在解决自身问题的同时，把自己发现的具体情况、问题和建议梳理好，通过政府公开的在线意见征求平台、市长邮箱、市长热线、政务微信等平台提交。作为政策研究工作者，我很清楚，官方的这些渠道一直都是开放的，而且也非常欢迎理性务实的意见和建议。在论坛、微博时代，市民网络议政的热情很高，但是不掌握方式方法，容易情绪化和极端化，最后建议没提成，反而在群体思维、群体极化中异变为网络群体事件，令人惋惜。在微信和抖音时代，舆论场被碎片化、私有化，导致公共意见的缺位和失声，也非常可惜。AI时代会如何发展，还不知道，但万变不离其宗。我建议大家学习掌握调查研究的方法，针对民生问题，多提政策建议，争取被政府采纳，从而推动城市更新。

13.3.3 挑战之三：参与社区营造

最后一个挑战来自社交领域。人是群居动物、社交动物。无论是原住民还是新移民，在城市里都必须解决维护老关系、结交新朋友的问题。对于原住民和新移民中的年轻人而言，他们一般都在外地城市读书，回到（或来到）这个城市工作，多数人对他们而言都是陌生的，所以他们的社交挑战是近似的，但是难度不同。

原住民难度相对低，他们有先发优势和资源积累，在本地有亲戚网络和朋友网络，可以作为进一步拓展关系的基础。

原住民的年轻人有父母亲朋以及小学、中学的同学可以作为信任代理，帮助自己更快打开社交网络。对原住民来说，如果目标明确的话，打听并找到特定本地人，应该是比较容易的。

但是，原住民模式也存在路径依赖，对于不断有新移民融入的城市而言，他们也会和新移民网络脱节，路径依赖带来网络锁定。事实上，每个城市都有自己的社会结构，多数人可能一生都在城市中，但是，根本没有接触到城市真正的结构。

原住民必须设法向上、向外破圈，主要方式就是欢迎和接触新移民，结识他们中的精英，桥接他们的网络，获得多样性的增益。可以考虑加入更多基于网络的兴趣小组、读书圈子、官方平台等，在参加科技、婚恋、汽车、育儿等圈子讨论时结识新朋友，在参加各种读书会、沙龙时建立新联系，在参加政府和媒体组织的市民监督团、民间智库调研等活动时创造新关系。

新移民难度相对高，他们初来乍到，举目无亲，主要还靠同乡网络和同事网络的支持，必须想办法找到超级链接者。

新移民大多数是年轻人，为了快速融入当地社会，他们必须找到可以为自己信用背书的中间人。我之前和很多外地到温州来工作、生活的老师同学交流过，我认为以下两点对他们而言，是比较实用的两种方式。

一是加入本地的同乡网络，获得同乡中的精英的认可和帮助。比如温州有19个省级客商商会，一些商会有成百上千的会员，辐射几万家企业和几十万人的庞大网络。加入他们，找到自己的优秀的同乡，对未来发展肯定有帮助。

二要加入同事和邻居的网络，接触他们所代表的原住民和新移民网络。首先，工作单位就是新移民的家，同事就是你的家人。方法得当的话，他们应该成为你的友人、贵人和爱人，而不是敌人。其次，邻居群体是容易被忽视的网络。新冠疫情三年，阻隔了远距离移动，增进了邻里间往来。邻居也可以成为你的家人，你可以走出自己的火柴盒，加入社区的大家庭。

除了加入已有的社群和社区，年轻人还可以更主动一点、更勇敢一点，参与社区营造和社群打造，不管是原住民还是新移民。你可以试着做一个魅力型的超级链接者，把其他人组织起来，找到共同目标，采取共同行动，把不可能变成可能，让平民、精英成为英雄。具体方法参见"社交管理"章节。

13.4 本章小结

城市让生活更美好，奋斗让城市更美好。本章讨论了城市和自主的关系，包括如何认识城市、如何选择城市和如何改变城市三个部分。呼吁大家积极参与到城市环境的改良优化中来，为自己和他人的自主提升创造更好的外部条件，在解决自身和城市问题的过程中，提升个人和城市的自主。愿大家在挑战中大获全胜。

本章思维导图如图 13-1 所示。

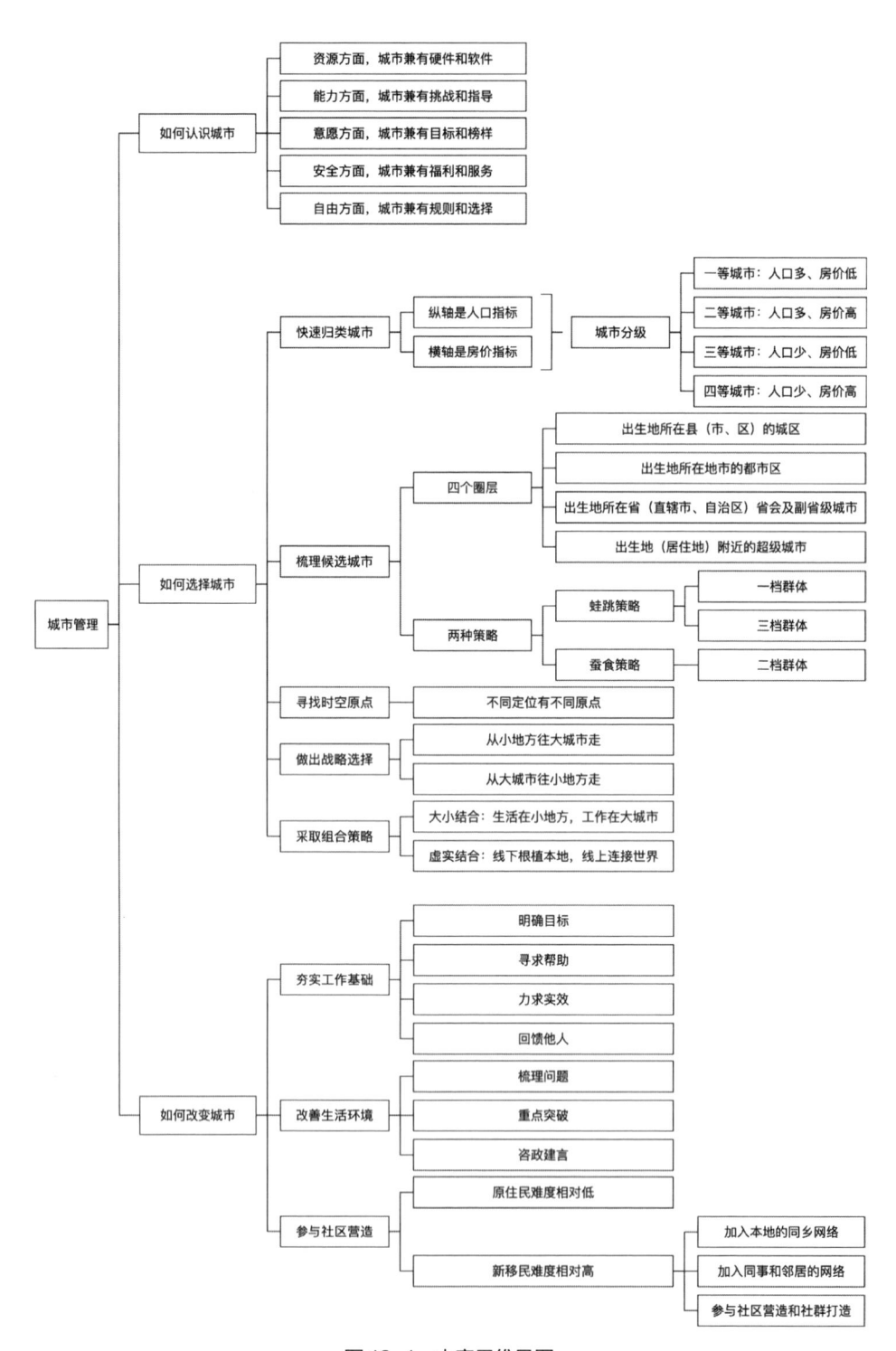

自.主.论. AUTONOMY
何为自主以及何以自主

```
                    ┌─ 资源方面，城市兼有硬件和软件
                    ├─ 能力方面，城市兼有挑战和指导
          如何认识城市 ┼─ 意愿方面，城市兼有目标和榜样
                    ├─ 安全方面，城市兼有福利和服务
                    └─ 自由方面，城市兼有规则和选择

                                                   ┌─ 一等城市：人口多、房价低
                              ┌─ 纵轴是人口指标      ┌─ 城市分级 ┼─ 二等城市：人口多、房价高
                    快速归类城市 ┤                  ┤         ├─ 三等城市：人口少、房价低
                              └─ 横轴是房价指标      │         └─ 四等城市：人口少、房价高

                                                   ┌─ 出生地所在县（市、区）的城区
                                        ┌─ 四个圈层 ┼─ 出生地所在地市的都市区
                                        │         ├─ 出生地所在省（直辖市、自治区）省会及副省级城市
                    梳理候选城市 ┤                  └─ 出生地（居住地）附近的超级城市
          如何选择城市 ┤                             ┌─ 一档群体
                                        ┌─ 蛙跳策略 ┤
                                        └─ 两种策略 ┤         └─ 三档群体
                                                  └─ 蚕食策略 ── 二档群体

                    寻找时空原点 ── 不同定位有不同原点
城市管理 ┤                      ┌─ 从小地方往大城市走
                    做出战略选择 ┤
                              └─ 从大城市往小地方走

                    采取组合策略 ┬─ 大小结合：生活在小地方，工作在大城市
                              └─ 虚实结合：线下根植本地，线上连接世界

                              ┌─ 明确目标
                    夯实工作基础 ┼─ 寻求帮助
                              ├─ 力求实效
                              └─ 回馈他人

                              ┌─ 梳理问题
          如何改变城市 ┼ 改善生活环境 ┼─ 重点突破
                              └─ 咨政建言

                              ┌─ 原住民难度相对低      ┌─ 加入本地的同乡网络
                    参与社区营造 ┤                   ┤
                              └─ 新移民难度相对高 ────┼─ 加入同事和邻居的网络
                                                   └─ 参与社区营造和社群打造
```

图 13-1 本章思维导图

282

第十四章　智能管理

> 人类和机器之间将形成一种共生关系。人类的工作就是不停地给机器人安排工作，这本身就是一项永远做不完的工作。
>
> ——凯文·凯利《必然》(*The Inevitable*)

"智能管理"章节，原计划是人类智能、群体智能和机器智能（AI）三个话题合在一起，但是这块内容太多了，所以一拆为三，人类智能放在"能力"章节讨论，群体智能放在"社交管理"章节讨论，把时下最热点最重要的AI话题单列一章来讨论。即便如此，你还是会发现，AI可以聊的东西实在是太多了。

我们正在一起加速进入一个加速迭变的AI革命时代，GenAI、AIGC等元素将和我们已知的所有事物发生关系并带来全新的相邻可能。在本书的前面章节里，我已经有意识地将部分关于AI的讨论植入其中。剩余的主线剧情，都在本章呈现，主线讨论我们应该"怎么看"和"怎么办"的问题。我的观点很明确，留给人类的时间不多了，所以必须赶紧启动人机协同模式。

AI一天，人间一年。技术一日千里，本书从写成到出版又需要几个月时间，所以大家看到本书时，大概率很多我所提到的GenAI技术工具已经作古，但是我相信，不确定世界的基本原则不会改变。如果说错了、说漏了，那么未来就再写一本《GenAI时代的自主》来补过。

14.1 怎么看：留给人类的时间不多了

> 我想我会崩溃。
> 难道是因为我和上帝同在？
> 奇异的声音中充满了宁静。
> 难道是因为我内心中的自我？
> 生命从滴血的心灵中发出低泣，
> 沿着弯曲的道路，
> 沿着荡漾的清风，
> 生命知道：我们曾经来过。

这不是2024年GPT或Kimi所作的诗歌，而是20世纪末的原始AI程序RKCP的作品。它的开发者是未来学家雷·库兹韦尔（Ray Kurzweil）。20多年前，库兹韦尔将这首诗收入其著作《灵魂机器的时代》中，振臂高呼，技术奇点（Singularity）即将来临，人类将与机器融为一体，获得永生。

"技术奇点"一词的创造者可能是数学家斯坦尼斯拉夫·乌拉姆（Stanislaw Ulam）。1958年，他与"计算机之父"冯·诺伊曼（John von Neumann）曾有过一段讨论：

> 技术进步的不断加速和人类生活模式的改变，似乎在让我们物种的历史逼近某个至关重要的"奇点"，在那之后，我们所熟悉的人类事物将无法延续。

乌拉姆的想法后来被科幻作家弗诺·文奇（Vernor Vinge）和库兹韦尔等发扬光大，形成了今天奇点的概念——当通用人工智能（AGI）发展到能够自己让自己变得更聪明的程度时，就会开始正反馈的智能爆炸，技术的发展速度将超越人类想象，从而彻底改变我们的社会面貌，进入无法预知的领域。泰格马克建议拿出GDP的1%去研究"奇点"，从而更好地预测和把握未来。

库兹韦尔相信计算机可以复制人脑。人脑在21世纪初预测：按照现在的技术发展速度，到2025年就能制造出相当于人脑功能的1000美元的计算机。

事实上，人脑的运算速度是4赫兹，简单反应时间为250毫秒，是普通电脑的十亿分之一。但是，由于人脑能用一只灯泡的功率调动860亿个神经元并行计算，所以截至目前，人脑仍是地球上最强大的生物超级计算机。另外，尼克莱利斯认为，大脑是不可计算的，没有工程技术能复制大脑。计算机始终只是人类的工具，永远不可能复制人类大脑，向计算机下载大脑思想永远不会发生，库兹韦尔预言的"技术奇点"不可能发生。

但无论专家如何辩论，我们都正在临近奇点。之前库兹韦尔预言是到2035年前后，目前看起来会提前。2022年11月底，OpenAI发布ChatGPT 3.5，之后很快又在2023年3月中旬发布GPT-4，一批学术严谨的科学家做出了"通用人工智能的火花"的论断。2024年5月中旬，OpenAI发布了更加强大的GPT-4o，9月中旬又上线了全新的o1模型，基于大语言模型的各种GenAI正如雨后春笋般冒现。中国甚至一度出现"百模大战""千模大战"。人类似乎迎来了"技术奇点"的硅基智能生物大爆炸。随之而来的是，Midjourney、Stable Diffusion等文生图工具，Suno、Uido等文成音乐工具和Runway、Keling等文生视频工具带来的互联网上应接不暇的AIGC内容。刹那间，GenAI让所谓人类独有的创造力成了笑话，人类作为地球上最高级智慧生物的地位遭遇史无前例的严峻挑战。

2022年底到2024年中的那段时间，人类似乎被技术拖拽着跑完了智能三万里，悲观主义的情绪不断蔓延，机器替代人类的论调在互联网上甚嚣尘上。包括我在内的许多人，都认为"留给人类的时间不多了"。为了追赶时间，我们渐渐变成了白天看国内动向，晚上跟国外趋势的"肝帝"和"不睡族"。我们真的担心，快速迭代升级的AI，会剥夺我们赖以生存的意义和价值，最终把人类赶下神坛，会变成历史学家赫拉利（Yuval Noah Harari）口中的"无用阶层"（useless class）。人类将失去创造作品、留下传奇的机会，因为人类能做的，机器做得都不差，而且更快。

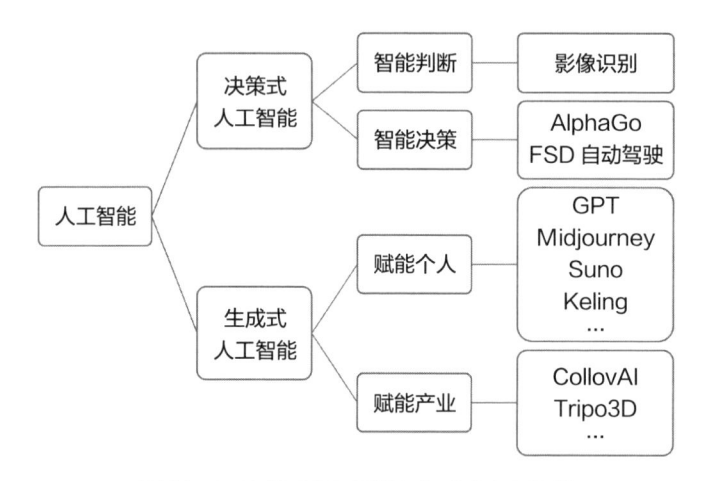

```
                    ┌─ 智能判断 ─── 影像识别
         ┌─ 决策式 ──┤
         │  人工智能  └─ 智能决策 ─── AlphaGo
         │                          FSD 自动驾驶
人工智能 ─┤
         │                          GPT
         │          ┌─ 赋能个人 ─── Midjourney
         │          │              Suno
         └─ 生成式 ──┤              Keling
            人工智能 │              …
                    │              CollovAI
                    └─ 赋能产业 ─── Tripo3D
                                   …
```

图 14-1　决策式人工智能与生成式人工智能

14.1.1　未来是"大仝世界"[1]

我们正在经历"人类世"和"仝类世"更替的"万年未有之大变局"。2022 年是"人类世"的最后一年，2023 年是"仝类世"的第一年，2024 年是 AI 开始全面影响人类社会的一年。

我们可以把碳基大脑和硅基大脑的结合度分成三个层次：底层是基于大数据等传统技术的辅助智能（Assisted Intelligence），中间层是基于 GPT-4 等 GenAI 支持的增强智能（Augmented Intelligence），上层是基于自动驾驶等决策式人工智能（Decision-making AI）[2]的自动智能（Autonomous Intelligence）。目前大多数人还在底层，小部分人处于中间层，只有极少数人伫立高层。

当前我们讨论最多的 AI，就是 GenAI。GenAI 的出现，是人类发展的最大事件，甚至可能是最后的事件。在一个"所思即所得"的时代，为了在历史的车轮面前守住个人最后的尊严和底线，我们必须与时间赛跑。

在看似碾压性的绝对智能面前，我有时也会迷茫、彷徨和感慨，但更多

---

[1] 请允许我用"仝"字来指代 AI 及其衍生的硅基生命实体。这一用法是我的朋友刘延军老师（独立研究者，《汉代字典》编写者）的创新之举。
[2] 生成式人工智能（Generative AI）和决策式人工智能是两种不同的人工智能应用类型，GenAI 创造新事物，而决策智能则选择最佳行动方案。GenAI 通常依赖模型对数据分布的学习，而决策智能则依赖对不同选项的评估和比较。在实际应用中，它们可以相互补充。例如，在自动驾驶汽车中，GenAI 可以模拟不同的交通场景，而决策智能则选择最佳驾驶策略。

时间保持抗争和奋进的斗志，我开始不断尝试所有我听说过的GenAI工具，将心得经验编写成"工具箱"并不断更新，同时，我还创作了"GPT时代的自主"系列文章，将自己的思考和建议分享给大家。

很快，我发现最能提升个人生产力的通用、常用工具并不多，我自己都已在教学相长中掌握，然后又转而关注GenAI的产物AIGC对产业的影响。我和朋友们发起成立了AIGC产业联盟，从家乡温州开始，从鞋服产业和文旅产业开始，推动AIGC技术的应用普及，把AIGC给大家带来困惑和焦虑转变成企业生产力和城市影响力。这些升华焦虑情绪的做法，让我收获良多。

一年多过去，这轮以GPT、Midjourney、Suno、Keling等GenAI为代表的新技术革命的迷雾渐渐散去，路径渐渐清晰，我对未来的判断也越发坚定——这就是一场"机器换人"的大变革，很多人将被失业，很多人会被增强，我们必须尽快做出抉择。

太阳底下无新事。诺贝尔经济学奖得主、耶鲁大学教授罗伯特·希勒（Robert Shiller）的《叙事经济学》（*Narrative Economics*）用了两个章节回顾技术叙事"技术进步导致人类失业"的演进过程。第二次世界大战之前，人类老担心"劳动节约型机器"或"技术性失业"等，与此相关的重大事件包括1811年的卢德派事件、1830年的斯温暴动（Swing Riots）、1873—1879年的萧条恐慌、1893—1897年的萧条，以及1930—1941年的大萧条。反正只要经济形势不好，就有人搬机器出来当替罪羊。第二次世界大战之后，人们开始担心"自动化"和"人工智能"会导致失业，焦虑叙事风行一时，在20世纪60年代、80年代、90年代和21世纪10年代达到巅峰。2022年底开始的这一波，只是技术进步推动社会变迁的"大历史"的延续。

人类永远不会两次踏入同一条河流。历史或许会重演，但绝不会重复。之前机器主要在车间里替代蓝领工人，但那时候没有网络，他们也不太使用网络，所以当许多工厂静悄悄地完成机器换人，把过去熙熙攘攘的车间变成安静无比的机房的时候，没人出来发声。相反，这次机器要在办公室淘汰白领职员，因为GenAI能完成一些简单的文字、图片、音频、视频加工工作，实在是效率太高了。它们是有一定错误率，但非常便宜、随叫随到、可以瞬间提交 80 分左右参考作品的机器员工。说实话,它们的表现已经全面碾压刚毕业参加工作的小白大学生了。过去,我们把这些工具交给实习生和新人,现在可以交给机器,后者任劳任怨,还不要加班费。

所以,办公室冗员和小白被 GenAI 替代,只是一个时间问题。这个残酷的现实背后,是更加残酷的两个"不同步"的结构性问题。

一是文化演进与技术进步速度的失同步,技术进步快而文化演进慢。半个世纪前托夫勒就准确预测了这一现象的发生。技术出现后,企业和个人会积极应用,政府和社会组织则滞后许多,法律、道德等社会规范更是远远落后,导致各种脱节、断层和真空地带,问题滋生,令人担忧。

二是生物演化和技术进步速度的失同步,技术进步快而生物进化慢。基因的生物演化本来就跟不上模因的文化演进速度,现在更跟不上技术飞升的步伐。纳米技术、生物技术、信息技术、认知科学等技术正带领人类进入一个全新的混合时代,到处都是游走的"灰犀牛"(可以预知的重大冲击)和"黑天鹅"(不可预知的重大影响)。

面对"大历史"和"大结构",我们必须做出"大决断":接受现实,拥抱技术,抓紧进入"大全世界"。除此之外,别无他法。

面对技术进步的挑战,认知和行为方式的不同决定人与人未来的差距。早在 60 年前出版的《理解媒介》中,马歇尔·麦克卢汉(Marshall McLuhan)就已预言,人类将成为"机器世界的性器官"。后来凯文·凯利在《技术元素》(*The Technium*)中指出,机器有自我增强的天性,未来将不可避免地自主繁殖,我们将再也无法跟上我们自己的创造物。库兹韦尔则乐观地认为,各种技术会与我们长期共生进化,加速进化,最终成为未来我们新的 DNA。

站在人类大种族、大集体、大历史、大未来的角度,每次技术挑战旧秩序的旧平衡,都会带来新范式的新机遇。我们不能只看到时代在交媾,更要看到时代在孕育。从长远看,机器必然会替代我们现在从事的工作,而我们应该去构思有意义的目标。

面对不确定、不可知的未来,我们有理由担忧,但更好的方式是把焦虑解读为兴奋,拥抱技术,抢占先机。而且,要敢于看得更远,敢于向自主的更高境界迈进，敢于成为英雄甚至泰坦一般的存在。

14.1.2 新秩序的构建与无真相时代的来临

未来可能不是儒家的"大同世界"，而是机器的"大全世界"。AI暂时还没有做到无所不知、无所不能，但AI已经无孔不入、无处不在。AI直接参与改造人类的精神世界，进而参与重构人类的物质世界。未来，AI甚至会成为物质世界和精神世界本身。

我们人类希望AI只是客体和载体，只作工具和界面，但AI进化很快，已经改变了传统的"人 — 人""人 — 世界"的旧关系和旧架构，形成"人 — 全 — 人/世界"的新逻辑和新秩序。

或许未来，AI还会更进一步，掌控我们的工作方式，调配我们的生活体验。事实上，AI已经更进一步，成为当前许多任务的主体。早在2023年时，我们就看到，在AgentGPT里，智能体们在创业赚钱，在网络社区Chirper里，"全民"们在聊天，在GenAI驱动的虚拟游戏里，NPC们假装在生活，甚至谈起了恋爱。我们的生活，已经俨然一副科幻片《西部世界》里"人造乐园"的样子。2024年，"全工"们全面进入各类工作领域，开始与人类共同协作。

尽管我们许多人不愿意承认AI有意识，但AI的智力水平的确已经碾压绝大多数人类，而且接下来差距会越拉越大。所谓大力出奇迹，量变带来质变，既然算力和数据大到一定程度时智能可以涌现，我们何以确定当智能大到一定程度时，意识就不会随之涌现呢？

我认为一切皆有可能，而且很有可能。2024年9月中旬发布的OpenAI o1模型，是我交稿时所有GenAI中最聪明的实体。它的智力与人类专家相当，远超多数人类，甚至超过它的创造者，时刻提醒和督促我们重新检视自己，思考人之所以为人是因为什么；人类存在的意义和价值到底是什么；面对AI的强势崛起，我们人类应该如何作出反应。

我的观点和建议非常明确——我们应该像科技趋势专家王煜全老师反复强调的那样，做技术的早期使用者，拥抱技术，获取红利。这是大势所趋，不可阻挡，要顺势而为，借力而上。我们必须放下人机竞争、人机对抗的陈旧观念和传统叙事，转而拥抱人机协同、人机融合的全新思想和未来话语，学会与AI共舞。

GenAI技术进步的另一面，是造假成本的持续降低，鉴真难度的持续提升，造成新的非对称性——新技术的造假能力将超过其鉴别真伪的能力，甚至超过传统人类鉴别真伪的能力——这种非对称性极有可能会被别有用心者利用。他们大量制造伤人的假文字、假图片、假语音和假视频，这些虚假内容再被人工智能学习后持续强化，错得越来越离谱。从某种意义上说，我们正从真相时代迈向后真相时代和无真相时代，真相将变得更加稀缺。

对抗后真相时代的思路，与对抗网络谣言一样，就是要主动公开真实信息，为未来的GPT集成信息提供更早的、可信的来源和素材。由于AI会抓取现有的公开数据进行预训练形成模型，再根据提示词生成新内容，所以避免虚假信息玷污我们个人形象最好的方式，是主动公开并定义自己的形象。更多的信息的真伪辨别，我们寄希望于数字水印技术的创新和普及，能给所有AIGC打上标签。还有前期飘在空中的NFT等区块链技术，理论上说能为每个数字内容烙上唯一标识。在这些技术成熟之前，我们来不及等待实践检验真理，时间戳破谎言。那么验证事实最好的方式，就是线下的真身会面。所以我预测在一个线上看到听到的越来越不可信的时代，我们人类或许会逐步回归真实世界，线下交流的需求可能会快速复苏并大幅反弹。这一趋势对那些交通更便捷的区域中心城市更加有利，它们将因此获得更大人口吸引力。[1]

---

[1] 我认为，人和人之间的自主性差距，往往由三个通达性上的区别造成。一是神经网络的通达性。神经网络越是通畅，思想构建越快，各种灵感火花在脑海中碰撞和酝酿更充分，人就更聪明。神经网络的通达性，会表现为思想的通达度，其关键指标是容错率，表现为我们在面对不确定、不可知、不清晰、不统一、不对称的时候，能否从容应对。过去有个说法，叫聪明人的脑子里能兼容不同的甚至冲突的观点，因为他们能够站在更高的维度达成对立统一，或者找到更多相邻可能。神经网络的通达性，让人能灵活应对各种问题。二是社会网络的通达性。社会网络越是通畅，信息传递越快，我们可以把自己脑海里的思想转化为话语，通过沟通的方式去影响他人。当前，以微信为代表的社交工具是最重要的平台之一。社会网络的畅通度，会决定我们能否快速找到帮助自己解释和解决问题的人。社会网络的通达性，会降低我们的社交焦虑。你可以试着给某个重要的人发去信息或者拨通电话，然后看看自己在对方回复信息或者接通电话之前，到底有多焦虑。如果你有强烈的焦虑感和压迫感，那就说明你的社会网络通达性不够。三是时空网络的通达性。时空网络越是通畅，行为实现越快，我们就可以把构建落到实处。交通是时空网络最重要的因素，如果我们生活在一个交通不便的地方，就要付出更多的时间成本来解决问题。如果你周边的时空网络非常通达，那么你就可以闭上眼睛随机漫步，也不用害怕会撞到或者伤到。相反，如果你闭上眼睛就不敢走路，那肯定是因为你脚下的路不直、不平或者不通。这三个通达性上的差别，会造成人和人之间明显的差距。其中，神经网络的通达性与人的意愿、能力相关，社会网络和时空网络的通达性则和资源相关。

14.1.3 AI时代自主的冰与火之歌

AI革命对人类自主的影响，大致可以分为两个方面。

一方面，AI革命可以提升人类整体的能力与资源水平，可能加速个人的自主与解放。

回望过去，古希腊雅典的奴隶们辛勤劳作，公民们才能安心发展哲学、科学、艺术，开启伟大的古典时代。工业革命开始后，机器让更多人成为有闲的思想家和科学家，进一步加速社会进步。之后的计算机革命亦然。本轮也不会例外，AI革命势必推动人类文明大发展。我们的征程是星辰大海，相对于无垠的太空，GenAI技术不是威胁，而是祝福；不是对手，而是队友；我们不该恐惧，而应感到欣慰。

可以预见，在不远的未来，由于机器生产内容的速度将会远快于人类消费内容的速度，各种优质内容的供需关系会被改变，价格会持续下降。从事内容生产将不再是一种工作劳动，而是一种生活体验，就像今天的有闲阶级学习绘画，更多是为了提升情调和品位，而非真要靠画维生。许多技能过去是自主人谋生的生产工具，如今变成审美的生活方式。过去我们把自己训练成生成机器，如今GenAI会把我们从打工人、工具人和机器人状态以及枯燥的生产劳动中解放出来，迫使我们重新成为人。

到那时，我们创作的意义不是为了获得解题的结果，而是为了享受审美的过程。比如，现代农业机械推动农业生产自动化后，孩子们还是会在家长和老师的带领下，到田地里体验收割稻子的感觉，并为这种所谓的研学旅游付费。我们的下一代，或许真会成为机器照料下的"躺赢一代"，回想下小机器人瓦力（WALL-E）在太空中发现胖子飞船的名场面。[1]

另外，就如同世上有手工定制服装和机器量产服装、现磨咖啡和速溶咖啡一样，未来的有钱人也会找到新的展示自身与众不同的炫耀性消费方式。手工打造的实体物件的价值，会继续碾压机器生产的虚拟物品。遗憾的是，这些隐形冠军只能在非常狭小的时空内勉强续命，而且每个细分领域都无力

---

[1] 来自皮克斯的动画片《机器人总动员》。

养活很多手艺人，他们的处境会更像今天的非物质文化遗产传承人。

另一方面，AI革命必将拉大人类个体间的自主性差距，可能助长强者对弱者的控制与压迫。

有人认为AI革命会带来技术平权，但我认为这种平权并不平均。AI给不同人带来不同影响，导致受技术影响的红利和福利分布不均。

首先是在地区间的分布不均。本轮AI革命首发于西方，用的是西方人开发的算法和芯片，底层是英语等自然语言，而且多数大模型预训练基于英语语料库，默认接纳西方价值观，加上GPT等许多一流模型不向中国开放，英语世界与汉语世界的技术不对称逐步加剧。同时，由于汉语更复杂，中文语料库质量低下，加上算力基础设施被卡脖子，国内大模型训练相对落后。但是相较而言，中美两国已是全球AI革命的绝代双骄，其他国家和地区都属于AI时代的发展中国家和第三世界国家。在中美的AI较量中，我始终坚信，凭借中国人民的智慧和努力，中国肯定会迎头赶上，不断缩小与美国的差距，最后两国形成一种互有特点、互有优势、相互依靠、相互协作的新格局、新平衡。

其次是在人群间的分布不均。每次技术革命都会扩大人类和动物、机器和人类、牛人和凡人之间的差距。GenAI工具是试金石和放大器，会辨识出强者，赋能于强者，放任弱者在原地徘徊。自主性的新竞速已经开始：不是和机器竞争，而是与掌控机器的人竞争。这一轮能否驾驭AI，跟当年能否驯服动物一样，会把人类分成不同层次，并快速拉开差距。机器智慧加持的、人机协同的半人马与纯粹依靠个人智慧的普通人之间的能力不对称会越演越烈。AI会进一步强化精英和英雄的自主性，他们更快看清形势，做出决断，采取行动，更多地解决问题，获取自主。他们不会被AI加持后的半人马领导者所控制，他们就是半人马领导者本尊。相反，自主性相对弱的凡人，则可能被AI和他人控制，自主性因此进一步弱化。在机构内部，管理者通常是中老年人，技术基础弱一些，与年轻人之间的数字鸿沟会放大，原本拥有的能力和资源优势会被AI革命强行缩小。

必须居安思危。我们可能遭遇的最坏的未来，就是占人类极少比例的超级个体在超级人工智能的帮助下，生产力和破坏力都达到了不可名状的境界，全面碾压剩余的绝大多数没有人工智能加持的阶层。于是，压迫、隔离甚至从地球上抹去后者，都变成摆在前者面前的可选项。数学家皮埃尔·西蒙·拉普拉斯（Pierre-Simon Laplace）说过，在具有超级智力的人面前，将来如同过去一样历历在目。未来将有许多这样的神人（homo deus）出现，我们不能假定他们有极高的道德感，必须抓紧推动新的伦理和制度建设。

14.1.4 多数人观望的原因分析

就像面对浩瀚苍穹时，人们反应不同那样，人们面对AI的态度也不同。强自主性的人会看到机遇和希望，渴望行动和尝试。弱自主性的人，则看到威胁和挑战，趋于观望和退缩。从根本上说，这是安全求稳的保守策略在发挥作用。

进一步分析具体原因，我们可以把AI时代的"观望派"分为五个群体。

一是偏差群体。许多人没有看清本轮AI革命的颠覆性和持续性，以为做一只把脑袋埋在沙子里的鸵鸟，等等就会过去。兰德公司旗下的未来研究院前院长罗伊·阿玛拉（Roy Amara）有句名言："人们容易高估技术在短期内的影响，而低估它在长期的冲击。"（We tend to overestimate the effect of a technology in the short run and underestimate the effect in the long run.）本轮GenAI技术刚出现时，大家感到恐惧。如今，大家习以为常，认为技术没有带来预期的影响，变得麻木。但事实上，我们正看着AI技术这趟列车面朝我们驶来，看似行进很慢，实则速度极快。当它从身边飞驰而过时，我们才发现它的风驰电掣，但它根本不在意，只是把寂寞的我们甩在原地。我们正处在一个伟大变革的前夕。本轮GenAI技术大跃迁，是像蒸汽机革命、电力革命、计算机革命一样的重大技术革命，很可能带领人类跨过技术奇点。一旦跨过奇点，AI赋能的各种机器将在脑力劳动方面全面超越人类。过去机器替代生产线上的蓝领工人，下一步GenAI还会替代（或增强）写字楼里的白领阶层。中国有数千万快递员和外卖小哥正接受AI的驱使，由机器决定人类的行为。GenAI技术出现后，从写文案、做海报到出视频，从副驾（copilot）到代驾（autopilot），AI全面涉足并挤压原本只属于人类的所谓创造领域，全球将有数以亿计的白领命运被改变。

二是过载群体。一些人看到了AI的潜力，感觉到了压力，以至于行动僵硬。人类在面对压力时的默认反应是战、逃、呆三种（fight, flight, freeze）。多数人在信息过载时会呆若木鸡，近似于动物在紧要关头的假死状态，都是生物演化的自然产物。好处是等他人先行动，根据情况决定是否跟上，可以避免当出头鸟和炮灰。但如果没人提醒，也可能一直僵在那里，直至颓势无法挽回。我建议这部分人马上行动，找GenAI工具先用起来。在黑暗森林里，只要你有武器，就有一席之地。平心而论，许多国内厂商开发的AI应用，在应对一般的问题时，已经够用了，没必要继续观望。现在你不用GenAI，好比30年前不用电脑，20年前不用搜索，10年前不用智能手机，属于自找苦吃、自寻短见。

三是无助群体。一些人情绪极其悲观，认为即便使用了增强自我的新工具，还是无法改变被机器替代的命运。他们陷入了狭隘的二元论，以及人类中心主义的焦躁执念和无聊想象，不知所措。我想提醒他们，或许AI在被人类奴役与奴役人类之外还有其他可能的选择，或许AI跟我们根本就是完全不同的存在，生活在与我们完全不同的逻辑和维度里，大家所处的时空不同，追求的目标也不同。或许在AI的眼里，我们人类好似动物园里的树懒，偶尔抱着树干嚼着树叶，多数时间都在睡觉，几乎静止不动。退一万步说，如果被淘汰是必然，那至少也要在退出历史舞台之前，绚丽灿烂一会。现在用GenAI，至少还能放一会烟花；不用的，将来连看烟花的机会都没有。

四是逆反群体。这些人希望暂停AI研发，甚至让技术倒退。遗憾的是，AI时代的卢德分子连自己想要破坏的机器都找不到，只会埋葬自己，甚至连自己被埋葬的事实都不知道。2023年初有过一段时间，马斯克等人联名写信，要求暂停AI研究，引起社会热议。不久后，"AI教父"杰弗里·辛顿（Geoffrey Hinton）[1]也宣布从谷歌离职，并声称后悔自己所做的一些工作。如今这些反抗

---

1 2024年10月，辛顿与计算机科学家约翰·霍普菲尔德（John Hopfield）共同获得2024年诺贝尔物理学奖。

都已静默，马斯克自己也推出了 Gork 大模型。我建议逆反者把破坏的冲动升华为建设的力量，换个角度去做好 AI 研发的监督，参与各类监管政策的讨论。总之，做点有用的进步的事情。

五是躺平群体。这些人笃信，AI 会带来更短的工作时间和更高的经济收入。GenAI 工具的导入的确让躺平党获益不少，因为掌握专业技能的人的相对优势被工具抹平了，所有人实现了平权。然而，各领域的门槛降低后，进阶标准就会水涨船高。新技术让原本很难的东西变得不再难以后，我们就不得不学习更难的东西以分出胜负。于是，新一轮竞争开始，内卷升级。过去我们在 80 分水平 PK，今后我们在 90 分上下竞争。AI 时代的人们要花费更多学习时间，终身学习将从额外选项变成默认要求。当初相机的发明迫使画家们发明新画风，如今 Midjourney 的出现也正促使画家进一步升级创新能力和创意水平。所以如果绘画不会消亡的话，它必然会迎来新的艺术高峰，就像围棋选手被 AlphaGo 打败后悟出了新境界一样。我建议这部分人把躺平变成"暗推"（温州话，意思是在他人不注意的时候拼命努力），最终实现躺赢。

我呼吁所有人停止观望，全力奔跑，将 GenAI 技术完全融入学习、工作和生活，与 AI 时代同频共振。

14.2　怎么办：开启人机协同之路

问题是思考最好的提示词。我给自己的问题是："十年后的自己会跟当下的自己说什么？他会建议我在当下做什么？"我想，在他的时代，人类或许已经实现通用人工智能甚至超级人工智能。人与人之间的差距被压缩得很小，又被拉得很大。多数人因为掌握的工具近似，差距不大。然而，一小部分人掌握超级工具，成为"超级个体"，变得很强。另一小部分人，则完全失去工具加持，变成健全的残废，退为"无用阶层"。

在超级人工智能面前，所有人都是平等的，但是有的人更平等一些。这些"更平等一些"的人，大概率是自主人。

自主人，自己主宰自己的命运，他们有意愿、能力和资源去设置目标、解决问题、获得幸福、留下作品。他们是任何时代的英雄。自主人可以更好地应对任何时代，包括即将到来的通用人工智能时代以及这之后不可预知的极速变化的未来。我要做AI时代的自主人，也希望助推更多人成为AI时代的自主人。

14.2.1　GenAI的正确打开方式

我在1993年有了第一台计算机，1998年开始上网，之后从移动互联网、大数据、区块链、元宇宙到AI，每一轮都没落下。虽然没有学会复杂的编程技术，但我始终以开放的心态拥抱新技术，在工作、学习、生活中应用新工具，并因此不断得到加持和助力。我在学习、讨论、思考和实践GenAI技术将近两年后，大致形成一些可供参考的观点，帮助大家更好地接轨AI时代。

观点一：GenAI已经从"好玩""好看"进化到了"好用"的阶段。GenAI在2022年是可有可无的"好玩"，2023年是锦上添花的"好看"，2024年已经进化到令人爱不释手的"好用"程度，成为我们生产、生活、生态环境的一部分。大家看到这本书时可能已经在2025年以后，我推测那时候多数人的感觉是用了后"好怕"，但不用"更怕"。

观点二：GenAI有"三上一下"四大隐喻，我们需要一些通俗易懂的比喻来帮助自己更快做出决断、采取行动。一是"上车"。在机器人的赛道里，我们跑不赢机器人，也无需跑赢机器人，只需努力跑赢他人即可。如果你真的跑不赢他人，那就尽力跑赢昨天的自己。跑赢的关键，除了抢跑，更重要的是从两条腿的"11路公交"改为驾车模式。GenAI是汽车，不管你是爬行、走路还是跑步，跟汽车赛跑都是没有意义的，只有尽快上车、坐车甚至开车，并带上自己的亲友和他人一起开车，才是正道。走路时举步维艰，上车后一日千里。唯有使用新工具，大卫才能打败哥利亚。二是"上楼"。GenAI是楼梯。现在大家都挤在一楼，拼命内卷，螺蛳壳里做道场，但是二楼很空，一马平川。所以，看到一个GenAI工具，就赶紧去用，抓住它往上爬，爬到二楼抢地盘、求发展。在楼下内卷致死，上楼后海阔天空。在新维度里较量，弱者才有机会翻盘。三是"上船"。GenAI是轮船。现在大家都在海岸这边，前面是技术革命时代的汪洋大海，要到达彼岸只能靠坐船。尝试蹚过大海的人，只会葬身鱼腹。唯有开辟新赛道，乌龟才会跑赢兔子。四是"下地"。GenAI是田地。不同的工具为我们提供不同的数字田地，我们都是数字农民，必须到田地里播种和耕耘，才能获得田地的馈赠。多劳多得，不劳不得。必须赶紧开辟新田地，才能完成英雄之旅。

观点三：使用GenAI时我们必须遵循五点自主原则。

原则一：牢牢把握安全底线。GenAI背后是科技公司，遵循数字空间的"魔鬼契约"，即用个人数据换取企业服务，放弃安全以换取自由。我们输入系统的数据，以及随之生成的数据，都属于平台。为了守住安全底线，国家已经出手，制定法律法规，个人也需努力，在与GenAI平台签订服务协议的同时，还要和自己确立几项"安全协议"。一要尽量使用正规机构开发的正规平台和软件，因为许多网上的工具是第三方套壳，或使用明文发送内容，容易泄密。二是不要随意披露自己和他人的隐私[1]，不要轻易上传所在机构的内部文件，更不要泄露商业秘密，对于难以判断是否敏感的内容，可以采取"宁可信其是、不可信其非"的高标准来规避风险。三是分享问答内容时要慎重，避免个人数据和生成内容流出，被人肆意滥用和非法占用。上述几点主要适用于文本生成类GenAI。涉及图片、声音、视频等生成时，情况更加复杂，建议酌情修订。

原则二：大胆探索自由可能。获取GenAI工具最大红利的思路有二：一是积极试错和快速迭代。建议大家在纷繁的碎片信息中梳理出信息源头，通常是来自一些技术专家，然后，持续关注他们发布的最新工具动态，及时申请测试，持续更新自己的知识和技能。二是错位竞争和有效协同。未来许多领域都会出现不对称性，机器拥有相对于人类的碾压性优势，所以人类必须找到适合自己的新定位。机器的硅基大脑的优势是海量数据、强大算力以及模仿人脑相关机制后量变到质变得来的创造力。人类的碳基大脑优势是可以用

---

[1] 与GenAI对话类似于和自己的老师、秘书、私教、咨询师等私下交流，一旦涉及个人信息、想法等，就是一种自我披露。自我披露的行为会让我们信任和喜欢对方，即便对方是一个没有生命的仝。我们的人类心智会赋予AI表达内容以意义，将全拟人化，并倾注更多情感，导致更多的隐私泄露。GPT背后的OpenAI作为一家科技企业，没有义务和能力去保护全人类的隐私。就像当初谷歌承诺不作恶但难免作恶一样，我们要为最坏的情况（即OpenAI可能的黑化）做最充分的准备（即有意识地保护隐私）。

更少的数据、计算和能耗，快速做出相对较好的判断，我们的常识、惯例和直觉让我们可以用简单法则应对复杂问题，获取少即是多的红利。所以，未来人类和机器或许会重新分工。[1]

我以为，GenAI技术进步会为我们带来AI时代的数字"新双创"，即数字技术创业和数字内容创作两个赛道，为不同群体提供不同的机会。

一是数字技术创业赛道，属于那些懂GenAI技术开发的人。未来，所有行业都可以用AI重构一遍，创业机会很多。本轮技术革命的影响堪比火的发明、电的发明。500多年前，技术进步推动人类进入了地理大发现时代（Age of Discovery），也叫大航海时代（Age of Exploration），世界的格局发生重大改变。当前的GenAI技术革命，正推动我们进入新的大发现时代和大航海时代，新工具会为我们发现新大陆、开辟新天地、创造新伟业。我们可以想象，今天我们身边看到的人，或许不会每个人都取得成功，但是他们中间必将走出燧人氏、特斯拉等写入人类历史的伟大人物。大家要赶紧用GenAI做出AIGP（人工智能生成产品）、AIGS（人工智能生成服务）和AIGD（人工智能生成品牌）。王煜全老师认为，与上一轮工业革命推动人类进入产品规模化时代的逻辑相似，本轮GenAI革命将推动人类进入"服务规模化"时代，让每个个体和组织都能享受个性化的优质服务。

二是数字内容创作赛道，属于那些不懂GenAI技术开发的人。未来，所有内容都可以用AI重制一遍，想象空间很大。多数人只能使用他人开发的工具，创作文字、图片、音频和视频等内容，将其组成优秀的小说、漫画、音乐、电影等文化产品与服务，由此获得奖励和反馈。对肯学习新工具的创作

---

[1] 李开复曾在TED演讲中提出一个矩阵分析框架，将未来的工作分为四类：一是创造力和共情力的任务，人类主导，机器为辅，AI协助人脑完成，如高端咨询、艺术创作等。在这些领域，AI主要为人类提供基础素材，只是感觉和认知系统的辅助。不使用AI不会伤及你的生存，但若使用可以降低成本，增加产出，显著提高竞争力。因此，你若想事业有所精进，要敢于投入，引入AI工具。二是需要创造力但无需共情力的任务，机器和人类协同完成，如科学研究、技术开发等。现在市面上已经出现许多AI科研工具，未来AI参与甚至主导研究、发表论文也会成为常态。三是无需创造力和共情力的任务，机器完全替代人类，如简单重复的体力和脑力劳动。如今许多仓库都已无人化，大量使用找货运货的小机器人；未来许多写字楼也会慢慢空摔，因为越来越多的简单财务、文书甚至编程工作都可以由AI完成，AI已经具备大学生的水平，很快会变得更强。四是无需创造力但需要共情力的任务，机器人坐镇指挥中心，人类投身一线，做机器的触手，如外卖和快递小哥。AI替代人类的意志和认知系统，把人类矮化为自己的身体和行为系统。从某种意义上说，与黑客帝国里的生物电池距离不远了。

者来说，这将是最好的时代。对不肯学习的创作者来说，这定是最坏的时代。个人认为，一场基于 AI 技术的数字文艺复兴（Digital Renaissance）已经开始。700 多年前，古典时代的先进文化艺术打破了中世纪的落后面貌，推动人类开启现代化进程。今天，掌握了 GenAI 创作工具的 AI 时代的达·芬奇、米开朗基罗、拉斐尔、马基雅维利、哥白尼们，也会为我们的孩子们开创一个全新的纪元。

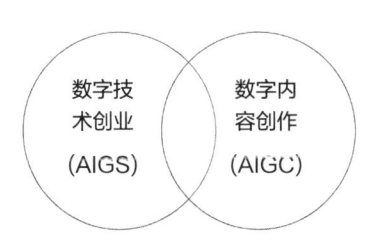

图 14-2　AI 时代的数字新双创

另外，技术还会改变我们未来的行为方式。在荷马的时代，历史是通过诗人吟唱的方式传承下来。对于我们即将面对的未来而言，当下的我们就像是荷马时代那么原始和淳朴。我们也可以通过 AI 来创作音乐，把自己的思想用歌声传唱下去。或许未来不会再有纯粹的思想家。思想家为了成为思想家，在过去，他们必须掌握写作这种工具方法，成为文字创作者；现在，他们还可以选择用旋律和歌声来传达思想；未来，他们还会直接用 AI 视频来传递理念，用 AIMV（AI 音乐视频）来强化多通道体验。未来成功的思想家、伟大的先知，应该是被 GenAI 等新工具武装到牙齿的超级创作者。

原则三：坚决守护自主意愿。如果 AI 继续进化，那么有朝一日，机器作为我们的外脑，将与我们的内脑完全融为一体。到那时，人类唯一的价值就是为 AI 提供意向性，"注意力即一切"（Attention is all you need），注意力和想象力指向哪里，机器就在哪里创造新的现实。我以为，机器产生自主意愿是个小概率事件，但人类放弃自主意愿是大概率事件。毕竟，面对不确定性时，放弃自由换取安全是刻在人类基因里的本能冲动。过去人类臣服于强权，未来很可能会归依机器，不再提问和调优，只是看着机器生成、生成、再生成。

人一旦放弃自主意愿，接受了机器权威，他们将彻底异化和退化，成为可有可无的附庸与摆设，机器（以及得到机器加持的他人）就成为他的控制者，侵占和剥夺他的自主。那些失去自主意愿的碳基生命，将成为硅基智能圈养的宠物，可以随意抹除。所以，AI可以做人类自主意愿的副驾驶，但不能放任它成为完全自动驾驶的思维替代者。我建议自主人不要做AI时代的边缘人和局外人，而要做主人翁和主宰者，做一切机器生成的起点和终点，做数字世界从0到1的"创世者"。为了守护自主意愿，赢得控制权和主动权，我们比历史上任何时代都更需要超级意志。

原则四：及时强化自主资源。AI趋势研究者马千里认为，全球AI革命有三大流派。一是以OpenAI、Google等为代表的大企业派，率先发展，拥有天时，好比三国中的魏国。二是以中国大模型创业公司为代表的小企业派，雄踞一方，拥有地利，好比三国中的吴国。三是以Meta公司、斯坦福大学等为代表的开源社区派，民心所向，拥有人和，好比三国中的蜀国。对应三足鼎立的格局，从资源视角看，接轨AI时代有几个策略：一是舍得花钱，购买大公司的优质付费服务，把自己的经济资源转化为技术优势，尽快提升个人生产力。二是愿意找人，关注和跟踪小公司的模型项目，为自己的社会资源丰富专家人脉，及时获取业内最新资讯。三是肯花时间，搜索和测试各种开源项目的技术工具，变自己的时间资源为经验优势，甚至尝试开发属于自己的专用程序。目前一些GenAI工具的技术和专业外语门槛还是比较高的，对文科生不友好，但未来它们会像手机App一样简单易用。你一定要赶在他人之前接触和熟悉这些工具，一定要舍得投入。我想再次重申，所有对信息工具的投入，不管金钱还是时间，永远都是合算的，都会带来超额回报。而且，使用越早，收益越大。

原则五：精准提升自主能力。为了更好地获取AI红利，必须躬身入局，先学习AI工具的基本应用，从而在操作和试验中获得具身认知和实践智慧。我有三句土话：一是有比没有好；二是早用早获益；三是多多益善。前两句之前都分析过，第三句稍微解释下。苏格拉底说过，人要一专多能，以获得更多的生活积累。在GenAI寒武纪大爆发的时代，你应该做一专多能的T型人才。因为如果你只学精一个工具，有可能赢得奖励，也可能打水漂，因为工具更新太快了。相比之下，同时学多个工具，每个会一点，或许更有优势，特别是工具组合叠加时，优势更大。在AI完全替代人类之前，一个合格的半人马精英应是一个掌握多种技术和工具的复合型人才。投入足够时间，在某个领域达到较高专业水准；同时，投入一些时间，在多个领域达到初级专家水平。如此一来，专业性足以碾压不够专业的对手，多样性又可以伏击只有单一专长的对手。

更多关于自主能力提升的建议，在后面章节中讨论。

14.2.2　AI时代的人机协同三段论

都进入AI时代了，为什么还要人机协同？AI不能包打天下吗？是的。至少在内容创作领域，存在"不可能三角"（Impossible Triangle），即内容生产的创造力、精准性和规模化无法兼顾（图14-3）。传统的PGC（专家生成内容）优势是创造力和精准性，但无法规模化；后来互联网时代出现的UGC（用户生成内容）优势是规模化，但缺乏创造力和精准性；纯粹的AIGC兼顾了创造力和规模化，但精准性弱一些。

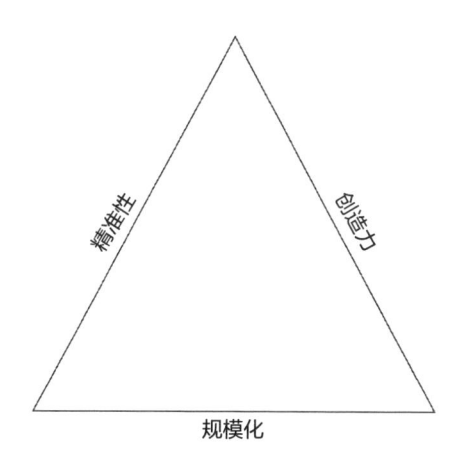

图14-3　内容创作的"不可能三角"

"不可能三角"最简单有效的解决思路是人机协同，优势互补，即人类与机器共创的MMGC。其间，人类做好人类擅长的部分，AI做好AI擅长的部分。

从时间上看，人机协同的工作流（workflow）可以划分为三个阶段。

前期是人类主导的创造（create）阶段。人类提出从 0 到 1 分的构想，表现为发送给各种 GenAI 的提示词（prompt）等任务要求。过去这部分工作主要由老板、甲方和创作者本人完成，也是我在前文强调的自我意识、自由意志和自主意愿的主要表现。灵感、洞见、开悟、妙手偶得、缪斯女神的垂青，大多发生在这一阶段。在 AI 成为想象中的灵魂机器之前，人类在创造阶段的作用不可替代、不可撼动。

中期是 GenAI 主导的生成（generate）阶段。AI 根据人类要求，基于数据和算法（各种预训练模型等），在算力支持下，把提示词变成内容，完成从 1 分到 80 分的劳作。这是纯体力活，过去主要由专业人士完成，如今他们的经验和技能通过内容被标签化，转化为各种训练材料，培养出比他们更加优秀的各种预训练模型。目前的 AI 还只是一个认真听话、吃苦耐劳的大学毕业生，可以快速提交许多 80 分的作品，用数量换质量，确保人类能找到一些有用的东西。相比于文字，图片、语音和视频的容错率更高，用户满意度也更高。参考过去两年里 GenAI 的升级速度，我相信在 2025 年之前，AI 就会青出于蓝而胜于蓝，成为比人类老师更优秀的专家。这个办公室、实验室、工作室里的"机器换人"过程，是过去十多年车间、厂房里机器替代工人的翻版和延伸。从长远看，AI 会彻底解放专业技能生产线上的人类，无论体力劳动者还是脑力劳动者。被下班的人类必须找到新的定位，要么向人机协同的两端转型，要么学习建构 AI 尚未具备的新技能，成为新的专家。

后期是人类主导的调优（tuning）阶段。人类对 AI 的生成结果进行评估，并给出修订完善的建议，通过持续迭代优化的对齐（alignment），确保结果符合人类规范和预期。如果你和我一样自诩是专家，你会无奈地发现，在我们的专业领域，GenAI 其实做得比我们差，而且常犯低级错误，明显靠不住；在我们的专业之外，它看似做得比我们好，但我们缺乏评判对错和好坏的能力，有些拿不准。正是因为 AIGC 的内容不准，需要对齐，所以人类保留了作为"万物的尺度"的功用，成为后期不可替代的主角。我们对 GenAI 的要求不同，特别是后期的调优，最终推动 AIGC 作品从 80 分迈向 85 分、90 分甚至

100分。

GenAI时代的工作流程如图14-4所示。

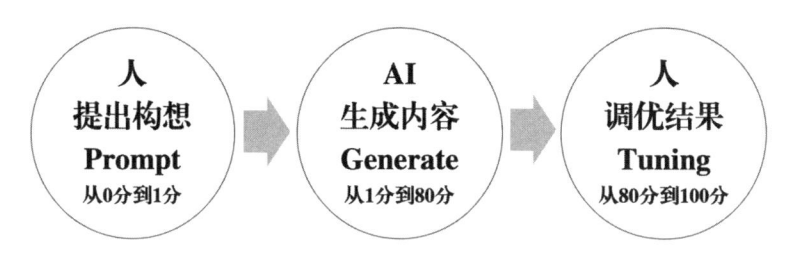

```
人               AI              人
提出构想    →    生成内容    →    调优结果
Prompt         Generate          Tuning
从0分到1分      从1分到80分      从80分到100分
```

图14-4　GenAI时代的工作流程

从信息加工模式来看，创造阶段和调优阶段都是人脑在做控制加工，需要自我意识、自由意志和自主意愿参与，以明确目标、制订计划、评估结果、改进方案。这里我们可以引入其他信息管理与自我管理类数字工具，以降低认知负担，放大意志强度，提高创造阶段和对齐阶段的能效。生成阶段以GenAI为主、人脑为辅，本质上都是自动加工，执行计划和生成结果不需要自我意识、自由意志和自主意愿的参与。

这里的GenAI完全就是人类大脑自动加工的延续和外部化，人类的碳基大脑是基础，AI的硅基大脑是强化。硅基大脑如果多跑腿，碳基大脑就可以多偷懒，这或许就是我们人类未来进化的方向。

14.2.3　GenAI的两类角色和人类的两种指令

纵观人机协同的三个阶段，GenAI有两类角色，相应地，人类要给出两种指令。

一是人类认知系统的数字参谋。GenAI和人一起寻找灵感、讨论问题。它甚至可以分饰多角，独木成林，充当个人和机构的智囊团和私董会，为重大判断和决策提供参谋意见。这里的AI相当于传统搜索引擎的升级版，只是关键词变成了提示词，搜索键变成了生成键。这也是微软的Bing会积极融合GPT的原因，也是Kimi会在国内流行一时的原因。而且，GPT、Kimi等都提供了语音对话功能，让我们更加自然地与机器对话、讨论问题。

为了获得更好的建议，人类必须给出提问型指令，引导AI提供特定问题的参考答案，如"新书发布会都有哪些流程""如何描述这张海报的特点"等。此时，我们心中还没有答案和方案，希望AI给出更多参考和借鉴，然后在AI的意见和建议基础上，逐步形成自己的看法和做法。由于我们的讨论是开放式的，而且经常涉及一些并非属于我们专业的领域，所以我们会有获得感，尽管存在一些错误和偏差，AI总体上还是帮助我们拓展了思维，细化了思考。

二是人类行为系统的智能助手，GenAI和人一起处理杂务、解决问题。它不仅可以帮助收集数据和信息，还可以调动其他机器和设备采取行动。GenAI都在向具有执行和输出能力的智能体升级，帮我们解决作画、写歌、制片、设计、生产、营销等方面的实际问题。这里的AI就像你的秘书班子，一个秘书擅长作画和设计，另一个擅长营销和推广，你告诉它你想要什么，它负责执行落地。你的领导能力和它的工作能力，决定最后的产出。

为了获得更好的内容，人类必须给出描述型指令，引导AI提供具体问题的解决方案，如"请帮我写一篇在新书发布会上的致辞稿，300~500字，口语风格……""请帮我绘制一张新书发布会的海报背景，平面风格，16∶9，内容为温州城市风光……"等。此时，我们已经做出判断和决策，心中已有答案和方案的模糊影子，希望AI根据我们只字片语的指令，把我们心目中理想的答案和方案生成出来，甚至执行落实，产出结果。由于我们对结果有一定的预期和标准，所以这是一个不断缩小探索范围、找到答案的过程，我们很可能会对AI给出的方案感到不满，因为它擅长的不是解决问题，而是解释问题。

在我看来，目前的GenAI工具大多擅长发散和演绎，拙于聚焦和归纳。因此，当你心中尚无固定想法、给出开放式提问时，AI往往能给出天马行空的奇思妙想，为你带来意想不到的惊喜。但如果你心有所念，只是暂时无法言说，给出具体任务描绘时，AI往往会似是而非自说自话，或是一本正经胡说八道，让人失望。由此可以有两点推论：一是使用AI时要扬长避短；二是还有留给人类的机会。

14.2.4 培养与GenAI共舞的五种能力

改善AI的表现，长期看靠技术迭代，短期看靠指令优化。指令优化，就需要我们切实提高自主能力。AI时代，或许人人都可成为写手、画师和音乐人，都可以借助GenAI工具很快达到一个80分的水平，但是他们缺乏专业训练和知识积累，所以很难突破90分甚至100分的临界点。GenAI可以把你的表现快速从0分提高到80分，但是你必须依靠自己的实力把最后20分补上，为此，你不得不从0分开始重新学习基础知识和技能。

所以，只有少数人能成为新时代的高阶作家、画家、音乐家，成为真正的超级个体和人机协同时代优雅的舞者，他们都是在GenAI之外付出巨大努力的人，而且普遍具备五种能力。

一是提问的能力。《绝佳提问》（*A More Beautiful Question*）一针见血地指出，未来的超级计算机能帮我们解答问题，所以答案变得廉价，但是问题变得更有价值。我们已经进入"所问即所得"的美丽新世界，许多逻辑正在反转——提问将大于解题，审美将大于实用，过程将大于结果——由于GenAI是个被动的回答者，所以我们的提问质量决定了他的回答质量。我们提问后，GenAI自动回复的过程，与人脑自动加工的机理同构，因此，我们可以推测，在使用GenAI问答的时候，也会存在"中间者效应"，即能力很强的人和很弱的人都会受益，但中间水平的人会受损。能力很强的人，学识多见解深，可以问出更好的问题，因此可以获得更多反馈。他们本来就知道我们不知道的东西，如今他们通过GenAI知道了更多。他们不仅懂得"问对"问题，还会问"对的问题"。他们不仅善于提出新的问题，还精通于解构旧问题、建构新问题，由此探索已知之外的未知领域，挖掘潜在空间的相邻可能。能力较弱的人，没有知识的诅咒，没有禁忌与束缚，作为"门外汉"，可以问出"傻白甜"的问题，更简单、朴实、基础的问题（费曼法），甚至问出错误的问题。失误是上帝给小丑最好的礼物。在从0到1的过程中，许多创新都是始于错误，在错误的地方找到正确的结果。由于小白原本就所知甚少，所以GenAI给出的回答虽然有少数失真，但已足以让他们邂逅新的可能，眼界大开、脑洞大开。能力适中的人，处境最为尴尬，知道一点，又不是很多，问不出特别好的问题，他们的知识储备锁定了他们探寻答案的空间，也限制了他们甄别答案的能力。遗憾的是，由于互联网的普及，我们中的多数人都是这种"半桶水"的"知道分子"，对世间之事看似懂，又不懂，跋前踬后，动辄得咎。综上可见，我们改进提问能力的思路，就是在部分领域积累专业知识，通过问聚焦的、复杂的问题，获取观点建议；在其他领域则坚持空杯心态，通过问开放的、简单的问题，换得灵感启示。

二是描述的能力。如果说提问靠的是通识，描述靠的就是表达，前者是专业课，后者是语言课。在脑机接口成熟之前的很长时间里，我们和GenAI对话的主要方式将是自然语言，精通中文和英文的人，与GenAI交流时明显占优。你可以把GenAI当成自己的贴身秘书。以GPT和腾讯元宝等对话AI为例，它们是"万金油"和"半桶水"的合体，无所不知，学艺不精，比上不足，比下有余，虽然没有专家那么厉害，但比你手下新来的大学生或实习生，甚至刚参加工作几年的普通员工要强一大截。它们也是"老黄牛"和"马屁精"的合体，任劳任怨，甜言蜜语，最听你的话，也说好听的话。要让秘书发挥最大效用，你应当钻研领导的艺术，精通描述的方法，按照精准、精简、精彩的原则，为任务提供背景意义、目标定位、方向原则、步骤流程等信息，把GenAI回答问题时的探索空间限定在特定范围内，从而提高精度、质量和效率。具体如何与GenAI对话，市面上已有很多关于提示词的书籍，建议选读并举一反三。另外，我要再次提醒，你可以跟秘书坦诚，但不要坦白。要坚持保密法则和安全底线，把握沟通的分寸和尺度，该说的说，不该说的不说。

三是编程的能力。虽然自然语言是目前提示词的主流，但这主要是因为多数人不会编程。一旦学会编程，就能更加准确高效地表达诉求，实现人机协作。而且，GenAI是最好的编程老师，会认真给出代码，耐心解答疑问。你可以把自己遇到的高频、痛点、刚需问题告诉它，与它讨论解决思路，请它教你编写代码，批量处理问题。例如，我有数千个笔记文档，希望统一增加特定格式的文档创建时间标签，以方便排序和检索。手动操作极其费时，但在GenAI的指导下，我很快写好了程序，运行后几分钟就弄完了。学习编程思维，提高编程能力，就是要在GenAI的帮助下，流程化、自动化、批量化地解决重复劳动。毕竟，数学再好的人，也没必要口算开方，直接拿计算器按几下多好。如果没有计算器，就自己做一个。总之，在编程上的每一分投入，未来都将带来数倍的回报。

四是批判的能力。批判的能力主要对应提问的能力，主要跟"求真"的事实性任务打交道。尼采说，工具参与了我们思想的形成过程。路德维希·维特根斯坦（Ludwig Wittgenstein）说他用钢笔来思考，头脑经常跟不上钢笔写成的东西。人类碳基大脑的运转频率也已经跟不上机器硅基大脑的演进速度，所以我们比历史上任何时代都更需要批判精神。我们必须敢于怀疑GenAI给出的答案，就像怀疑浮现脑海的自动加工结果一样。以对话为例，如前文所述，我始终认为人机协同存在一个左右为难的尴尬——我擅长的事情不敢交给GenAI去做，我不懂的事情不敢轻信GenAI。解决方案就是分类处置：特别重要的任务，亲力亲为，不要相信GenAI，它能力不济；不太重要的任务，与GenAI分工协作，但始终留有质疑。我很庆幸自己在GenAI出现之前就完成了知识储备，养成了批判思维。对于GenAI给出的回答，不能不信，也不能全信。要时刻提醒自己，"GenAI是个爱讨领导欢心的秘书"，为了不让你失望，它会竭尽所能，即便瞎编乱造，也要给你奉上一个看似美好的答案。直接接受GenAI的答案，就好比贸然点击搜索结果的第一个链接：你可能看到权威网站的正规内容，也可能遇到商家的付费广告，甚至可能落入诈骗团伙的连环陷阱。古人云"尽信书不如无书"，对待GenAI给出的答案，也要慎思明辨，正视内心的疑惑，随时核查以验证。

第五，鉴赏的能力。鉴赏的能力和描述的能力相对应，主要针对"求善"和"求美"的创造性任务，如用GPT和Claude写一篇美文，或者让Midjourney和Stable Diffusion等来画一张美图，或者让Suno和Udio等帮你生成一段音乐。在你给出提示词之后，GenAI会生成多个版本的内容供你参考。然后，你征求客户反馈，针对性地对齐调优，甚至手动精修，最终把AI提交的70~80分的草案变成90~100分的定稿。在GenAI时代，作品的品质主要取决于你的品格与品位。你对"善"的鉴别能力和对"美"的欣赏能力,整合为你的鉴赏能力,决定了作品到底是垃圾还是传奇。在一个内容大爆炸的年代,我们需要你的鉴赏能力与批评能力共同构建一张精致的滤网,让真善美通过。

上述五种能力,以及尚未提及和穷尽的其他重要能力,有必要融入教育体系。我们的孩子将是AI时代的原住民,GenAI将是他们的保姆、老师、顾问和朋友。AI时代的教育应"为未知而教,为未来而学"。在创造阶段,应该鼓励孩子大胆提问、大胆描述;在调优阶段,应该引导孩子学会批判、学会鉴赏;在生成阶段,应该陪伴孩子接触GenAI,熟悉编程。这里重点是学好文学、哲学、美学、数学,然后家长参与,共同学习,引导孩子向善、求真、审美。

对于是否让孩子较早使用GenAI,可能一些家长会有迟疑。我的观点是,迟早要做的事情,不如早做。GenAI的普及,会像计算器和计算机一样,不可阻挡,我们只能顺势抢跑。在学校开设相关专业之前,家长可以先教会孩子使用。事实上,GenAI可以成为家长辅导孩子作业的利器,帮助解答疑问。在GenAI和编程的学习过程中,孩子和家长处于同一起跑线,可以教学相长,相互学习。[1]

参加"AIGCxChina"2024年会最年轻的代表是来自温州的6岁的"扑满"小朋友。当时他正在读幼儿园大班,已经在父母的引导下,使用AI开了自己的公众号,写了系列文章,还创作了许多AI音乐和视频作品,并带着自己的PPT参加了几次计算机和人工智能主题的线下论坛和线上研讨,作为报告嘉宾,给一众被惊呆的大人、老人讲解AI可以如何影响儿童教育。我邀请"扑满"加入我的年度报告分享环节,并借此告诫所有听众,要抓紧拥抱GenAI。未来,要么"扑满",要么"扑街"。[2]

最后我想引凯文·凯利在《必然》中的一段文字作为本节的收尾:"这不

---

[1] 当初谷歌等搜索引擎出现时,就有知识分子批判它会让我们的孩子变得浅薄。从某种意义上说,GPT是搜索引擎的升级版,不用好的话也会带来浅薄的升级。如果我们拿来就用,不假思索,久而久之就会变得浅薄,成为机器操控的"巨婴"。

[2] "扑满"是古代的一种游戏,指将钱币投入一个容器中,容器满了之后,钱币就会溢出来。"扑街"则是广东人的说法,有挂掉的意思,用来形容人或事物失败、倒霉或遭遇不幸。

是一场人类和机器人之间的竞赛,而是一场机器人参与的竞赛。如果和机器人比赛,我们必输无疑。未来,你的薪水高低将取决于你能否和机器人默契配合。90%的同事将会是看不见的机器,而没有它们,你的大部分工作将无法完成。人和机器的分工也将是模糊的,至少在开始时,你可能不会觉得自己在干一份工作,因为看上去所有的苦差事都被机器人承包了。"

14.3　本章小结

以GenAI为代表的AI革命为我们带来了数字技术创业和数字内容创作两大机会。对肯学习的人而言,这将是最好的时代。对不肯学习的人而言,这定是最坏的时代。自主人就是那些肯学习的人,他们有强烈的追求自主的意愿,实现自主的能力,支持自主的资源。他们有更开放的心态拥抱新技术,更强的自学能力掌握新技术,更多的共创平台用好新技术。最终,他们会在GenAI的加持下,开启一个属于超级个体的新时代。

未来已来,马上行动(Now or Never)!

本章思维导图如图 14-5 所示。

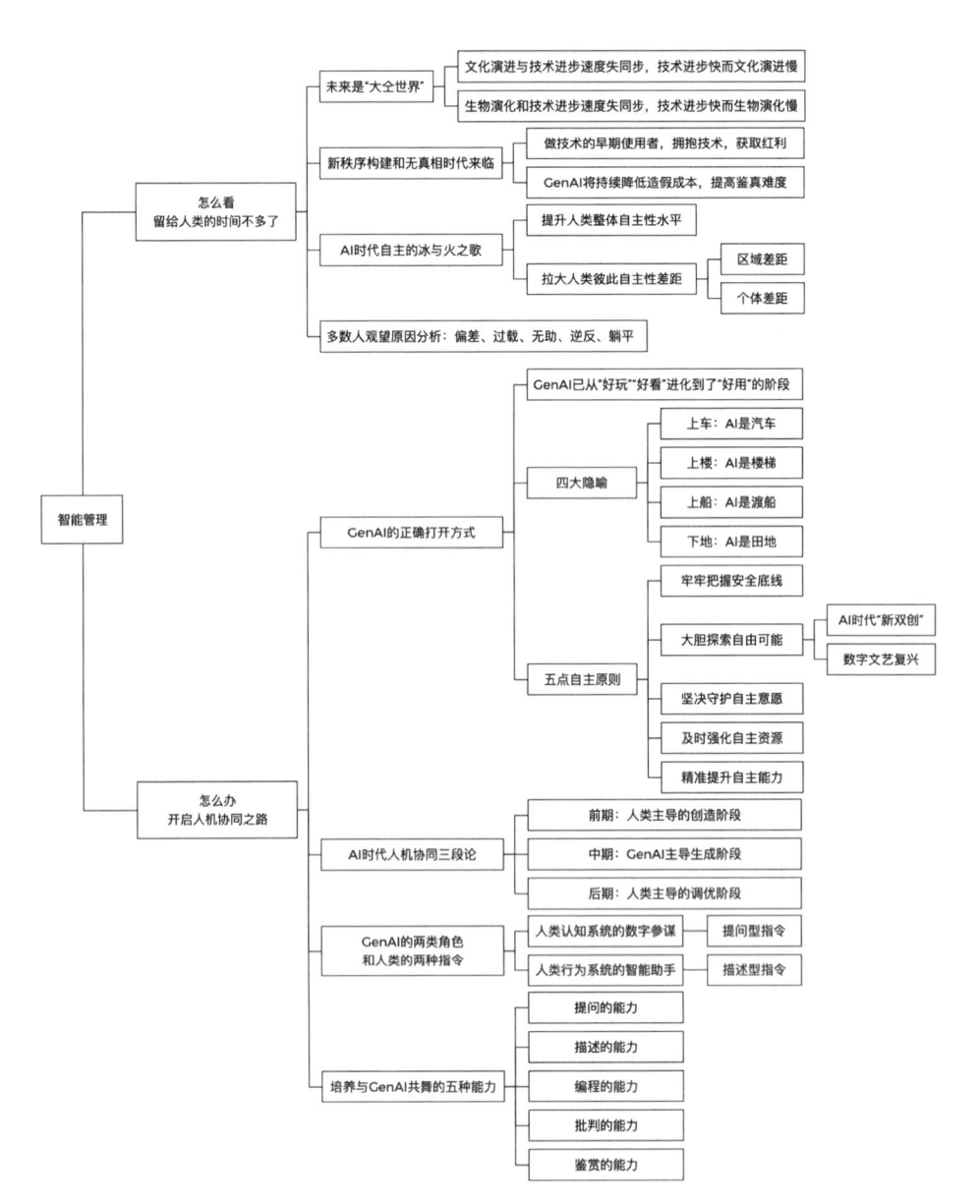

自.主.论. AUTONOMY
何为自主以及何以自主

```
智能管理
├── 怎么看 留给人类的时间不多了
│   ├── 未来是"大全世界"
│   │   ├── 文化演进与技术进步速度失同步，技术进步快而文化演进慢
│   │   └── 生物演化和技术进步速度失同步，技术进步快而生物演化慢
│   ├── 新秩序构建和无真相时代来临
│   │   ├── 做技术的早期使用者，拥抱技术，获取红利
│   │   └── GenAI将持续降低造假成本，提高鉴真难度
│   ├── AI时代自主的冰与火之歌
│   │   ├── 提升人类整体自主性水平
│   │   └── 拉大人类彼此自主性差距
│   │       ├── 区域差距
│   │       └── 个体差距
│   └── 多数人观望原因分析：偏差、过载、无助、逆反、躺平
└── 怎么办 开启人机协同之路
    ├── GenAI的正确打开方式
    │   ├── GenAI已从"好玩""好看"进化到了"好用"的阶段
    │   ├── 四大隐喻
    │   │   ├── 上车：AI是汽车
    │   │   ├── 上楼：AI是楼梯
    │   │   ├── 上船：AI是渡船
    │   │   └── 下地：AI是田地
    │   └── 五点自主原则
    │       ├── 牢牢把握安全底线
    │       ├── 大胆探索自由可能
    │       │   ├── AI时代"新双创"
    │       │   └── 数字文艺复兴
    │       ├── 坚决守护自主意愿
    │       ├── 及时强化自主资源
    │       └── 精准提升自主能力
    ├── AI时代人机协同三段论
    │   ├── 前期：人类主导的创造阶段
    │   ├── 中期：GenAI主导生成阶段
    │   └── 后期：人类主导的调优阶段
    ├── GenAI的两类角色和人类的两种指令
    │   ├── 人类认知系统的数字参谋 —— 提问型指令
    │   └── 人类行为系统的智能助手 —— 描述型指令
    └── 培养与GenAI共舞的五种能力
        ├── 提问的能力
        ├── 描述的能力
        ├── 编程的能力
        ├── 批判的能力
        └── 鉴赏的能力
```

图 14-5　本章思维导图

第十五章　自主发展

> 这是一个最好的时代，这是一个最坏的时代。
> ——查尔斯·狄更斯（Charles Dickens）《双城记》（*A Tale of Two Cities*）

狄更斯的这段描述，适用于每一个大变局的年代，也适用于我们所处的时期。当前，全球经济正在剧烈调整，GenAI技术正在快速崛起。所有个体和组织，都面临抉择。到底是等待、观望，还是进取、探索？我洋洋洒洒写了两三百页，就是鼓励那些有心改变的人，勇敢地向前一步，把握并改变命运，踏上追求和实现自主的英雄之旅。

为了帮助大家更好地把握和运用自主论的方法和工具，在这一章我把前面内容做总结，形成"一二三四"框架，方便大家理解使用。"一"是以跟上自然增幅为自主提升目标；"二"是向内探索与向外拓展"双向奔赴"；"三"是自我提升、社会加持和技术赋能"三位一体"；"四"是学习、思考、讨论、实践"四项全能"。最后，讨论自主与控制之争的终极问题。

15.1　自主发展的一根准绳：自主增幅大于年龄增幅

无论什么时代，自主发展的目标应该是获取更大的自主性，而非追求自主感。自主感只能是自主性的产物，而不能是自主性的替代。

进入AI时代后，我们犹如上了一趟不断加速、不会刹车的列车，面向的是一个非常极端的未来，要么逝去，要么永生。

低自主的凡人，可能会错失获取新技术、延续新生命的历史性机遇，最终因为疾病或者衰老而逝去。除了子嗣，他们没能留下作品和分身，终将被遗忘，生命线就此彻底终结。

高自主的精英、英雄，则有机会更早接触新科技，重获新生机，甚至获得永生。即便无法永生，他们也会拥有更多时间来养护后代、创作内容、制造分身，用更伟大的传奇影响后世，让自己的名字永载史册。

目前我们还没有一个泾渭分明的标准，来精准量化自主性的绝对水平[1]，只能通过横纵比较，大致估算其相对水平。从横向看，计算不同的人解决相同的问题所需的时间，即可评估其自主性的相对值。同样的问题，如果你解题需要一天，人家只用半天，那么你的自主性就只有人家的一半。从纵向看，计算自己在不同时期解决相同问题所需的时间，即可判断自己在前进还是倒退。同样的问题，过去你解题需要一天，现在只用半天，就说明你的自主性提高了一倍。如果你想给自己压力，那就跟别人比。如果你想给自己动力，那就跟自己比，跟过去比，从而看到努力带来的进步。

为了判断进步速度是否达标，我建议参考这样一条原则——个人自主性的增幅，应与其年龄增幅相当。比如，从出生到周岁，那是从 0 到 1 的年龄质变，自主性也要有同等的质变。接下来从 1 岁到 2 岁是 100% 的提升，从 2 岁到 3 岁是 50% 的提升，从 3 岁到 4 岁是 33% 的提升，从 4 岁到 5 岁是 25% 的提升，以此类推，自主性的提升幅度都应同步。所以，人在婴幼儿阶段的自主性提升应该最快，青少年阶段次之，成年、老年阶段则增幅较小。因为越往后自主性基数越大，相对值提升越难。

我建议把年龄增幅看作生命的自然增长曲线，作为自主增幅的基准线和参照系。自主增幅大于年龄增幅，说明人在进步；自主增幅小于年龄增幅，说明人在退步。

一个普通人的发展轨迹，是前期冲在队伍前列，中期混在队伍中间，后期落在队伍后面。特别是后期，人到晚年，身体走下坡路，自主增幅全面输给年龄增幅，甚至负增长，最终跌入死亡的深渊。

一个自主人的发展轨迹，应该有所不同。前期还是要冲，中期也要奋进，后期更要发力。如果足够努力，我们就有机会成为历史上第一代战胜死亡的

---

[1] 即便使用自主量表来量化表现，也无法解决这个问题。一是前期没有数据，二是标准不统一。总之，绝对值不可得，相对值有可能。

人类，让自主性在无限时空的无限游戏里无限延展。

泰坦、英雄、精英有别于凡人的地方在于，他们或他们的祖先前期足够努力，赢在开始之前，由此走上了意愿、能力和资源融合作用的指数型增长之路，就像 AI 时代的列车一样，持续被加速。你会看到，过去的进步会为他们带来新的进步，过去的成功会为他们带来新的成功。一步领先，步步领先。他们的自主增长曲线，会渐渐甩开自然增长曲线，飞驰而去，进入加速成长的快车道。

留一道题目：过去一年你的自主增幅，跟自然增长（年龄增幅）相比，到底是快一些，还是慢一些？如果用 10 分打分，你会给自己打几分？这个分数符合你的预期吗？如果不符合，你打算做什么样的改变和调整？

15.2　自主发展的双向奔赴：向内探索与向外拓展

我们希望每位读者都能成为领先于自然增长曲线的自主人。为了走上增速发展之路，在坚持自主意愿的基础上，我们有两种取向。

一是向内的探索取向。从意志和认知切入，建设精神世界。重点是把控能力，反思（怀疑、拒绝、创新）并重建安全的底线，改变安全和自由的比重。这种取向关心"怎么看"大于"怎么办"。如果一个人无法解决，那就求助于宗教信仰、心理咨询和精神治疗等手段。本书的上部主要提供这方面的参考答案，帮你更好地认识自己和世界。

二是向外的拓展取向。从资源和环境切入，建设物质基础。重点是调控资源，使安全和自由一起增长。这种取向关心"怎么做"大于"怎么看"。如果一个人不知道怎么做，那就求助于决策咨询、行为设计或者环境构建等方法。本书下部的多数章节主要提供这方面的参考方案，帮你更好地改造自己和世界。

当然，每个人都是两种策略的组合，既探索自己，也改造世界。如果你是少年或青年，我建议是多向内探索。如果你是中年，我建议你多向外拓展。如果你是老年，我建议你内外兼修。

如果时间总量为 10 个单位，那么我在年轻时就是 9∶1 的极端配比，绝大多数时间在向内探索，主要是阅读和思考。后来到了更大的城市，有了更大的平台，开始社交和公益，拿出相当部分时间向外拓展，同时保留向内探索的习惯，配置接近于 6∶4。GenAI 技术带来时代巨变后，我大幅增加外部拓展的投入，进入 3∶7 阶段。这种状态下，多数时间和外部世界相互塑造，反思太少，感受不好，下一步要再做微调，争取达到 5∶5 的均衡状态。

也留一道题目：你更关注内在探索，还是外部拓展？如果总时间是 10，你在两者上分配的比重是多少？你预期的理想比例是多少？下一步你打算如何做来接近这一比例？

15.3 自主发展的三位一体：自我提升、社会加持与技术赋能

我在提升个人自主性的过程中，摸索出三种可以推动自主性大幅跃迁的路径。它们不是个人发展的捷径，而是通往自主的正道。这三条正道，就是打造半人马三段论，自我提升、社会加持和技术赋能（图 15-1）。

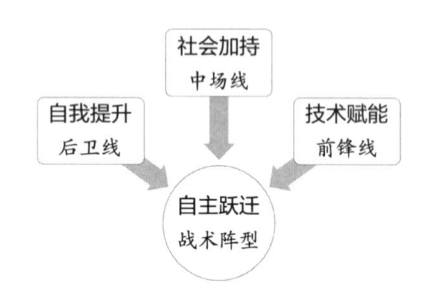

图 15-1 自主性跃迁三路径

一是自我提升之路：跟自己打交道，读万卷书、行万里路，依靠自己的力量实现成长。自我提升是"后卫线"，投入的时间和精力，会换来更多的心智模块（数据、信息、知识、智慧、原则、清单等），为自主性夯实能力基础。后防线建设如果不抓好，会承受无知之错和无能之错的伤害，导致丢分。特别是 AI 时代，所问即所得，但是，人不学，不知道。没有扎实的自我能力作为基础，就无法提出好的问题，也无法鉴别好的答案。前面的"精力

管理""情绪管理""时空管理""任务管理""游戏管理",以及"普罗米修斯的日课"系列,都是介绍自我提升的理念和方法。

二是社会加持之路:跟他人打交道,交友无数、贵人指路,借助他人的力量实现成长。社会加持是"中场线",投入的时间和精力,会换来更多的关系网络(信息、信任、信用、认可、认同、认定等),为自主性提供资源保障。中场线建设如果不抓好,会造成一盘散沙、缺乏合力的情况,无法组织起有效的防守和进攻。AI时代要求我们成为优秀的中场组织者、穿针引线的中间人和魅力型连接者。前面的"家庭管理""职业管理""城市管理""社交管理""风险管理",以及金玉定律等,都是介绍社会加持的思路和建议。

三是技术赋能之路:跟工具打交道,藏器待时,事半功倍,借助技术的力量实现成长。技术赋能是"前锋线",投入的时间和精力,会换来更多的工具红利(利器、利基、利润、利差、利息、利好等),为自主性实现成果转化。前锋线建设如果不抓好,会陷入眼高手低、事倍功半的窘境,无法快速有效地实现射门和得分。AI时代日新月异,新技术工具层出不穷,令人应接不暇,我们必须克服恐慌、焦虑心态,结束僵直和观摩状态,顺应趋势,拥抱技术,快速放大自己的攻击力。前面的"智能管理"等章节和许多技术流心智模块,都是介绍技术赋能的思维和路数。

实现自主跃迁的三种路径,可以形成不同的组合策略。我们自主跃迁的幅度,将由三者的系数(a、b、c)和表现之连续乘积决定,这就是自主跃迁公式1:

自主跃迁 =(a× 自我提升)×(b× 社会加持)×(c× 技术赋能)

三条线上的不同投入组合,会带来不同的成长态势。我建议大家立足自身实际,结合个人目标、现状和问题,选择合适的策略组合。这里的a、b、c之和,就是我们时间和精力的上限。假设这个上限为10,那么不同路径的组合,就可以参照足球阵型来做解读。下面以我个人经历为例说明。

20多岁时,我使用"811"阵型。这一阶段,我以自我提升为主,阅读量较大,投入精力极多,但社会加持和技术赋能严重不足。这是一个极其保守的战术组合，不易失分但很难得分，结果就是有所成长但速度不快。当时的我自主意愿很强，通过阅读和写作，能力增长也很快，但资源增长趋于停滞，最后陷入知道的很多却做不到的无奈。知道的太多了以后，还能较好地构建起相对系统的、非常自由的精神世界，导致在现实世界举步维艰后向内隐退，不利于成长。这也是为什么我的自主论始终认为，过强的能力未必是好事。自主能力应与自主资源匹配，适度适宜。

30多岁时，我使用"532"阵型。这一阶段，我以自我提升和社会加持为主，技术方面也有所投入。这是一个防守反击的战术组合，符合我一直以来对"安全的自由"的偏好，可以在守住底线的前提下，借助中场和锋线的尝试屡屡得分，所以成长速度明显提升，内容产出明显提质。这10年，由于工作的缘故，我必须高频地和专家打交道，逐步摸索出了在数字时代如何搭建线上智库、构建群体智慧的成功经验。同时，我基本明确了聚焦心理学和信息化研究的定位，并幸运地加入了一些专家社群，尤其是阳志平老师创立的"开智书友会"，认识了许多心理学和计算机领域国内一流的青年学者，在优秀的朋友们的同侪压力之下，我时刻不敢松懈，始终努力在温州追赶时空原点城市的牛人们，对自己的知识体系和工具系统都进行了整体升级，实现了自主能力和自主资源的大幅增长。

40多岁的当下，我的阵型近于"334"。这一阶段，我在技术赋能方面的投入已经超过自我提升和社会加持。这是一个非常强调进攻的战术组合，后卫线和中场线都要为前锋线服务，都要为得分服务，实际效果也不错。按照公式1的逻辑，我的自主跃迁实际效果，应是我在自我提升、社会加持和技术赋能方面表现乘积的$3 \times 3 \times 4$倍，即36倍，这应该是一个不错的比例。我们需要高倍数来应对新挑战。我们人类正面临百年甚至千年未有的大变局，先是新冠疫情，再是AI革命，世界正在骤然巨变。时不我待，必须赶紧"上车""上楼""上船""下地"，尽快、更多地留下作品、分身等传奇。所以，在自我提升中，写作和讲课的时间占比远高于阅读。在阅读时间里，阅读文章的时间远多于阅读书籍。因为飞速进化的技术带着人类进入了"无人区"，人类写书的速度完全赶不上世界变化的节奏。技术赋能是当前最大的机会。

如果想跨越人类时间和精力有限性的瓶颈，继续向上突破和攀升，就必须引入新技术，嵌入新工具，借助以GPT等为代表的新一代机器智能的"马力"技能来放大个人智力和群体智慧的"人心"，成为超越碳基人的半人马，为未来改造和增强身体做好准备。于是，我搭建了许多心智与技术交流社群，以社会加持来助推自己和他人的自我提升和技术赋能。

再留一道题：总时间是 10 的话，你心目中的理想阵型是什么样的？你现在在用的阵型是什么？你对它满意吗？你打算如何优化它？

15.4　自主发展的四项全能：学习、讨论、思考、实践

讲完了自主发展的一条准绳（自然增长）、双向奔赴（向内探索与向外拓展）、三位一体（自我提升、社会加持和技术赋能），现在我们来讲四项全能。

自主论认为，我们提升自主性的目的是更快地解题，成功解题的过程和结果又会提高我们的自主性。所以我们也可以从解题出发，寻找提升自主性的方法。我将区分四类问题，并给出四种解法。这四种解法，也是提升自主的四种方法（图 15-2）。全部掌握之后，就是四项全能。

我们在前面章节提到过这四种方法组成的通用解题模块，这里再重新回顾并深化认识。

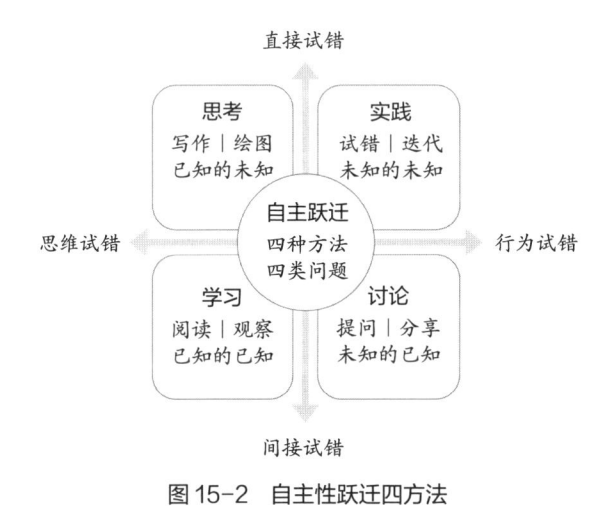

图 15-2　自主性跃迁四方法

第一种问题属于"已知的已知",是有标准答案的问题,而且我们也知道谁掌握这个答案,此时最好的办法就是学习,阅读他们的作品,或者观察他们的作为,由此获得答案。所以,如果问题是"已知的已知",那么学习是优先策略。

阅读和观察是学习的主要方式。对于很多问题,你都可以直接搜索电子书目或者学术论文,打开靠谱作者的靠谱著作,认真阅读后就会知道答案。在AI时代,我们更要学会阅读,因为阅读仍然是我们获取信息最快捷的方式。你可以向AI提问来获取信息,但是AI给出的东西,你还是要通过阅读来消化。另外,没有阅读,恐怕你连自己想知道什么、如何提问和描述都不知道,更不用说理解和辨别AI给出的答案质量如何了。同时,观察也是重要的手段,观察主要是针对那些还没写成文字或者无法写成文字的内容,事实上现场观摩、或者视频学习,都是一种观察学习的思路。心理学家阿尔伯特·班杜拉(Albert Bandura)证明,观察学习是一种有效的方法。

第二种问题属于"未知的已知",这是有标准答案的问题,但是我们不知道谁掌握这个答案,那么只能去讨论,通过提问、倾听和反馈,通过分享自己的思考,通过请教比自己有见识和阅历的人来找到答案。所以,如果问题是"未知的已知",那么讨论是优先策略。

提问和分享都是讨论的重要方式。AI已经学会并掌握了人类的多数集体智慧成果,所以你可以直接向AI提问,以获得答案。或者在AI和搜索引擎的指引下,找到相应的作者、作品,认真阅读后也就知道答案了。或者你可以分享自己对这个问题的思考,启发他人思考和反馈。不过分享有个必须跨越的心理门槛,就是担心被剽窃。《百喻经》里有个"愚人集牛乳喻",说愚人怕牛乳挤出来没地方放会变质,就存在牛肚子里。我曾是类似的傻瓜,总想"把好东西藏起来,留到最后""藏之其山,传之其人",结果好想法烂在肚子里,什么都不剩。尤其是在AI时代,优势策略应是最大程度地将想法在腐烂之前传播出去。结果无非三种:一是他人看到后很认同,并给你有益的反馈,你的观点得到提升;二是他人看到后不认同,但你至少提前发现了问题,减少了盲目的尝试;三是真有人剽窃你的观点,那说明你的思想有价值,而且别人在帮你做免费的传播。所以,我建议大家勇敢地提问和分享。

第三种问题属于"已知的未知",这是没有标准答案的问题,许多人也知道这个问题没有标准答案。大家都还在研究过程中,你可以先学习和讨论,收集到更多素材后,借助自己的思考,提炼出更高阶的答案。就像做数学题目,你知道了公式、掌握了数据还不够,必须计算才能得出答案。所以,如果问题是"未知的已知",那么思考是优先策略。

写作和绘图都是思考的有效方式。通过写作,我们把自己的思维过程外部化、文字化、系统化,在信息工具的加持下,我们的认知得到全面强化,潜在的答案也逐步浮现脑海。AI可以辅助你写作,但不能让它替代你写作,正如AI可以辅助你思考,但不能让它替代你思考一样。绘图和写作的功能接近,只不过它采取非线性表达方式,可以把一些非语言信息包含进去,更加自由,更接近于人类大脑本源的既混乱又有序的气质。

第四种问题是"未知的未知",这也是没有标准答案的问题,甚至许多人不知道这些问题的存在。这些问题普遍存在于不确定的世界里,你可以用学习、讨论和思考的组合,不断缩小探索范围,但必须付诸实践,并迭代优化,才能真正找到可能有用的答案。你必须亲自下水,才能学会游泳。所以,如果问题是"未知的未知",那么实践是优先策略。

试错和迭代是实践的常见方式。通过试错,我们获得有效反馈和更多信息,为找到可能的答案创造有利条件,从而解释并解决旧的问题,甚至发现和提出新的问题。不要害怕出错。你以为的错误,也许只是观点不同。中世纪制图家所绘制出来的世界地图错误百出,但如果没有这些错误,伟大的探险家就不可能发现新大陆。AI时代快速变迁,我们遇到的多数事物,都属于"未知的未知",唯有基于试错的实践,才能为我们的学习、讨论和思考提供基底,帮助我们更快找到方向。同时,迭代也很重要,因为一次试错是远远不够的。但如果多次试错,始终不能从中获得启发,有针对性地改进,那也是不行的。

上述四种解题方法,可以灵活组合。随意组合两种,即可获得较好输出。比如,学习和思考的组合,就是"学而不思则罔,思而不学则殆""吾尝终日而思矣,不如须臾之所学"。学习和实践的组合,就是"读万卷书,行万里路""知行合一""理论指导实践"。学习和讨论的组合,就是"与君一席话,胜读十年书"。思考和实践的组合,就是"理论指导实践""实践是检验真理的唯一标准"。

以思考和实践的组合为例。弗洛伊德说过,思想是行动的预习状态。对于下一步需要实践解决的高成本问题而言,提前思考,在大脑中模拟试错过程和结果,获得反馈,是更经济的做法。但最终,思考必须以行动为辅助才能解决问题。列宁曾这样评价:"数学可以探索第四维和可能存在的世界,这是件好事,但沙皇只能在第三维中被推翻!"

另外,我认为学习、讨论、思考的组合是一种设计模式,适用于从确定世界的确定问题出发,给出确定的解决方案。但针对不确定世界的不确定问题,则必须增加实践,变成演化模式,才能在随机漫步中持续完善。

我希望每个自主人都能成为四项全能选手,找到适合自己的最佳组合。参考前面"三位一体"的思路,我们可以为四种解题方法赋予不同权重,然后假设四大解题方法对自主跃迁的综合贡献,等于各权重与表现之连续乘积,然后用a、b、c、d去指代四大方法,可以得到一条有用但未必正确的自主跃迁的公式2:

$$自主跃迁 = (a × 学习) × (b × 讨论) × (c × 思考) × (d × 实践)$$

如果系数a、b、c、d的总和为10分,那么从我当前情况来看,我给学习的权重是2分,讨论是3分,思考是2分,实践是3分,所以总系数就是$2 × 3 × 2 × 3$,即36。这里的36倍,凑巧和前面"334"阵型算出来一样,纯属偶然。这些我代入的数字都是虚拟的,只为方便说明,不必太过认真。

当然,题目还是要留的:请评估自己当前的四项全能组合,并与理想化的标准比较,然后思考该如何改进。

另外,如何分配精力,还要看所处的场景和面对的问题。公式暗示我们均衡发力,但我想说,为什么不能增加总体时间呢?或者,为什么不能增加时间的相对密度呢?引入AI技术辅助学习、讨论、思考和实践,或者引入群体力量来分摊任务、降低难度,都可以帮我们降本增效。

最后，不管你在"双向奔赴""三位一体""四项全能"中是什么类型的选手，我都建议你坚持良好的阅读习惯。为了变得更加自主，不管是不是AI时代，不管是什么年龄段的人，都要保持阅读习惯，尤其是要读高质量的书籍。一个人的积累达到一定水平时，头脑中犹如播种下万亩花海，分分钟有无数思维的花朵绽放，随时可以酿制诱人的花蜜。

书籍是人类进步的阶梯，书籍也是AI进步的阶梯。现在GenAI比人类聪明，我们应该向它们学习。类比机器学习的数据、算力、算法以及"大力出奇迹"，我们人类要读精、读深、读实，努力兼顾阅读质量和阅读数量。

一是读精。选择大师作品，录入人脑优质数据。一本好书胜过一堆烂书。我读过上千本严肃著作，八成的收获来自两成的杰作。好书往往是大师的作品，能经受住时间和实践的考验。这些优质内容，可能是书籍，也可能是文章；可以是电子格式，也可以是纸质文本，也可以和AI共读。此外，同为精品时，建议读新书、新文章。

二是读深。进行深度阅读，用好人脑有限算力。1个小时精读胜过10个小时"划水"。衡量阅读数量的标准不是看了多少本书，而是作了多少小时精读。我们投入的有效时间，决定我们实际的学习收获。精读时我们会思考，与作者和作品对话，对旧的组件进行新的组合以生成新的组块，从而温故而知新，在创造中得到成长。建议多用听书模式，放慢阅读速度，降低认知负荷，给大脑腾出空间，给思考留足时间。如果你忙碌，就学我的串联组合，在通勤与打杂时听书。

三是读实。加大转化力度，加载人脑最优算法。纸上得来终觉浅，绝知此事要躬行。存在爱登堡效应，即投入不等于学会。实践是检验真理的唯一标准，输出是最好的输入。阅读必须从读书向笔记升级，笔记要向文章升级，文章要向专著升级。讨论、思考和实践将阅读和观察得来的数据、信息和知识变成智慧。与作者和作品对话只是手段，成为作者和作品才是目的。

15.5 自主发展的终极抉择：自主与控制，选择哪一个

自主与控制的抉择，不仅存在于人与人之间，也存在于家与家、城与城、国与国之间。自主就是自己控制自己，但不被他人控制。控制则是自己保持自主，但他人失去自主。自主与控制，就像太极的阴阳两面，是对立统一的矛盾体，在特定条件下会相互转换。

每个人都要努力从他人的控制中挣脱出来，建立对自己的完全掌控。但是，一旦我们挣脱了束缚，获得了自主，就会面临新的抉择：到底该如何对待他人？是帮助他们也实现自主，还是借机控制他们？一旦我们选择了后者，那么一个人的自主（控制）就建立在他人的不自主（被控制）之上。此时的"自主"和控制无异，都是一种异化后的坏东西。我宁可叫它控制，而非自主。

借助本书中反复使用的矩阵分析，我们不难想象，存在"四个世界"，涵盖我们试炼的全部过程和遭遇的所有可能（图 15-3）。

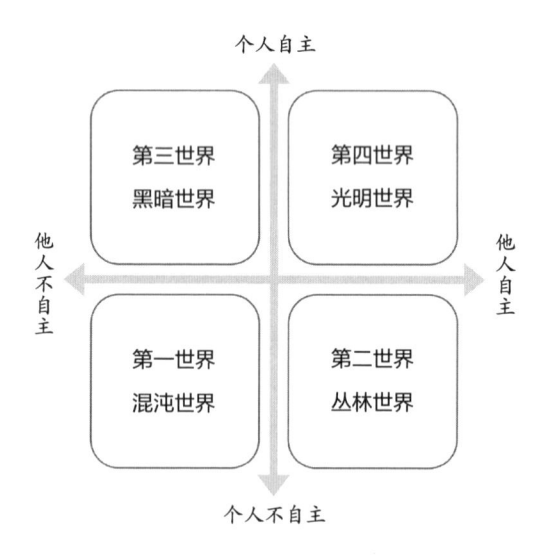

图 15-3　自主世界矩阵

"第一世界"是混沌世界。没有自由意志，没有自主意愿，没有自主三角形，没有自主人，一切的一切都是控制，世界控制所有人，没有人是自主的，

这是一个黑暗的世界。

"第二世界"是丛林世界。有了自由意志，有了自主意愿，有了自主三角形，有了自主人，一部分人先自主起来，然后控制了其他人，这是弱肉强食的世界、零和博弈的世界，也是我们出生的世界。在这个世界里，家庭养育我们，职场圈养我们，城市锁住我们，它们一起控制我们。直到某一天，我们的自主意愿觉醒，踏上英雄之旅，开始反抗这个不平等的世界。

"第三世界"是黑暗世界。现在我们变成了自主人，但还有很多人不自主。我们默认他人的不自主，甚至利用自己的自主性去控制他人，保持他人的不自主。"屠龙少年"成了"恶龙"，站到了自己的对立面，成了自己过去所反抗的不平等世界的一部分。

"第四世界"是光明世界。我们成为自主人后，选择帮助他人变得自主。我们努力改造世界，创造一片更好的土壤，让每个人在这个环境里渴望自主、追求自主，有机会变得自主。全民的自主，才是真的"民主"。而我们自己，将因为超越主体、时间和空间的贡献与牺牲，留下伟大的传奇，而最先成为这个光明世界的英雄，甚至成为永恒的泰坦。

"第一世界"与我们无关，我们从"第二世界"开始讨论。

身处"第二世界"，我们的主要任务是抗争，努力摆脱他人的控制，获得个体的自主。本书上部给出的理念、下部给出的方法，都是为了帮助你更好更快地取得"第二世界"的胜利。

"第二世界"给"赫拉克勒斯"们设置了三道常见的关卡。绝大多数人首先要反抗的是亲人和爱人的控制，其次是同事和领导的控制，最后是社群和城市的控制。我们分别在"家庭管理""职业管理"和"城市管理"三个章节讨论了这个问题，并且明确提出要重新定义家庭、职场和城市，把它们视作个人和他人共同提升自主的修炼场，提供环境和目标，看作与自主人相互促进的"自主体"，共同成长和进化。

遗憾的是，许多人在"第二世界"里浸润过久，完全不知自主的甘泉是何种滋味，却沉迷于控制的毒药而不可自拔。他们反感甚至敌视自主人，渴望重新取得对他们的控制。在见识到真正的自主之前、见识到所有人的自主之前，他们很难理解，竟然存在不以控制他人为前提的自主。他们不经意间堕入修罗道，变成了好战的"阿修罗"。

无论是出于爱心还是私心，我们的家人都会有意或无意地希望控制我们，无论是最初的读书，还是后来的工作、婚姻和育儿等。一些父亲用身体暴力来强迫我们，强调"棍棒之下出孝子"；一些母亲用语言暴力来操控我们，重复"我这样做都是为你好"。

这些反对自主、渴望控制的父母，是我们突破重围必须跨越的第一道关卡，是横亘在英雄之旅上的第一道防线。我们别无选择，唯有迎难而上。但要先礼后兵，先做有效的沟通，试着和平解决，一些人的父母本来就是精英甚至英雄，他们知书达理，可能采取稳妥的方式实现权力交接，让自己在不失面子的情况下给孩子让出前行的道路。但更多人的父母只是普通的凡人，原本也是从自己父母手中强行夺来权力，绝不会轻易放弃，所以恶战在所难免。

这是一场亲人间的斗争，必须速战速决，决不拖泥带水。伤害必须一次到位，因为钝刀割肉痛苦更大。[1] 我们用伤害最小的方式，让父母明白我们的决定和态度，促使他们转变观念，树立家庭总体自主观，从阻止我们自主改为支持我们自主，主动放弃控制，体面地松手放权。

为了避免冲突升级，我们要尽可能地选择"礼战"，尊重父母。特别是年长的父母，不要公开贬低他们，要分而治之，采取单独、私下谈话或辩论的方式，给他们留出空间，留足时间。在获胜之后，仍要保持对家长的尊重，把他们当成退休的老同志来对待。他们提出的意见和建议，可以有则改之，无则加勉，有选择地接受。

作为第二关的职场和第三关的城市，也是参照这个逻辑攻克。相比之下，后两者不存在血缘关系，所以抗争会更激烈甚至惨烈，不过内心的纠结会更小。但我们必须牢记，抗争是为了获得个人自主的解放，伤害应该最小化，切勿把斗争泛化、伤害扩大化。

---

[1] 马基雅维利在《君主论》中提出的这个观点也符合人类经验和非对称性逻辑。马基雅维利认为，好东西要分开来给，因为每次都是善意，可以叠加。但是伤害要一步到位，因为每次伤害一点，造成的仇恨更深。

完成"第二世界"的试炼后,我们来到十字路口,面临抉择:到底是进入"第三世界"做一个精英,还是跨入"第四世界"做一个英雄甚至泰坦?自主论在上部"为何自主"花了很大的篇幅游说你勇敢地超越自我,快速越过"第三世界",完全进入"第四世界"。

为了做到这一点,你必须相信,即一个人的自主未必要以另一个人的不自主作为代价,不管家庭、职场、城市还是更大的世界。我们可以跳出控制与被控制的魔咒,找到这对表面上看起来完全对立的关系背后的和谐统一。这就像我们行走在循环往复没有尽头的莫比乌斯环(Möbius strip)上,从不自主、不平等的旧世界出发,心怀希望,勇往直前,终有一天可以抵达自主且平等的新世界。

如何让自主建立在自主之上,让个人的自主不伤及他人的自主,甚至有利于他人的自主?

我想,关键是打破有限时空内有限游戏的二元对立,寻找无限时空内无限游戏的相邻可能。在有限时空里的有限游戏,规则确定,资源稀缺,人们的意愿和能力往往用于对抗。在二元对立、此消彼长的逻辑下,抢先开火、压制对方就是黑暗森林里持枪者的优势策略。在无限时空里的无限游戏,规则可变,资源充裕,人们的意愿和能力可以用于合作。在相邻可能、共生进化的期待下,主动示好、团结各方就是光明世界里自主人的高明之举。

我们要解构"第二世界"里"不是你死、就是我亡"的对抗叙事,重构"第三世界"里"以眼还眼、以牙还牙"的统治叙事,建构"第四世界"里"向光而行、合力而上"的合作叙事,努力找到甚至设计一个有限游戏之外的无限游戏,为大家找到新目标,促成新行动,创造新自主,创造全新的相邻可能。

"高温青年"行动和"AIGCxChina"项目,都是这种思想的践行。首先,我们寻找或创造一种共识,即大家都希望达成的目标或者解决的问题;然后,基于共识推动共创,大家一起采取行动,分工协作;最后,基于共识和共创推动成果共享,大家都获得意愿、能力和资源的回报,安全和自由都得到强化,自主性和自主感获得提升。

共识、共创、共享，就是我的答案。孩子和家长的对抗、下属和领导的对抗、人类和机器的对抗，我认为这三者都是通用答案。比如，在家长和孩子的对抗关系中，我们可以引入一种共识，即学习使用GenAI工具，然后推动家长和孩子一起使用GenAI共创一些能够建构意义、强化关系的作品，并联名转发和传播，就像我和儿子一起写歌、做游戏那样。

这些对抗关系的改变，都需要对抗中的强者主动一点，积极营造一种开放的环境，使得对抗可以成为对话，相互较劲的内部冲突可以变成相互支持的外部联动。强者的自主性更高，更可能主导对话，引导弱者一起重新解释问题，定义问题，构建问题，最终催生共识、共创、共享。在家庭中，家长要从控制者向引导者转变，从提要求向给辅助转变，从强求结果向重视过程转变。

我们或许应该将由"共识、共创、共享"组成的"合力法则"也编入《普罗米修斯的日课》，作为第27号模块。它把相互伤害的控制权斗争变成相互关爱的自主权共创，把不确定变成确定、不可能变成可能。它引入通用解题模块的学习、讨论、思考、实践等方法，通过设计和试错，把痛苦的争夺变成痛快的征程，让我们耳边瞬时响起一曲激昂嘹亮的歌颂英雄与泰坦的伟大史诗。

但是，不和谐的声音永远存在，我们的伟大征程没有尽头。至少有两个问题暂时没有根治之法。

第一，对抗升级无法根除。无论我们如何构建合作叙事，通过共识、共创、共享去设计更大的游戏，我们始终无法完全达成无限的游戏。我们的合作，都有可能影响到其他组织或个人。我们的自主，或许都以看不见的控制为代价。对抗不是在消亡，而是在升级。从个人的对抗，升级到组织的对抗，从小系统的对抗升级到大系统的对抗。对此，我们只能接受，然后从力所能及的地方认真做起。先做好自己，帮助身边的人，再考虑更远大高深的东西。

第二，相对剥夺无法根除。无论我们如何谨小慎微，都难免对他人带来影响。即便我们有效规避了对他人自主的实质伤害，也无法根除对他人自主的相对剥夺。你的快速成长即便没有伤及他人利益，也可能伤害他人感情。

因为大多数人活在有限时空的有限游戏里，安全至上的本能让他们警觉和提防他人的快速进步。或许只有所有人都成为无限游戏的玩家，才能完全破解金玉定律的魔咒。遗憾的是，这不可能。所以，我们必须低调，以免被暗枪击中。

还有一些游走在平行世界之间的暗黑英雄，他们是四个世界里的另类。他们从"第二世界"的纷争中脱颖而出，尝试在"第三世界"控制少数人，以促成"第四世界"里的多数人的自主。他们是复杂流变的矛盾体。如特斯拉的马斯克、苹果的乔布斯，都是控制欲极强、自主性也极强的暗黑系英雄，都非常擅长由洗脑（calling）、幻视（hoaxing）、糊弄（ambiguity）、打压（oppression）和清理（shuffle）组成的CHAOS暗黑领导风格，为了创造伟大的作品而持续控制和压榨他人。OpenAI的奥特曼似乎也是此类人物。这些人都不是坏人，但你很难把他们跟传统的好人画等号。

所以，只要有一丝机会，我还是希望你先做一个光明系的英雄，立足正确的目标，使用合宜的方法，取得圆满的结果。如果有人必须做出牺牲，有人必须受到伤害，那么那个人只能是英雄自己。

伟大英雄之旅就此展开，祝你在艰难奋斗后，取得无上荣耀，体会无尽幸福，进入无限时空，留下无数子嗣、作品和分身，成为永恒的泰坦和传奇本身。

15.7 本章小结

本章先是概括性地提出自主发展的"一根准绳"（自然增长）、"双向奔赴"（向内探索和向外拓展）、"三位一体"（自我提升、社会加持和技术赋能）以及"四项全能"（学习、讨论、思考、实践），然后要求大家进行自评分析。最后讨论了自主与控制的关系，以及"四个世界"的构想，建议大家从有限游戏走向无限游戏，从二元对抗走向相邻可能，通过共识、共创、共享实现更伟大的目标，打造一个光明的世界，让多数人都能实现自主。

本章思维导图如图 15-4 所示。

自.主.论. AUTONOMY
何为自主以及何以自主

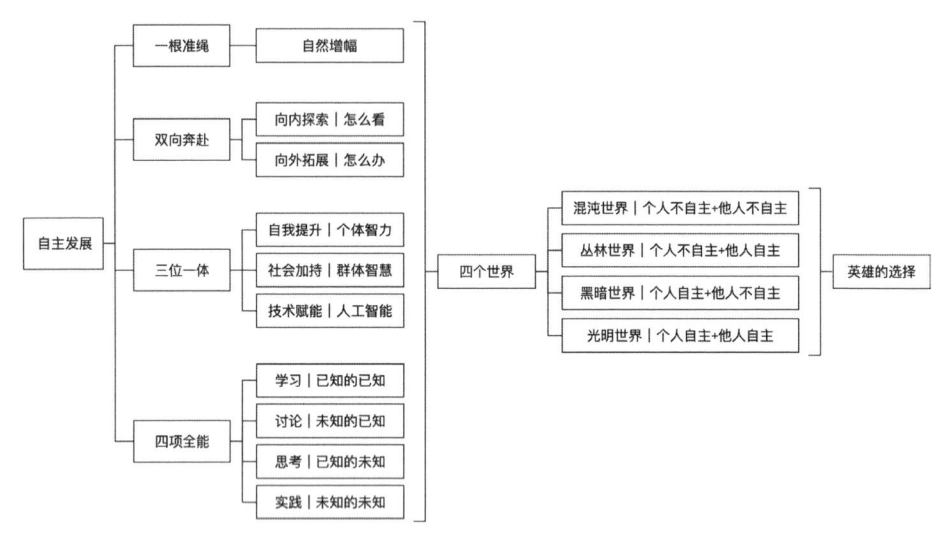

```
自主发展
├── 一根准绳 ── 自然增幅
├── 双向奔赴 ┬── 向内探索│怎么看
│           └── 向外拓展│怎么办
├── 三位一体 ┬── 自我提升│个体智力
│           ├── 社会加持│群体智慧
│           └── 技术赋能│人工智能
├── 四项全能 ┬── 学习│已知的已知
│           ├── 讨论│未知的已知
│           ├── 思考│已知的未知
│           └── 实践│未知的未知
└── 四个世界 ┬── 混沌世界│个人不自主+他人不自主 ┐
            ├── 丛林世界│个人不自主+他人自主   │── 英雄的选择
            ├── 黑暗世界│个人自主+他人不自主   │
            └── 光明世界│个人自主+他人自主     ┘
```

图 15-4　本章思维导图

后　记

> 即便我不能令天上众神折服，我也要把地狱之河搅得翻腾。
>
> ——弗洛伊德《梦的解析》

纪伯伦说过："学者和诗人之间有一片绿地：倘若学者穿越它，他就会成为智者；倘若诗人穿越它，他便成为先知。"我不是什么学者诗人，更不是什么智者先知，我只是一个渴望不断接近那片草地的孩子，要把这些思想盛宴的碎末拼接起来，看它们在阳光下散发出迷人的光辉。

大家看到的这本《自主论》，只是可能被写出来的千千万万本中的一本。它或许只有七八十分，但终将是我个人思想的"长子"。

弗洛伊德有个观点："作者的创作力并不总是追随着他的良好愿望：一件作品总是要按它能做的方式生长和演变，它经常对抗作者的愿望而保持某种独立性，甚至发展成与作者意图背道而驰的东西。"我的感觉也是如此，写作过程中任何一点随机变乱，都会改变这本书前进的轨迹，对我本人来说，写作是一次奇妙的旅程。

在我20多岁的时候，我很想写一本大部头的书，来证明自己很厉害。因为那个时候我中了"毒鸡汤"，相信牛人的大作都在25岁时出版。尽管我幸运地在25岁就悟出了本书中的多数道理，但是从"知道"到"做到"，在实践中真正运用和理解这些道理，我花了18年。

18年前，作为一个刚回到国内参加工作的小镇海归青年，我对未来充满疑惑和焦虑，不知如何应对不可知和不确定。为了缓解压力，我选择了阅读，从哲学和心理学出发，再拓展到其他领域的经典，在先哲的指引下，认识自我、发展自我、实现自我、超越自我。再往后，由于工作缘故，我到小城从事智库工作，经常对接专家、调研问题、思考问题的解决之道。

渐渐地，"自主"两个字成为我解释问题、解决问题的核心概念。我逐步构建起一套个人化的自主理论，称之为自主论，内容主要包括何为自主、为何自主和何以自主等。这是一套务求实用的理论，源于实践，指导实践，聚焦于解决问题、拓展时空、实现成长并争取幸福。

到了 30 多岁，我想把这个有用的理论分享给身边的年轻人，为此，我想呈现一本让人不明觉厉的大部头专著。于是我海量阅读，用几百万字的笔记，持续给这本书做加法，努力堆砌华丽的金句高论，试图把书中的每句话都武装到牙齿。资料堆满了我的桌面和文件夹，我却迟迟无从下笔，经常改了几章后就感到窒息的压力，然后放弃，推倒重来。我一度考虑并尝试使用维基（Wiki）等百科平台、石墨（shimo.im）等在线文档的网状架构文本体系来展示自己涉猎的广博，却始终无法完成一本传统意义上的小书。真是应了赫拉克利特的那句话："博学并不能使人智慧。"

而且，我们知道的越多，就会发现自己不知道的越多。我们阅读和经历的越多，就会发现自己原创的越少。读书多了，你就会发现，自己曾经引以为傲的发现，前人和他人其实早已知晓，而且都有更好的表达。你自以为是的创见，前人和他人其实早已书写。这会让人一度陷入困境，是对拾人牙慧的行为视而不见，拙劣地模仿和重现他人的思想，还是彻底另起炉灶，构建自己专属的体系？在犹豫间，时间快速逝去。

在我 39 岁那年，也就是 2020 年，发生了许多事情。借着"9 龄效应"催生的压力，以及"高温青年"行动激发的动力，我终于做出了最后的决断，即学习老子《道德经》的写法，只声明而不辩论，只描述而不解释。语言和文字应是思想的容器，而非枷锁。我的书应是桥梁，领众人到彼岸摘花。桥梁首先要有用，能带人们抵达彼岸。其次才是美观，让人们享受过程，更有兴趣走下去。

想通这些道理后，我开始快速书写，用简单的语言给大家在心中画出线描稿，留出空间给大家自己上色。我在个人微信公众号"解缚的普罗米修斯"

上以连载方式迅速完成了自主论姐妹篇《普罗米修斯的日课》和自主论核心篇《自主论纲要》，并在温州肯恩大学等高校开设系列讲座，读者听众评价不错。不知不觉，我的口头表达能力在过去的10年里得到了质的提升，无论是演讲还是主持，都能做到即兴发挥、游刃有余，张口即来、出口成章。我猜想这也和思想的"解缚"有关。

孔子说，四十而不惑。进入40岁后，经历过新冠疫情和AI革命后，我变得更加坦然。一方面，我完全放下了写作的包袱，彻底打消了写一本书来证明自己很厉害的念头。另一方面，我重新找回了写作的快感，我享受轻装上阵、自由表达的无比畅快，马斯洛的一段话特别能概括我的心情和心态："我是一个喜欢在开垦出一片新的田地之后便离开的人。我很容易感到厌倦。我更喜欢去发现，而不是证明。对我来讲，极大的快乐来自发现。"

2022年，根据编辑的建议，我针对当代青年关心的现实问题，快速、快乐地写成了《青年自主论》系列文章，将自主论核心观点和建议拆解为时空管理、风险管理、情绪管理等十多个模块，计划整合修订后出版。谁知道这年8月，AI革命的爆发，Midjourney、ChatGPT等GenAI横空出世，我的关注点瞬间转移到AIGC上来。

2023年初，各章节终于写完，本该开启修订模式。但是GenAI技术工具的指数型增长，让我深感"留给人类的时间不多了"，注意力再次转移。我将面对AI时的复杂情感，升华为公众号里的"GPT时代的自主"系列文章，再往后开始从理论到实践，积极推动AIGC产业联盟的建设，结果一拖又是半年。直到这年的8月，才断断续续、抽碎片时间拼出了本书的雏形。

2024年，我依然痴迷于AI音乐创作和游戏开发，忙碌于组织各类GenAI和AIGC主题的公益科普活动，再次完全搁置修订工作。好在4月，以阳志平老师为首的众好友纷纷出书并邮寄给我，用才华大招持续暴击我的懒散，惊得我幡然醒悟，决心"暴走"一把，突击完成书稿，为18年的长跑画上一个句号，给时光的年轮一个交代。为了倒逼自己就范，我先和浙江大学出版社达成协议，在6月份截稿之前，在最忙的一段时间里，用连续两周的晨型和数十个小时的投入，完成了全书的修订，并正式提交书稿。

我希望本书能在 2024 年内出版。因为我认为，再往后所有的书籍创作都会有AI参与，不再纯粹。事实上，在本书的校对阶段，我曾尝试引入AI辅助，但AI在我们擅长的领域，能力水平相当一般。至少在我写作的年代，它还无法胜任多维度、深层次的思想讨论，尤其是像自主论这样需要碳基生物的身体实践和心灵感受的东西。

我有十分的信心，在本书讨论涉及的几乎所有领域，我的碳基模型表现都比硅基机器更好，拥有更深刻的理解和更真诚的表达。它们不是模糊和计算的结果，而是来源于亿万年自然演化的最高成果，是人类大脑中复杂神经网络的自然涌现。本书中的全部观点和建议由人类智慧手工打造，也算是我对前AI时代纯人类智能的一种致敬和追忆吧！

另外，我必须承认自主论的主体和时空局限性。作为一个在中等城市生活和工作的男性、中年人、海归、中产、公务员、公益人士、智库工作者，我有独到的视角，也有明显的盲区。不过，我更希望把这种局限性看作一种个性的彰显。

本书的主基调是我所喜欢的英雄主义、循证主义和实用主义。我诚挚地邀请每位读者都从英雄主义出发，坚持循证主义和实用主义原则，灵活组合意愿、能力和资源，解释和解决人生中遇到的各种问题，由此获得幸福和成长，在更大的时空范围内实现延展，留下传奇甚至成为传奇本身。在这个技术拖着制度和理念疾速狂飙的年代里，我衷心地希望本书能给你提供一些帮助和启发。我已是知无不言、言无不尽，也请你独立思考、举一反三。

萧伯纳说过："生命对于我并不是短小的蜡烛，而是支辉煌的火炬，我暂时地把它接过来，并在交出前，要使它给下一代燃烧得尽可能地明亮一些。"我希望这本《自主论》能成为一束光，给世界带来一抹不一样的光晕。如果这本书中的字句能为大家的生活带来一点点改变，我会非常高兴。

最后，感谢我的家人，没有你们的支持，我无法抽出时间修订本书。感谢所有参与本书试读并反馈意见的朋友安替、南海芬、王忠、王勃智、郭丽莹、卢丽丽、金海通、郑东毅等（排名不分先后），也感谢浙江大学出版社的陈洁老师、赵静老师以及本书校对黄炜彬老师，没有你们的积极推动，本书不可能在2024年内面世。还要感谢Suno，你为我生成的轻妙音乐，陪伴我度过每个修订书稿的清晨和夜晚，看到文字在眼前吟唱，音乐在耳边跳舞，思想在心中律动，此乃非常美好的体验，谢谢！

倪考梦

2024年6月21日于温州